工业和信息化精品系列教材

# MySQL

# 数据库应用与维护项目式教程

**微课版**

舒蕾 刘均 ◉ 主编

谢娜娜 张扬 吴文灵 ◉ 副主编

APPLICATION AND MAINTENANCE
OF MYSQL DATABASE

人民邮电出版社

北京

**图书在版编目（CIP）数据**

MySQL数据库应用与维护项目式教程：微课版 / 舒
蕾，刘均主编. -- 北京：人民邮电出版社，2023.9
工业和信息化精品系列教材
ISBN 978-7-115-62210-5

Ⅰ. ①M… Ⅱ. ①舒… ②刘… Ⅲ. ①SQL语言－数据
库管理系统－教材 Ⅳ. ①TP311.132.3

中国国家版本馆CIP数据核字(2023)第121655号

## 内 容 提 要

本书以当前流行的 MySQL 8.0 作为平台，分为三大模块共 10 个项目介绍 MySQL 数据库的应用与维护。其中，模块一 数据库原理及设计基础（项目 1）介绍了数据库基础；模块二 MySQL 数据库基本应用（项目 2~项目 7）介绍了 MySQL 基础、数据库的基本操作、数据表的基本操作、图形化管理工具、数据查询、MySQL 与 SQL；模块三 MySQL 数据库的高级应用及安全维护（项目 8~项目 10）介绍了 MySQL 索引与视图、MySQL 用户权限、事务与存储过程。

本书采用"任务驱动""案例教学""启发式教学"等教学方法，充分激发学生的学习兴趣，发挥学生学习的主动性。每个项目都有大量的案例、知识拓展、任务训练、思考与练习，帮助读者练习巩固所学内容。

本书可以作为高职高专院校、成人教育类院校数据库应用课程的教材，也可供参加自学考试的人员、数据库应用系统开发设计人员、工程技术人员及其他相关人员参阅。

◆ 主　　编　舒　蕾　刘　均
　　副 主 编　谢娜娜　张　扬　吴文灵
　　责任编辑　马小霞
　　责任印制　王　郁　焦志炜
◆ 人民邮电出版社出版发行　　北京市丰台区成寿寺路 11 号
　　邮编　100164　　电子邮件　315@ptpress.com.cn
　　网址　https://www.ptpress.com.cn
　　北京天宇星印刷厂印刷
◆ 开本：787×1092　1/16
　　印张：15　　　　　　　　　　　2023 年 9 月第 1 版
　　字数：379 千字　　　　　　　　2023 年 9 月北京第 1 次印刷

定价：59.80 元

读者服务热线：(010)81055256　印装质量热线：(010)81055316
反盗版热线：(010)81055315
广告经营许可证：京东市监广登字 20170147 号

# 前言 PREFACE

数据库应用技术是现代计算机信息系统的基础和核心，也是高职高专院校计算机相关专业的核心课程之一。使用数据库应用技术可以方便地实现数据操作、安全控制、可靠性管理等功能，对数据进行科学、高效的管理。MySQL 是当前流行的数据库管理系统之一，它是一个真正的多用户、多线程 SQL 数据库服务器。MySQL 因源代码开放、运行速度快、便捷和易用备受关注，并且随着版本的升级，其功能也越来越完善。

本书的主要特色如下。

一、校企合作，课证融通。教材的编写基于和企业的深度合作，在编写过程中，安博思华智能科技有限责任公司提供了大量的真实项目作为案例，并对本书的结构和内容提出了建议，基于对应岗位/岗位群需求进行教学项目设计。同时，教材内容与相对应的"1+X"Web 前端开发职业技能等级证书标准有机融合，为学生参加认证考试奠定基础。

二、落实立德树人任务，奠定铸魂育人基础。党的二十大报告强调，育人的根本在于立德。全面贯彻党的教育方针，落实立德树人根本任务，培养德智体美劳全面发展的社会主义建设者和接班人。牢牢把握高校青年学生这个关键群体，全面落实"立德树人"这一根本任务，用习近平新时代中国特色社会主义思想"铸魂育人"，将"课程思政"融入每个教学项目。每个项目都设定了素养目标，在"素养小贴士"中融入科学思维方法、职业素养、规范化意识、安全意识等思政元素，引导学生树立正确的世界观、人生观和价值观。

三、学习目标明确，基于工作过程。结合高职学生的能力水平和学习特点，选用学生比较熟悉的两个案例，按照数据库技术应用能力递增过程组织编写，以典型项目为主线贯穿全书，将实际项目引入模块训练，构建以工作过程为基础的课程内容体系。在每个项目开始，列出了能力目标、素养目标和学习导航，便于教师和学生提纲挈领地掌握学习目标，明确本项目内容在整个数据库系统开发过程中的地位。接下来贯彻"学习任务→知识拓展→小结→任务训练→思考与练习"五阶段学习模式，循序渐进完成各知识点学习。

四、配套资源丰富，支持线上线下混合式学习。本书的配套教学资源包括课程标准、授课计划、教案、教学课件、教学视频、课后习题等，读者可以通过在线课程网站下载，也可以加入在线课程进行学习。

本书的参考学时为 72 学时，建议采用理论实践一体化教学模式，各项目的参考学时见下页的学时分配表。

学时分配表

| 项　　目 | 课 程 内 容 | 学　　时 |
|---|---|---|
| 项目 1 | 数据库基础 | 4 |
| 项目 2 | MySQL 基础 | 4 |
| 项目 3 | 数据库的基本操作 | 4 |
| 项目 4 | 数据表的基本操作 | 8 |
| 项目 5 | 图形化管理工具 | 4 |
| 项目 6 | 数据查询 | 20 |
| 项目 7 | MySQL 与 SQL | 8 |
| 项目 8 | MySQL 索引与视图 | 6 |
| 项目 9 | MySQL 用户权限 | 6 |
| 项目 10 | 事务与存储过程 | 6 |
| | 课程考评 | 2 |
| 学时总计 | | 72 |

　　本书由舒蕾、刘均任主编，谢娜娜、张扬、吴文灵任副主编。舒蕾、刘均负责整体结构设计，舒蕾负责全书统稿，刁绫教授对全书内容进行了审阅。由于编者水平和经验有限，书中难免有欠妥和疏漏之处，恳请读者批评指正。

　　编者联系邮箱：3982302@qq.com。

编　者

2023 年 2 月

# 目录 CONTENTS

# 模块三　MySQL 数据库的高级应用及安全维护

## 项目 8
## MySQL 索引与视图 ·········177

## 项目 9
## MySQL 用户权限 ············196

# 模块一
# 数据库原理及设计基础

## 项目1
## 数据库基础

01

## 【能力目标】

- 掌握数据库的发展阶段和存储结构。
- 掌握数据库的设计方法。
- 掌握数据模型的概念和分类。

## 【素养目标】

培养科学思维方法，加强规范化意识，提升专业技能，提高创新思维能力。

## 【学习导航】

本项目主要介绍数据库的 3 个发展阶段、数据库存储结构中的三级模式、数据库系统开发过程中的二级映像及数据模型的分类，并将数据模型中的概念数据模型和逻辑数据模型作为重点进行介绍，通过梳理这两种模型的设计流程，完成数据库设计任务。本项目所讲内容在数据库系统开发中的位置如图 1-1 所示。

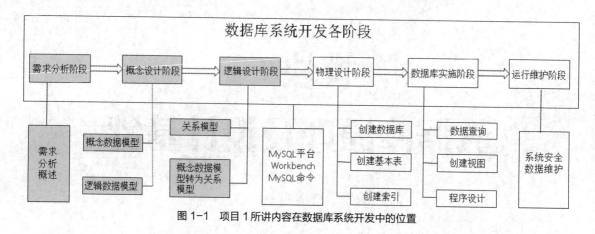

图 1-1 项目 1 所讲内容在数据库系统开发中的位置

# 任务 1.1 认识数据库

数据库技术产生于 20 世纪 60 年代后期，是一项计算机数据管理技术，也是现代计算机信息系统和计算机应用系统的基础和核心。它的出现使计算机能够应用到人类社会的众多领域。目前，数据库的建设规模和性能、数据库信息量的大小和使用频率已成为衡量一个国家信息化程度的重要指标，数据库技术也已成为计算机科学与技术学科的一个重要分支。

## 任务 1.1.1 了解数据库的发展阶段

微课 1-1

了解数据库的
发展阶段

最早的计算机主要应用于军事和科学研究领域，随着计算机理论研究的深入和计算机技术的发展，从 20 世纪 50 年代开始，计算机的主要应用逐渐变为一般的数据及事务处理。伴随着这种转变的逐渐深入，以数据处理为核心的数据库技术随之发展并成熟起来，成为计算机科学技术中应用最为广泛和最为重要的技术之一。

所谓数据处理，就是从已有数据出发，经过适当加工、处理得到新的所需数据的过程。数据处理一般分为数据计算和数据管理两部分。数据计算相对简单，数据管理却比较复杂，是数据处理过程的主要内容与核心部分。一般认为，数据管理主要是指数据的收集、整理、组织、存储、维护、检索和传送等操作。从数据管理的角度来看，计算机数据处理技术经历了以下 3 个阶段：人工管理阶段、文件系统阶段、数据库系统阶段。

### 1. 人工管理阶段

20 世纪 50 年代中期以前为人工管理阶段，是计算机数据管理的初级阶段。

在这一阶段，计算机被当成一种计算工具，主要用于科学计算。硬件中的外存只有卡片、纸带、磁带，没有磁盘等直接存储设备；软件只有汇编语言，没有操作系统，更无统一的管理数据的软件；数据的管理完全在程序中进行，数据处理的方式基本上是批处理。人工管理阶段的特征如下。

（1）数据不保存

由于主要用于科学计算，所以一般不需要将数据长期保存。计算某一课题时将数据输入，计算完毕就将数据撤走，用户提供的数据是如此处理的，系统软件运行过程中产生的数据也是这样处理的。

（2）应用程序管理数据

由于没有相应软件系统完成数据的管理工作，所以应用程序不仅要规定好数据的逻辑结构，还要规定数据的存储结构、存取方法、输入方式、地址分配等。

（3）数据无共享

数据是面向程序的，数据由应用程序自行携带，一组数据只能对应一个应用程序，很难实现多个应用程序共享数据资源，这就使应用程序严重依赖数据。一个应用程序携带的数据，在应用程序运行结束后就连同该应用程序一起退出计算机系统。如果别的应用程序想使用该应用程序的数据，则只能重新组织携带，因此应用程序之间有大量的冗余数据。

（4）数据不独立

由于应用程序只负责管理数据，所以数据与应用程序不具有独立性。如果数据的类型、格式、存取方法或输入/输出方式等逻辑结构或物理结构发生变化，就必须对应用程序做出相应的修改，程序员负担相当重。

人工管理阶段应用程序与数据集之间的对应关系如图 1-2 所示。

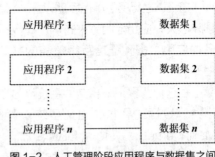

图 1-2　人工管理阶段应用程序与数据集之间的对应关系

**2. 文件系统阶段**

20 世纪 50 年代后期至 20 世纪 60 年代中期，随着计算机软硬件的发展，出现了文件系统，其负责对数据进行管理。

在这一阶段，计算机已大量用于信息管理。硬件有了磁盘、磁鼓等直接存储设备。在软件方面，出现了高级语言和操作系统。操作系统中有了专门管理数据的软件，称为文件系统。用户可以把相关数据组织成一个文件存放在计算机中，由文件系统对数据的存取进行管理，处理方式有批处理和联机处理。

（1）文件系统阶段的特点

① 数据可以长期保存。

数据以文件的形式存储在计算机的直接存储设备中，可长期保存并反复使用。用户可随时对文件进行查询、修改、插入和删除等操作。

② 由文件系统管理数据。

由专门的软件（即文件系统）进行数据管理，文件系统把数据组织成相互独立的数据文件，利用"按文件名访问，按记录进行存取"的管理技术，提供了对文件进行打开与关闭、对记录进行读取和写入的操作。程序员只需与文件名打交道，不必明确数据的物理存储，大大减轻了程序员的负担。

（2）文件系统阶段存在的问题

文件系统阶段对数据的管理有了巨大进步，但一些根本问题仍没有彻底解决，具体如下。

① 数据共享性差，冗余度大。

在文件系统中，一个（或一组）文件基本上对应一个应用程序，即文件仍然是面向应用程序的。当不同的应用程序具有部分相同的数据时，也必须建立各自的文件，而不能共享相同的数据，因此数据冗余度大，浪费存储空间。

② 数据独立性差。

文件系统中的文件是为某一特定的应用程序服务的，文件的逻辑结构是针对具体的应用程序来设计和优化的，因此文件中的数据要再被一些新的应用程序使用会很困难。

③ 数据一致性差。

由于相同数据的重复存储、各自管理，在进行更新操作时，容易造成数据的不一致，给数据的修改和维护带来困难。

文件系统阶段应用程序与文件之间的对应关系如图 1-3 所示。

**3. 数据库系统阶段**

自 20 世纪 60 年代后期以来，计算机管理的对象规模越来越大，应用范围越来越广泛，数据量急剧增加，同时，多种应用、多种语言互相覆盖的共享集合的需求越来越强烈。

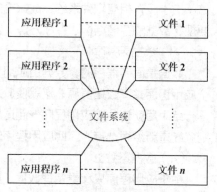

图 1-3　文件系统阶段应用程序与文件之间的对应关系

在这种背景下，将文件系统作为数据管理手段已经不能满足需求，为了解决多用户、多应用程序共享数据的要求，出现了统一管理数据的专门软件系统——数据库管理系统（Database Management System, DBMS）。

数据库是长期存储在计算机内、有组织、可共享的大量数据的集合。它可以供不同用户共享，具有最小冗余度和较高的数据独立性。DBMS 在数据库建立、运用和维护时对数据库进行统一控制，以保证数据的安全性和完整性，并且在多用户同时使用数据库时可以进行并发控制，以及在发生故障后对数据库进行恢复。

（1）数据库管理技术的突破

数据库管理技术进入新时代离不开里程碑式的技术突破，以下 3 件大事为数据库技术的突破奠定了基础。

① 1968 年，美国 IBM 公司推出了世界上第一个基于层次模型的大型商用 DBMS——信息管理系统（Information Management System，IMS）。

② 1969 年，美国数据系统语言协会（Conference on Data System Language, CODASYL）下属的数据库任务组（Database Task Group, DBTG）提出了基于网状模型的数据库任务组系统。

③ 1970 年，美国 IBM 公司的高级研究员科德（E.F.Codd）发表论文提出关系模型，此模型奠定了关系数据库的理论基础。

（2）数据库系统阶段的特点

与人工管理阶段和文件系统阶段相比，数据库系统阶段主要有如下特点。

① 数据高度结构化。

数据结构化是数据库系统与文件管理系统的根本区别。数据库系统不仅会考虑数据项之间的联系，还会考虑数据类型之间的联系。在数据库系统中，不仅数据内部具有结构化特征，数据整体也是结构化的，即数据之间是有联系的。例如，某学校的信息管理系统除了会考虑教务处的学生成绩管理、选课管理，还会考虑学籍管理处的学生基本信息管理，人事处的教职工基本信息管理、薪酬管理等。因此，该学校的信息管理系统中的数据就要面向学校所有部门的应用，而不仅是教务处的学生选课应用。

② 数据的共享性高、冗余度小，易于扩充。

数据库中的数据是高度共享的，数据不再只是面向某个单独的应用，是面向整个系统。也就是说，同一个用户可以因不同的应用目的访问同一数据；不同用户可以同时访问同一数据，即"并发访问"。

③ 数据独立性高。

用户只需关注数据库名、数据文件名和文件中的属性名等逻辑概念，不用过多考虑数据的实际物理存储，也就是不需要关心实际数据究竟存储在磁盘的什么位置。更准确地说，数据库系统同时具有物理独立性与逻辑独立性。

物理独立性是指改变数据库物理结构时不必修改现有的应用程序。数据在磁盘上的存储方式由 DBMS 管理，应用程序无须了解，即当数据的物理存储方式改变时，应用程序不用改变。

逻辑独立性是指逻辑数据独立性，是指改变数据库逻辑结构时不用改变应用程序。用户的应用程序与数据库的逻辑结构是相互独立的，即当数据的逻辑结构改变时，应用程序可以不变。

DBMS 提供的二级映像功能保证了数据独立性，相关内容将在后面的项目中进行讨论。

④ 数据安全性和正确性高。

数据库的共享会为数据库带来安全隐患，并且数据库的共享具有并发的特征，即多个用户能够同时对数据库中的数据进行存取，甚至可以同时存取数据库中的同一个数据，这可能会存在用户操作相互干扰的隐患。因此，需要一组软件提供相应的工具对数据进行管理和控制，使用 DBMS 可以达到保证数据的安全性和正确性的基本要求。

- 保证数据的安全性。

保证数据的安全性是指对数据进行保护，以防止不正当使用造成的数据泄露及破坏。用户只能用合法的方式对数据进行使用和处理。

- 数据的完整性检查。

数据的完整性是指数据的正确性、有效性和相容性。完整性检查将数据控制在有效的范围内，并保证数据间所具有的关系完整。

- 并发控制。

当多个用户并发操作，同时存取或修改数据时，其相互间可能会产生干扰，从而得到错误的结果，或破坏数据库的完整性，因此多用户的并发进程必须受到 DBMS 的控制和协调。

- 数据库恢复。

在日常的数据库管理中可能会遇到机器损坏或者人为失误的问题。例如，计算机系统的软硬件故障、数据库管理员的失误甚至故意破坏，这些都会破坏数据库中数据的正确性，甚至造成数据库中部分甚至全部数据丢失。因此，DBMS 需具备使数据库从错误状态恢复到某一已知的正确状态（也可称为一致状态）的功能，即数据库恢复功能。

数据库系统阶段应用程序与数据库之间的对应关系如图 1-4 所示。

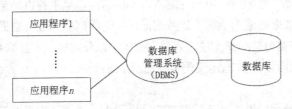

图 1-4　数据库系统阶段应用程序与数据库之间的对应关系

### 任务 1.1.2　熟悉数据库的体系结构

微课 1-2

熟悉数据库的体系结构、了解数据库设计的方法及步骤

数据库的体系结构可以从不同的角度以及层次进行理解。从 DBMS 的角度来看，数据库采用的通常是三级模式结构，这是数据库系统内部的体系结构；从数据库最终用户的角度看，数据库系统的结构通常有 3 种——集中式结构、分布式结构和客户/服务器结构，这是数据库系统外部的体系结构。此处主要学习数据库系统内部的体系结构。

#### 1. 数据库的三级模式结构

数据库的三级模式结构是数据库领域公认的标准数据库体系结构，它包括模式、外模式和内模式。三级模式结构可以有效地组织和管理数据，并使数据库的逻辑独立性和物理独立性得到提高。数据库的三级模式结构如图 1-5 所示。

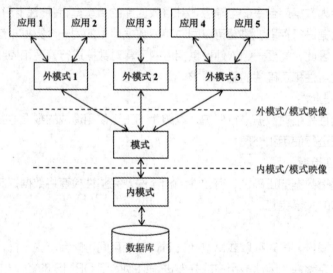

图 1-5　数据库的三级模式结构

（1）模式

模式又称逻辑模式、概念模式，是数据库中全体数据的逻辑结构和特征的描述，是所有用户的公共数据视图。它在数据库三级模式结构中处于中间层，既与数据的物理存储具体位置和硬件环境无关，也不涉及具体的应用程序、所使用的应用开发工具，以及高级程序设计语言。

模式实际上是数据库数据在概念级上的视图。每个数据库都只存在一个模式，数据库模式会将某一种数据模型作为基础，考虑所有用户的需求，然后将这些需求有机地结合成一个逻辑整体。定义模式时，不仅要定义数据的逻辑结构（如数据记录中的数据项构成，数据项的名称、类型、取值范围等），还要定义与数据有关的安全性、完整性要求，以及数据之间的联系。

描述、定义模式的语言是数据定义语言（Data Definition Language，DDL）。

（2）外模式

外模式又称子模式或用户模式，它是模式的一个子集，这个子集是被某些特定用户所使用的。从这个角度看，外模式是面向用户的。本质上，外模式描述了应用程序所使用的局部数据的逻辑结

构和特征，是数据库用户（包括应用程序员和最终用户）所看到的数据视图。

外模式也是用户与数据库的接口，描述了被用户所用到的那部分数据。因为不同的用户在应用需求、看待数据的方式、对数据保密性的要求等方面都具有差异，其对应的外模式描述也有所不同。即使同一数据处于同一模式中，它们在外模式中的结构、类型、长度、保密级别等方面也可能有差别。因此，一个数据库可能具有多个外模式。有了外模式后，程序员只需关注与外模式所发生的联系，而无须再关心模式，并且只需按外模式的结构存储数据和对数据进行操作。另外，某一用户的多个应用系统也可以使用同一个外模式，但一个外模式只能为一个应用程序所使用。

在保证数据库的安全性方面，外模式是强有力的措施。有了外模式后，每个用户只能访问其所对应的外模式中的数据，而不可访问数据库中的其余数据。

（3）内模式

内模式又称存储模式，对应于物理级。它是全体数据在数据库内部的表示方式，是数据库最底层的逻辑描述。它记录了数据在存储介质上的存储方式（如顺序存储、按照 B 树结构存储或按哈希方法存储）、索引的组织方式、数据是否压缩存储、数据是否加密、数据存储记录结构的规定等，对应着实际存储在外存储介质上的数据库。

一个数据库系统中只有唯一的数据库，因此作为定义、描述数据库存储结构的内模式也是唯一的。

**2. 数据库的二级映像与数据库独立性**

数据库的三级模式是对数据的 3 个级别抽象。它把数据的具体组织（即物理模式）留给 DBMS 管理，使用户无须关心数据在计算机内部的存储方式。同时，为了建立 3 个抽象级的联系与转换，使模式与外模式虽然并不存在于计算机的外存中，但也能通过转换获得其存在的实体，DBMS 在这 3 个模式之间建立了二级映像：外模式/模式映像和模式/内模式映像。

这种二级映像保证了数据库系统中的数据具有较高的物理独立性及逻辑独立性，即在内模式或模式发生改变的情况下，可以通过调整映射方式，使用户的外模式不必发生改变。

（1）外模式/模式映像

模式描述了数据的全局逻辑结构，外模式描述了数据的局部逻辑结构。同一个模式可以存在任意多个外模式。每一个外模式都对应一个外模式/模式映像，它定义了该外模式与模式之间的对应关系，外模式的描述中通常包含了这些映像的定义。

当模式发生改变（如在原有记录类型之间增加新的联系、在某些记录中增加新的数据项等）时，数据库管理员可以通过改变有关的外模式／模式映像，使外模式保持不变。应用程序是根据数据的外模式编写的，因此应用程序也无须发生改变，从而保证了数据与应用程序的逻辑独立性，称为数据的逻辑独立性。

（2）模式/内模式映像

数据库中只有一个模式，也只有一个内模式，所以一个数据库只有唯一的模式/内模式映像。它通常包含在模式的描述中，定义了数据的全局逻辑结构与存储结构之间的对应关系。当数据库的存储结构发生改变时，数据库管理员通过对模式/内模式映像进行修改，可以使模式保持不变，从而使应用程序也不用改变。这保证了数据与应用程序的物理独立性，称为数据的物理独立性。

数据库的二级映像通过保证数据的物理独立性和逻辑独立性，确保了数据库外模式的稳定性，也从底层确保了应用程序的稳定性。除非应用需求本身发生变化，否则无须对应用程序进行修改。

数据库的三级模式与二级映像实现了数据与应用程序之间的独立，使数据的定义和描述可以从应用程序中分离出来。另外，由于数据的存取由 DBMS 进行管理，因此用户无须考虑存取路径、方式等细节，从而使应用程序的编写得到简化，大大减轻了应用程序维护人员的负担。

## 任务 1.1.3　了解数据库设计的方法及步骤

数据库设计是建立数据库及其应用系统的技术，在信息系统开发和建设中处于核心地位。具体来讲，数据库设计是指对于一个已知的应用环境，构造一个最优的数据库逻辑模式及物理结构，并在此基础上建立数据库及其应用系统，使其可以有效地存储数据，满足不同用户的各种应用需求。

数据库设计是一个庞大的工程，整个过程需要分阶段进行，无法一气呵成，往往需要试探性地反复修改，设计结果也不是唯一的。在设计的过程中，往往会遇到各种各样的要求，需要克服各种制约因素，它们之间可能存在矛盾，数据库设计的过程便是解决这些矛盾的过程。

### 1．数据库设计方法

现实世界的复杂性导致了数据库设计的复杂性。只有以科学的数据库设计理论为基础，在具体的设计原则指导下，才能保证数据库的设计质量，减小后期维护的代价。在早期，数据库设计基本都是采用手工试凑法，它既缺乏科学理论依据，又缺少工程方法的支持，设计人员的经验和水平在很大程度上决定了数据库的质量，因此项目质量难以得到保障，系统维护的成本也较高。设计人员经过十余年的努力探索，提出了各种数据库设计方法。这些方法运用软件工程的思想总结出了各种设计准则和规程，这些都属于规范设计方法。目前常用的数据库设计方法都属于规范设计方法，即都是运用软件工程的思想，根据数据库设计的特点提出的。这种工程化的规范设计方法也是在目前技术条件下设计数据库最实用的方法。

逻辑数据库设计是根据用户需求和特定 DBMS 的具体特点，以数据库设计理论为依据，设计数据库的全局逻辑结构和每个用户的局部逻辑结构。物理数据库设计是在逻辑结构确定之后，设计数据库的存储结构及其他实现细节。

著名的新奥尔良方法是目前公认的比较完整和权威的一种规范设计方法。它将数据库设计分为 4 个阶段：需求分析（分析用户需求）、概念设计（信息分析和定义）、逻辑设计（设计实现）和物理设计（物理数据库设计）。目前主流的规范设计方法大部分起源于新奥尔良方法，并在设计的每一阶段采用了一些辅助方法来具体实现。

除了上述方法，还有一些为数据库设计不同阶段提供的具体实现技术与方法，如基于实体-联系（Entity-Relationship，E-R）模型的设计方法、基于 3NF（第三范式）的设计方法和基于抽象语法规范的设计方法等。规范设计方法从本质上看仍然属于手动设计方法，其基本思想是过程迭代和逐步求精。

为了降低数据库设计的工作难度，加快数据库设计速度，提高数据库设计质量，数据库工作者也一直在研发具有辅助设计功能的设计工具。目前常用的实用化和产品化的数据库设计工具软件有 Oracle 公司的 Design 2000 和 Sybase 公司的 PowerDesigner，这些工具软件能自动或辅助设计人员完成数据库设计过程中的很多任务，但使用起来还是有一定的难度和复杂度。

### 2. 数据库设计步骤

按照新奥尔良方法，数据库设计的全过程主要分为需求分析、概念设计、逻辑设计和物理设计 4 个阶段，如图 1-6 所示。

（1）需求分析

进行数据库设计前必须充分了解与分析用户需求（包括数据与处理）。需求分析在整个设计过程中具有奠基石的地位，是最困难和最耗时间的一步。需求分析主要包括以下 2 个步骤。

① 收集、整理与分析。

这一步主要是调查、收集、整理与分析用户在数据管理中的信息需求、处理需求、安全性与完整性需求，主要方法包括：调查组织机构情况、调查各部门的业务活动情况、协助用户明确对新系统的各种需求、确定新系统的边界等。

② 描述数据流图与数据字典。

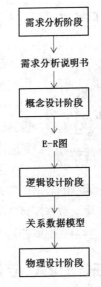

图 1-6 数据库设计的全过程

完成收集并分析用户需求后，还需对需求进行进一步表达。分析和表达用户需求的常用方法为结构化分析（Structured Analysis，SA）方法。SA 方法从最上层的系统组织结构入手，采用自顶向下、逐层分解的方式分析系统，并描述数据的流向和数据的处理功能。除了数据流图，还需使用数据字典（Data Dictionary，DD）来集中描述系统中的各类数据。DD 通常包括数据项名称、性质、取值范围、使用者、提供者、保密要求、数据之间联系的语义说明，以及各部门对数据本身及数据处理的需求。需求分析是数据库设计的起点，需求分析的结果是否准确反映了用户的实际需求，将直接影响到后面各个阶段的设计，并影响设计结果是否合理和实用。

（2）概念设计

概念设计是数据库设计中的关键步骤，它通过对用户需求进行综合分析、归纳与抽象，形成一个不依赖具体 DBMS 的概念数据模型，一般用 E-R 模型表示。对概念数据模型进行转换，可以形成计算机上某个 DBMS 支持的逻辑数据模型。概念数据模型的特点如下。

① 具有较强的语义表达能力，能够清晰表达应用所包含的各种语义知识。

② 简洁明了、易于用户理解，是数据库设计人员与用户之间沟通的桥梁。

数据库概念设计的基本方法将在任务 1.3.1 中重点介绍。

（3）逻辑设计

逻辑设计的任务是将 E-R 模型转换为某个 DBMS 所支持的数据模型（如关系模型，即基本表），并对其进行优化。这个阶段的模型设计需要考虑到 DBMS 本身的性能与特征，然后根据用户的需求及安全性方面的考虑，在基本表（Table）的基础上建立必要的视图（View），形成数据库的外模式。

数据库逻辑设计的基本方法将在任务 1.3.2 中重点介绍。

（4）物理设计

物理设计主要是为逻辑结构模型选取一个最适合应用环境的物理结构（包括存储结构和存取方法）。物理设计因 DBMS 的特点和处理的需求而异，大致流程是对逻辑设计的关系模型进行物理存储安排，并设计用于实现高效数据访问的索引，形成数据库的内模式。

## 任务 1.2　认识数据模型

微课 1-3

认识数据模型

在计算机领域，数据库技术是发展最快的技术之一。数据库技术沿着数据模型的主线在不断推进。在现实生活中，人们对具体的模型并不陌生，如汽车模型、建筑设计沙盘等，它们是对现实世界某个对象的模拟和抽象，可以让人很容易联想到真实事物。数据模型也是一种模型，它通过对现实世界数据特征进行抽象，完成描述数据、组织数据和对数据的操作。

因为计算机只能直接处理数据，所以人们必须将现实世界中的事物转换成计算机能明白的数据。实现这一过程的重要工具就是数据模型，它可以完成抽象、表示和处理现实事物的过程。数据库系统的实现离不开一个可靠的数据模型，数据模型是数据库系统的核心和根基。因此，学习数据库的基础是了解数据模型的基本概念。

### 任务 1.2.1　了解数据模型的概念

数据（Data）是描述事物的符号记录，模型（Model）是现实世界的抽象，数据模型（Data Model）是现实世界数据特征的抽象。数据模型从抽象层面描述了数据库系统所描述的内容，包括数据库系统的数据结构（静态特征）、数据操作（动态特征）和数据的完整性约束 3 个部分，即数据模型的三要素。

**1. 数据结构**

数据结构用于描述数据库系统的静态特征，是数据库研究的对象类型及对象之间联系的集合。也就是说，数据结构的组成部分有两类：一类与数据对象的内容、性质、类型相关，例如，学生成绩管理系统数据库中的学生数据项特征，包括学号、姓名、班级等，以及各项特征的属性、域、关系等；一类是数据对象之间的联系，例如，一个学生可以选多门课、一门课可以被多个学生选择，这种联系也存在于数据库系统中。这两类组成部分概括如下。

（1）数据对象本身：类型、内容、性质，例如，关系模型中的域、属性、关系等。

（2）数据对象之间的联系：数据之间是如何关联的，例如，关系模型中的主键、外键等。

在数据库系统中，人们通常会按照其数据结构的类型来命名数据模型。例如，层次模型和关系模型的数据结构就分别是层次结构和关系结构。

**2. 数据操作**

数据操作用于描述数据库系统的动态特征，是允许施加在数据对象上的操作的集合。对数据执行的操作主要有检索、插入、删除和修改。数据模型必须定义这些操作的确切含义、操作符号、操作规则（如优先级）以及实现操作的语言。

**3. 数据的完整性约束**

数据的完整性约束是一组完整性规则的集合，规定数据库状态及状态变化所应满足的条件，主要描述数据结构内数据间的语法、词义联系、制约和依存关系，以及数据动态变化的规则，以保证数据的正确、有效和相容。例如，关系模型中规定了一个数据记录中必须有一个确定的关键字，并且不能为空。

另外，数据模型还应提供定义完整性约束条件的机制，以反映某个应用涉及的数据必须遵守的特定现实条件，例如，在学生选课管理系统中，学生必须选择所有必修科目。

### 任务 1.2.2　掌握数据模型

在数据库领域，数据模型按不同的应用目的，主要分为 3 种类型：概念数据模型、逻辑数据模型和物理数据模型。

**1. 概念数据模型**

概念数据模型（Conceptual Data Model）也称为概念模型，它按照用户的观点对数据和信息建模，是对现实世界的抽象反映。它使数据库设计人员在设计的初始阶段摆脱了计算机系统及 DBMS 的具体技术问题，能集中精力分析数据及数据之间的联系等，不依赖于具体的计算机系统，是现实世界到数据世界的中间层。概念数据模型主要用来完成数据库设计，它必须转换成逻辑数据模型才能在 DBMS 中实现。

概念数据模型是数据库设计者进行数据库设计的有力工具，也是设计者与用户之间进行交流的"语言"。因此，概念数据模型一方面应该具有强大的语义表达能力，另一方面应该清晰、直接、易于用户理解。

描述概念数据模型的工具是 E-R 模型，主要包括实体、联系和属性 3 个基本概念。

（1）实体（Entity）

实体可以是现实世界中可互相区别的事件或物体，也可以是抽象的概念或联系。例如,学校中的每个人都是一个实体。每个实体由一组属性来表示，其中一些属性可以唯一地标识一个实体，如学号。与此类似，每一门课程也可以看作一个实体，而课程号唯一地标识了某个具体的课程实体。当然，实体也可以是抽象的概念，如学生选课、机票预订等。实体集是具有相同属性的实体集合，而实例是实体集中的某个特例。

实体集与实例举例如图 1-7 所示。

图 1-7　实体集与实例举例

（2）联系（Relationship）

在客观世界中，事物彼此之间是有联系的。实体之间的联系可以分为以下 3 类。

① 一对一联系（1 : 1）。

如果实体集 E(1)中的每一个实体至多与实体集 E(2)中的一个实体相对应，并且实体集 E(2)中的每一个实体至多与实体集 E(1)中的一个实体相对应，则称实体集 E(1)与实体集 E(2)为一对一联系，记作 1 : 1。

例如，电影院里一个座位只能坐一个观众，因此观众与座位之间是一对一联系。

② 一对多联系（1 : $n$）。

如果实体集 E(1)中的一个实体与实体集 E(2)中的多个实体相对应，并且实体集 E(2)中的一个实体至多与实体集 E(1)中的一个实体相对应，则称实体集 E(1)与实体集 E(2)为一对多联系，记作 $1:n$。

例如，一个系部有多位教师，而每位教师只属于某一个系部，因此系部与教师之间是一对多联系。

③ 多对多联系（$m:n$）。

如果实体集 E(1)中的一个实体与实体集 E(2)中的多个实体相对应，并且实体集 E(2)中的一个实体与实体集 E(1)中的多个实体相对应，则称实体集 E(1)与实体集 E(2)为多对多联系，记作 $m:n$。

例如，一个项目有多个职工，一个职工也可以参与多个项目，因此职工与项目之间是多对多联系。实体间的联系举例如图 1-8 所示。

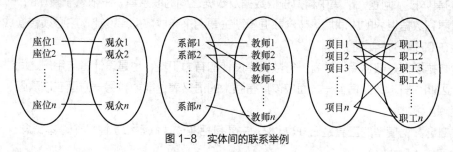

图 1-8　实体间的联系举例

（3）属性（Attribute）

实体或联系所具有的某方面特性被称为属性。一个实体可以由若干个属性来描述。例如，学生实体可能有学号、姓名、专业、性别、出生日期等属性；课程实体可能有课程号、课程名称、开课学期、学时、学分等属性。可以唯一确定一个实体的属性（一个或多个）称之为主键。

联系也可能有属性。例如，学生与课程的联系是"学习"，学生"学习"某门课程所获取的"成绩"同时依赖于某个特定的学生以及某门特定的课程，所以"成绩"是学生与课程之间的联系"学习"的属性。

概念数据模型有多种表示方法，其中最为常用的是陈品山（P.P.S.Chen）于 1976 年提出的实体-联系（E-R）模型，也就是 E-R 图，它提供了表示实体、属性和联系的方法。

① 实体：用矩形框表示，矩形框内写明实体名。

② 属性：用椭圆形框表示，并用无向边将其与相应的实体连接起来，确定为主键的属性用添加下划线的方式表示。联系也是可以有属性的。

③ 联系：用菱形框表示，菱形框内写明联系名，并用无向边分别与实体相连，同时注明联系的类型（$1:1$、$1:n$ 或 $m:n$）。

学生成绩管理系统数据库的 E-R 模型如图 1-9 所示。

**2. 逻辑数据模型**

逻辑数据模型（Logical Data Model）简称数据模型，它按计算机系统的观点对数据建模，是对概念数据模型的进一步分解和细化。它也是用户从数据库中看到的模型，是具体的 DBMS 支持的数据模型，主要包括层次模型（Hierarchical Model）、网状模型（Network Model）、关系模型（Relation Model）等。此模型既要面向用户，又要面向系统，主要用于 DBMS 的实现。

逻辑数据模型的选择将直接影响数据库的性能。逻辑数据模型的选择对数据库设计者来说是首要任务。目前常用的逻辑数据模型有 3 种：层次模型、网状模型和关系模型。

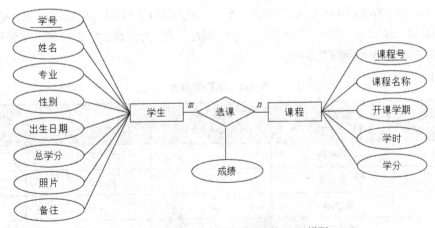

图 1-9　学生成绩管理系统数据库的 E-R 模型

（1）层次模型

　　层次模型的基本数据结构就是层次结构。由于在层次模型中，各类实体及实体间的联系是用"有向树"的数据结构来表示的，所以也称其为树形结构。大学系部的层次模型如图 1-10 所示，系部就是"树根"（根节点），系部下面的各办公室就是"树枝"（树节点）。

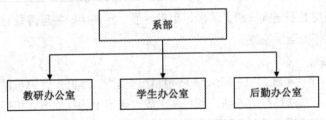

图 1-10　大学系部的层次模型

　　从模型图可见，层次模型的优点是数据结构简单、节点间联系清晰；缺点是不能直接表示实体间的复杂联系（如多对多联系），查询树节点必须通过根节点，查询效率较低。

（2）网状模型

　　网状模型的基本数据结构就是网络结构。网状模型中的每个节点表示一个实体，节点之间的连线表示实体与实体之间的联系，从而构成一个复杂的网状结构。学生与课程的网状模型如图 1-11 所示。

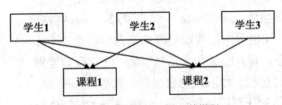

图 1-11　学生与课程的网状模型

（3）关系模型

　　关系模型在逻辑数据模型中占据了最重要的地位。20 世纪 80 年代以来，计算机厂商推出的 DBMS 几乎都支持关系模型，数据库领域当前的研究方向也大都以关系模型为根基。

每个关系的数据结构都是一张规范化的二维表，每张二维表都可以称为关系，表中的每一行对应一个元组或者一条记录，表中的每一列对应一个属性或者一个字段。表 1-1 所示的课程信息表便是以二维表的形式来表示课程关系的。

表 1-1　课程信息表

| 课程号<br>（C_ID） | 课程名称<br>（C_Name） | 开课学期<br>（Semester） | 学时<br>（Credit_Hour） | 学分<br>（Credit） |
|---|---|---|---|---|
| 101 | 计算机基础 | 1 | 80 | 5 |
| 102 | C 语言 | 2 | 80 | 5 |
| 206 | 操作系统 | 3 | 60 | 3 |
| 209 | 数据库应用 | 4 | 80 | 5 |
| 210 | 网络基础 | 1 | 60 | 3 |
| 212 | 数据结构 | 3 | 70 | 4 |
| 301 | 算法分析 | 4 | 70 | 4 |
| 302 | 软件工程 | 4 | 70 | 4 |

关系模型的优点是数据结构简单、清晰，用户易懂、易使用，并且存取路径透明，从而可以保证更高的数据独立性和安全保密性。

**3. 物理数据模型**

物理数据模型（Physical Data Model）简称物理模型，是面向计算机系统的物理表示模型，描述了系统内部的表示方法和存取方法，或者在磁盘、磁带上的存储方式和存取方法。它不仅与具体的 DBMS 有关，还与操作系统和硬件有关。设计人员在实现逻辑数据模型时都需选择对应的物理数据模型。DBMS 为了保证其独立性与可移植性，大部分物理数据模型的实现工作由系统自动完成，设计者只需设计索引、聚集等特殊结构。

这 3 个模型的生成过程就是实现一个软件系统的 3 个关键步骤，是从抽象到具体的不断细化，是完善的分析、设计和开发过程。

各种机器上实现的 DBMS 都是基于某种数据模型的。为了把现实世界中的具体事物抽象、组织成某种 DBMS 支持的数据模型，人们常常先把现实世界转换为信息世界，将客观世界中的事物用对应的信息结构表达出来；然后将信息世界转换为机器世界，也就是某一个 DBMS 支持的数据模型。也就是说，要将现实世界中的客观对象转换为机器世界（计算机）能处理的数字信息，需要经过抽象和数字化：先将现实世界的事物抽象成某一种信息结构，也就是信息世界的概念数据模型，这种概念数据模型与具体的计算机系统无关，不是某一个 DBMS 支持的数据模型；接着，将信息世界的概念数据模型进行数字化，将其转换为计算机上某一个 DBMS 支持的数据模型。这一过程如图 1-12 所示。

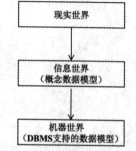

图 1-12　现实世界的抽象过程

# 任务 1.3 设计学生成绩管理系统数据库

数据库设计是指对于一个给定的应用环境，构造最优的数据库模式，建立数据库及应用系统，使其能够有效存储数据，满足用户的信息需求和处理需求。本任务将介绍学生成绩管理系统数据库的概念数据模型及关系模型的设计过程。

## 任务 1.3.1 设计学生成绩管理系统数据库概念数据模型

概念数据模型是在了解用户的需求、用户的业务领域及流程后，经过分析和总结，提炼出来的用以描述用户业务需求的一些概念性内容。现以学生成绩管理系统数据库为例，讲解概念数据模型的设计过程。

微课 1-4

设计学生成绩
管理系统数据库
概念数据模型

**1. 需求分析**

在进行概念数据模型设计前，需要充分了解与分析用户需求。

（1）绘制组织结构图。组织结构是用户业务流程与信息的载体，能为设计人员理解企业的业务、确定系统范围提供帮助。学生成绩管理系统数据库的组织结构图如图 1-13 所示。

（2）绘制业务用例图。收集资料，并对资料进行分析、整理，绘制出学生成绩管理系统数据库业务用例图，如图 1-14 所示。

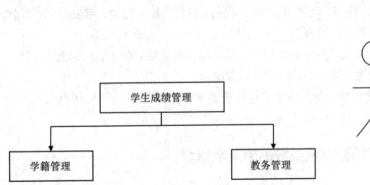

图 1-13 学生成绩管理系统数据库的组织结构图

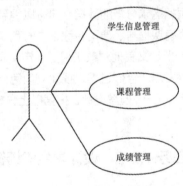

图 1-14 学生成绩管理系统数据库业务用例图

（3）了解功能需求。对学生成绩管理系统数据库中涉及的各部门进行调研，得到学生成绩管理系统数据库的功能需求如下。

① 学籍管理功能：用于添加、修改、删除学生信息。

② 教务管理功能：包含成绩管理和课程管理两个子功能，分别用于添加、修改、删除成绩和课程。

（4）生成数据字典。针对学生成绩管理系统数据库的功能需求，对学生成绩管理系统数据库中涉及的各部门业务流程和数据流程进行分析，得到的数据项简述如下。

① 学生信息：学号、姓名、专业、性别、出生日期、总学分、照片、备注。

② 课程信息：课程号、课程名称、开课学期、学时、学分。

③ 选课信息：学号、课程号、成绩。

**2. 数据库概念设计**

根据学生成绩管理系统数据库的需求分析，进行概念设计。

（1）定义实体。实体集合的成员都有一个共同的特征和属性集，可以从收集的源材料——基本数据资料表中直接或间接标识出大部分实体。根据源材料名字表中表示物的术语及以"代码"结尾的术语，如客户代码、代理商代码、产品代码等，将其名词部分代表的实体标识出来，从而初步找出潜在的实体，形成实体表。

根据学生成绩管理系统数据库的需求分析，可知学生成绩管理系统数据库中存在学生、课程两个实体。

（2）定义联系。根据实际的业务需求、规则和实际情况确定实体联系、联系名和说明，确定联系类型，即一对一、一对多或者多对多。

根据需求分析可知，学生和课程之间存在选课的联系。一名学生可以选修多门课程，一门课程可以被多名学生选修，那么学生和课程之间的选课联系是多对多联系，并且派生出成绩作为联系的属性。

（3）定义主键。为已定义的实体标识候选键，以便唯一识别每个实体的实例，再从候选键中确定主键。为了确定主键和联系的有效性，需要利用非空规则和非多值规则，即一个实体实例的主键不能是空值，也不能在同一个时刻有一个以上的值。

根据需求分析，找出实体学生的主键为学号，实体课程的主键为课程号。

（4）定义属性。从源数据表中抽取说明性的名词生成属性表，确定属性的所有者，定义非主键属性，检查属性的非空及非多值规则。此外，还要检查完全依赖函数规则和非传递依赖规则，保证一个非主键属性必须依赖于整个主键且只依赖于主键。

根据需求分析的数据字典可以得到实体学生有学号、姓名、性别、出生日期、专业等属性，实体课程有课程号、课程名称、学时和学分等属性。

（5）定义其他对象和规则。定义属性的数据类型、长度、精度、非空、默认值和约束规则等。定义触发器、存储过程、视图、角色、同义词和序列等对象信息。

（6）E-R 模型设计。根据以上分析，学生成绩管理系统数据库的概念设计 E-R 模型如图 1-9 所示。

### 任务 1.3.2　设计学生成绩管理系统数据库关系模型

微课 1-5

设计学生成绩
管理系统数据库
关系模型

平时大家接触得最多的应用程序实际上只是处理数据的程序，它们的数据信息是从某个数据源得到的，其中一个数据源就是数据库（DataBase，DB）。数据库像是一个数据仓库，存放着与应用程序相关的一些基础数据，且这些数据通常以二维表（也叫关系）的形式存放，表与表之间互相关联。这种存放数据的模型就是关系模型，以关系模型创建的数据库称为关系数据库。

对关系的描述一般为关系名（属性 1，属性 2，……，属性 $n$），若某一属性或属性组为主键，则加下划线表示。

完成概念数据模型设计后的关系模型设计的过程，其本质就是 E-R 模型向关系模型的转换。要解决的问题包括如何将实体和实体间的联系转换为关系模型，以及如何确定这些关系模型的属性和键。下面介绍把 E-R 模型中实体、实体的属性和实体之间的联系转换为关系模型的方法。

### 1. 实体（E）转换为关系模式的方法

实体转换为关系模型时，实体的属性就是关系的属性，实体的主键就是关系的主键，E-R 模型中有几个实体就转换为几个关系模型。

例如，将学生实体转换为关系模型。

实体学生：学生（学号，姓名，专业，性别，出生日期，总学分，照片，备注）

主键：学号

关系模型：Student(S_ID, Name, Major, Sex, Birthday, Total_Credit, Photo, Note)

PK: S_ID

### 2. 联系（R）转换为关系模型的方法

E-R 模型向关系模型转换时，除了要将实体转换为关系模型，还需要将实体之间的联系转换为关系模型。实体之间的联系类型不同，转换规则也不同。

（1）一对一联系

将联系与任意端实体对应的关系模型合并，并加入另一端实体的主键和联系本身的属性。

【例 1-1】假设实体班级（班级号，班级名）与实体班主任（职工号，姓名，性别，职称）之间的任职联系是一对一联系。E-R 模型如图 1-15 所示，试将其转换为关系模型。

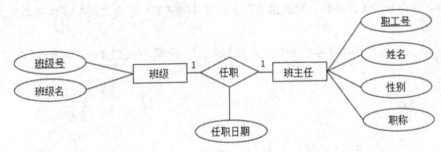

图 1-15　班主任任职 E-R 模型（一对一联系）

实体班级（班级号，班级名）与实体班主任（职工号，姓名，性别，职称）的联系转换后得到的关系模型如下。

```
Class (ClassID, ClassName)
PK: ClassID
Head_Teacher (HireID, Name, Sex, Title)
PK: HireID
```

（2）一对多联系

将联系与多端实体对应的关系模型合并，并加入另一端实体的主键和联系本身的属性。

【例 1-2】实体班级与实体学生的联系是一对多，E-R 模型如图 1-16 所示，试将其转换为关系模型。

实体班级（班级号，班级名）和实体学生（学号，姓名，专业，性别，出生日期，总学分，照片，备注）的联系转换后得到的关系模型如下。

```
Class (ClassID, ClassName)
PK: ClassID
Student(S_ID, Name, Major, Sex, Birthday, Total_Credit, Photo, Note)
PK: S_ID
```

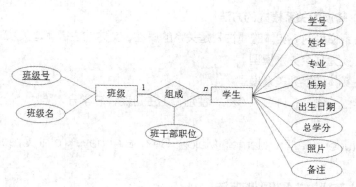

图 1-16　学生与班级 E-R 模型（1:*n* 联系）

　　由于班级与学生之间的联系是一对多，将联系的属性班干部职位和一端的主键放在多端，故此 E-R 模型转换后得到的关系模型如下。

```
Student(S_ID,Name,Major,Sex,Birthday,Total_Credit,Photo,Note,ClassID,Class_Leader)
PK: S_ID
```

班级实体转换后的关系模型不变。

　　（3）多对多联系

　　将联系转换为一个关系模型。将联系连接的各实体的主键和联系本身的属性转换为关系模型的属性。

　　【例 1-3】实体教师和实体学生的联系是多对多，E-R 模型如图 1-17 所示，试将其转换为关系模型。

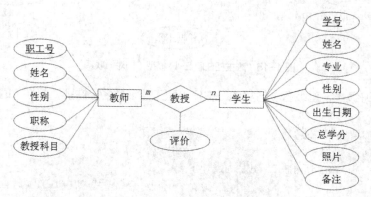

图 1-17　教师与学生 E-R 模型（多对多联系）

　　实体教师（职工号，姓名，性别，职称，教授科目）和实体学生（学号，姓名，专业，性别，出生日期，总学分，照片，备注）之间的联系是多对多，转换后新增一个关系"教授"（职工号，学号，评价），转换后的关系模型如下。

```
Teacher（HireID, Name, Sex, Title, Subject）
PK: HireID
Student(S_ID, Name, Major, Sex, Birthday, Total_Credit, Photo, Note)
PK: S_ID
Teach(HireID, S_ID, Evaluation)
PK: HireID 和 S_ID
```

根据以上转换原则，将学生成绩管理系统数据库的 E-R 模型（图 1-15）转换为关系模型时，应采取多对多联系对应的转换方式。也就是实体学生（学号，姓名，专业，性别，出生日期，总学分，照片，备注）和实体课程（课程号，课程名称，开课学期，学时，学分）之间的联系是多对多，转换后新增一个关系"选课"（学号，课程号，成绩），转换后的关系模型如下。

```
Student(S_ID,Name,Major,Sex,Birthday,Total_Credit,Photo,Note,ClassID,Class_Leader)
PK: S_ID
Course(C_ID, C_Name, Semester, Credit_Hour, Credit)
PK: C_ID
Elective(S_ID, C_ID, Grade)
PK: S_ID和C_ID
```

**素养小贴士** 要设计出完善、健壮的数据库，在数据库的分析、设计阶段必须奠定好基础。只有遵循规范化设计要求，才能设计出结构合理的关系模型，为之后数据库的构建提供强有力的保障。

数据库的关系模型不是一次就能成型的，而是需要不断地进行优化才能得到最后的结果，优化通常以规范化理论作为指导。不以规矩，不能成方圆，所以必须不断加强规范化意识，提升专业技能，才能开发出用户所需的数据库。

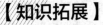

## 【知识拓展】

### 1. 数据库系统有哪些优点？

（1）数据共享

数据共享是指多个用户可以同时存取数据而不相互影响。数据共享包括 3 个方面：所有用户可以同时存取数据；数据库不仅可以为当前的用户服务，还可以为将来的新用户服务；可以使用多种语言实现与数据库的交互。

（2）减少数据冗余

数据冗余就是数据重复。数据冗余既浪费存储空间，又容易造成数据不一致。在非数据库系统中，由于每个应用程序都有自己的数据文件，所以存在着大量的重复数据。数据库从全局来组织和存储数据，数据已经根据特定的数据模型结构化，在数据库中，用户的逻辑数据文件和具体的物理数据文件不必一一对应，从而有效地节省了存储资源，减少了数据冗余，增强了数据的一致性。

（3）具有较高的数据独立性

数据独立是指数据与应用程序之间彼此独立，它们之间不存在相互依赖的关系。应用程序不必随数据存储结构的改变而变动，这是数据库一个最明显的优点。在数据库系统中，DBMS 通过映像使应用程序在数据的逻辑结构与物理存储结构之间有较高的独立性。数据库的数据独立包括两个方面。

① 物理独立：数据的存储格式和组织方法改变时，不影响数据库的逻辑结构，从而不影响应用程序。

② 逻辑独立：数据库逻辑结构的变化（如数据定义的修改、数据间联系的变更等）不影响用户的应用程序。

数据独立提高了数据处理系统的稳定性，从而提高了程序维护的效率。

（4）增强了数据安全性和完整性保护

数据库加入了安全保密机制，可以防止对数据的非法存取。实行集中控制保证了数据的完整性。数据库系统采取了并发访问控制，保证了数据的正确性。另外，数据库系统还采取了一系列措施，实现了恢复被破坏的数据库的功能。

**2. 关系模型有哪些改进方法？**

（1）合并关系模型

对于一些使用较频繁、性能要求较高、涉及多个关系连接的查询，可以对具有相同主键的关系模型按查询使用的频率进行合并，以减少连接操作，提高查询效率。

（2）分解关系模型

为提高数据操作的效率和存储空间的利用率，可以考虑对关系模型进行分解。一般有水平分解和垂直分解两种。例如，可以把一个学校的所有学生信息按照各个院系进行分解，分别建立关系模型。把关系的元组分为若干个子集合，每个子集合定义为一个关系，这就是水平分解。垂直分解即将关系模型的属性分解成若干个子集合，形成若干个子关系模型，提高某些操作的效率。

# 【小结】

本项目首先介绍了数据库的 3 个发展阶段、数据库的三级模式结构、数据库的二级映像、数据库的设计方法及步骤，然后介绍了数据模型概念，以及常用数据模型（包括概念数据模型、逻辑数据模型和物理数据模型）。其中，概念数据模型和关系模型的设计方法需要重点掌握，在实际开发中常会用到。

# 【任务训练 1】设计图书管理系统数据库

**1. 实验目的**

- 掌握图书管理系统数据库 bms 的 E-R 模型的设计。
- 掌握将图书管理系统数据库 bms 的 E-R 模型向关系模型的转换。

**2. 实验内容**

- 完成本项目实例中 E-R 模型的设计。
- 根据 E-R 模型，完成关系模式的转换，并标明主键。

**3. 实验步骤**

（1）设计 E-R 模型

① 定义实体。根据需求分析，找出实体。图书管理系统数据库中存在图书和读者两个实体。

② 定义联系。根据需求分析，找出实体与实体之间的联系。仔细分析可知，图书和读者之间存在借阅联系。假设一位读者可以借阅多本图书，一本图书可以被多位读者借阅，那么读者和图书之间的借阅联系是多对多，并且派生出借期、还期，以及是否在借作为联系的属性。

③ 定义主键。根据需求分析，找出实体的主键。实体图书的主键为图书编号，实体读者的主键为读者编号。

④ 定义属性。根据需求分析，找出实体的属性。根据数据字典可以得到实体图书有图书编号、图书类型编号、书名、作者、定价、出版社、出版日期和数量等属性，实体读者有读者编号、姓名、性别、年龄、电话和可借数量等属性。

⑤ E-R 模型设计。根据以上分析，得到的图书管理系统概念设计 E-R 模型如图 1-18 所示。

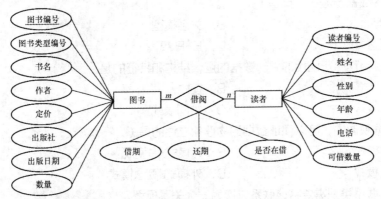

图 1-18　图书管理系统概念设计 E-R 模型

（2）E-R 模型转换为关系模型

① 实体（E）转换为关系模型。

实体图书（图书编号，图书类型编号，书名，作者，定价，出版社，出版日期，数量）转换后得到的关系模型如下。

```
Book(Book_ID, Book_Category_ID, Book_Name, Author, Price, Press, Pubdate, Store)
```

实体读者（读者编号，姓名，性别，年龄，电话和可借数量）转换后得到的关系模型如下。

```
Reader(Card_ID, Name, Sex, Age, Tel, Balance)
```

② 联系（R）转换为关系模型。

由于实体图书（Book）与实体读者（Reader）之间是多对多联系，联系的属性包括借期（Borrow_Date）、还期（Return_Date），以及是否在借（Status），转换为关系时，联系转换为一个关系模型，并且将联系连接的各实体的主键（Book_ID 和 Card_ID）和联系本身的属性转换为关系模型的属性。

新生成的实体借阅（Borrow）转换后得到的关系模型如下。

```
Borrow(Book_ID, Card_ID, Borrow_Date, Return_Date, Status)
```

## 【思考与练习】

### 一、填空题

1. 数据库发展经历了＿＿＿＿＿、＿＿＿＿＿和＿＿＿＿＿ 3 个阶段。

2. 在关系模型中，二维表的列代表＿＿＿＿＿，二维表的行代表＿＿＿＿＿。

3. 逻辑数据模型中的＿＿＿＿＿模型占据了最重要的地位。

4. E-R 模型向关系模型的转换分为＿＿＿＿＿向关系模型转换和＿＿＿＿＿向关系模型转换两个步骤。

5. 数据库设计主要包括＿＿＿＿＿、＿＿＿＿＿、＿＿＿＿＿、＿＿＿＿＿ 4 个阶段。

## 二、选择题

1. 下列 4 项中，不属于数据库系统阶段特点的是（　　）。

A. 数据共享性高 　　　　　　　B. 数据高度结构化

C. 数据冗余度大 　　　　　　　D. 数据独立性高

2. 描述概念数据模型的工具是（　　）。

A. 层次模型 　　　　　　　　　B. 关系模型

C. 网状模型 　　　　　　　　　D. E-R 模型

3. 描述了应用程序所使用的局部数据的逻辑结构和特征的是（　　）。

A. 内模式 　　　　　　　　　　B. 模式

C. 外模式 　　　　　　　　　　D. 中间模式

4. 下列数据映像中，可以保证数据的物理独立性的是（　　）。

A. 外模式/模式 　　　　　　　　B. 外模式/内模式

C. 模式/内模式 　　　　　　　　D. 外模式/概念模式

5. （　　）联系类型需要将该联系转换为一个关系模型。

A. 1：1 　　　　　　　　　　　B. 1：$n$

C. $m$：$n$ 　　　　　　　　　　D. 0：1

6. 下列 4 项中，描述数据库系统动态特征的是（　　）。

A. 数据结构 　　　　　　　　　B. 数据类型

C. 数据操作 　　　　　　　　　D. 定义主键

# 模块二
# MySQL 数据库基本应用

## 项目2
## MySQL基础

02

### 【能力目标】

- 掌握 MySQL 的特性及安装、配置方法。
- 掌握 MySQL 的常用命令。

### 【素养目标】

培养自学能力、沟通能力、团结协作能力、良好的职业素养，规范使用数据，规范编码，提高代码的可读性。

### 【学习导航】

本项目讲解数据库系统开发过程中平台的搭建和使用，以及 MySQL 的常用命令。本项目所讲内容在数据库系统开发中的位置如图 2-1 所示。

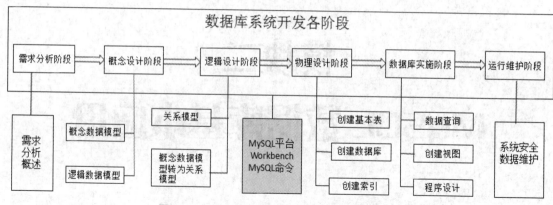

图 2-1　项目 2 所讲内容在数据库系统开发中的位置

## 任务 2.1　认识 MySQL

### 了解 MySQL 的发展史

　　MySQL 是一种用 C 语言和 C++编写的 DBMS，由瑞典公司 MySQL AB 创建。该公司由大卫·艾克斯马克（David Axmark）和艾伦·拉尔森（Allan Larsson）创立。艾克斯马克和拉尔森于 1994 年开始开发 MySQL 软件。MySQL 的第一个版本出现在 1995 年 5 月 23 日。它最初是基于单用户数据库管理系统（mini SQL 或 mSQL）的索引顺序访问方法创建的，仅供个人使用。但创建者认为该语言太慢且不够灵活，于是，他们创建了一个新的 SQL 接口，同时保留了与 mSQL 相同的程序编程接口（Application Programming Interface，API）。通过使 API 与 mSQL 保持一致的方式，许多开发人员可以直接用 MySQL 代替古老的 mSQL。

　　1996 年，MySQL 1.0 在内部小范围发布。当年 10 月，MySQL 3.11.1 发布，但只提供了 Solaris 下的二进制版本。当年 11 月，Linux 版本出现。

　　1998 年，标志性版本 MySQL 3.22 发布，它提供了基本的 SQL 支持。MySQL 关系数据库的第一个版本也于当年 1 月发行。它使用系统核心提供的多线程机制提供完全的多线程运行模式，以及面向 C 语言、C++、Eiffel、Java、Perl、PHP、Python 以及 Tcl 等编程语言的应用 API，支持多种字段类型并提供完整的操作符支持查询中的 SELECT 和 WHERE 操作。

　　2000 年，MySQL AB 公司成立，并开发出了 Berkeley DB（BDB）引擎。因为 BDB 支持事务处理，所以 MySQL 从此开始支持事务处理。

　　2003 年，MySQL 与 InnoDB 正式结合，InnoDB 这个存储引擎同样支持事务处理。当年 12 月，MySQL 5.0 发布，视图、存储过程等语句集面世。

　　2008 年，MySQL 被 Sun 公司收购，MySQL 5.1 面世。

　　2013 年，MySQL 5.6 面世，新功能包括：查询优化器的性能改进，InnoDB 中更大的事务吞吐量，新 NoSQL 风格的内存、缓存 API，对用于查询和管理大体量表的分区的改进等。

　　2015 年，MySQL 5.7 面世，其支持 RFC 7159 定义的本机 JSON 数据类型。

　　2018 年，MySQL Server 8.0 发布，新功能包括 NoSQL 文档存储、JSON 扩展语法等。

## 任务 **2.2** 安装、配置与连接 MySQL

安装 MySQL 后，可以通过 Shell 登录并使用 MySQL，而只有使用 Workbench 等图形化管理工具连接 MySQL 数据库后，才能通过界面化操作方便地在数据库中审核和管理数据。

### 任务 2.2.1 安装和配置 MySQL

在安装过程中，Windows 防火墙会弹出是否允许更改硬件等提示，单击"是"按钮即可。许多安全管理软件会将 MySQL 等数据库文件误报成木马程序，建议在安装过程中关闭这些软件，仅保留 Windows 防火墙即可。

如果 MySQL 安装失败，则很有可能是重新安装 MySQL 所导致的。在卸载 MySQL 时，要把之前的安装目录删除掉（一般在"Program Files"文件夹中）；也要把 MySQL 的 DATA 目录删除（一般在用户文件夹中）。

微课 2-1

安装和配置 MySQL

> **素养小贴士** 在安装 MySQL8.0 的过程中会遇到各种问题，可以通过自己分析思考、在网络上需求帮助、和同学讨论、咨询老师等方式来解决问题，这能够培养自学能力、沟通能力、团结协作能力等。

下面以安装 MySQL Installer 8.0.13 为例，具体安装步骤如下。

（1）进入 SQL Server 安装界面

双击 MySQL Installer 8.0.13 安装文件夹中的安装程序（MSI 格式），会出现图 2-2 所示的界面。勾选"I accept the license terms"复选框，然后单击"Next"按钮。

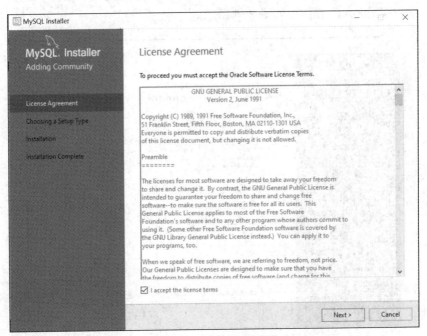

图 2-2 许可证协议界面

（2）选择安装方式

选择"Custom"（自定义）选项，然后单击"Next"按钮，如图 2-3 所示。这样做是为了将 MySQL 安装到非系统盘，以合理使用硬盘资源。

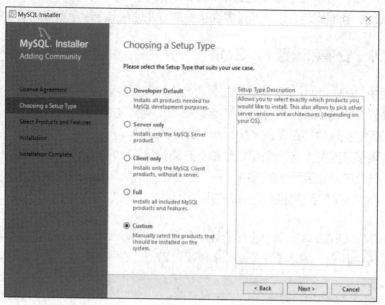

图 2-3　选择安装方式界面

（3）选择安装的软件

依次展开"MySQL Servers"选项，直到出现"MySQL Server 8.0.13-X64"选项，选中它，再单击向右的箭头，将其添加到右边的列表框中；然后在右边的列表框中单击它，就会出现蓝色的"Advanced Options"链接，如图 2-4 所示。

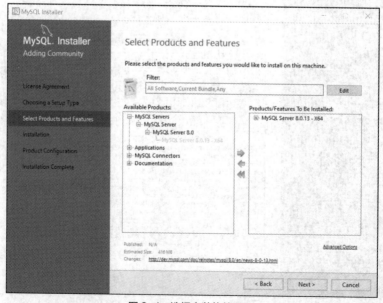

图 2-4　选择安装软件界面

（4）选择安装路径

单击"Advanced Options"链接，弹出图 2-5 所示的对话框。第一个文本框用于设置 MySQL 的安装路径，第二个文本框用于设置存放数据的路径。建议将两个路径设置为非系统盘，以合理使用硬盘资源，并将两个路径分开，以便管理。文本框下出现的警告信息可以不用处理，单击"OK"按钮即可。

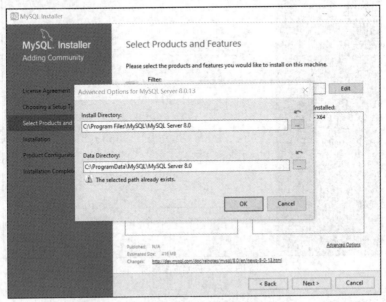

图 2-5　安装路径设置的对话框

（5）处理路径冲突

设置好路径之后，单击"Next"按钮，如果弹出图 2-6 所示的对话框，则在确认路径无误的情况下，单击"是"按钮。

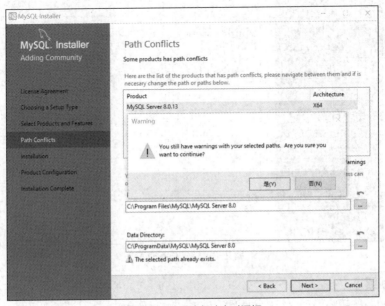

图 2-6　处理路径冲突对话框

（6）开始安装

完成以上设置之后，单击"Execute"按钮进行安装，如图 2-7 所示。

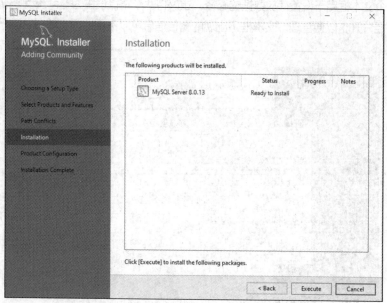

图 2-7　开始安装界面

（7）完成安装

安装完成后，单击"Next"按钮，如图 2-8 所示。

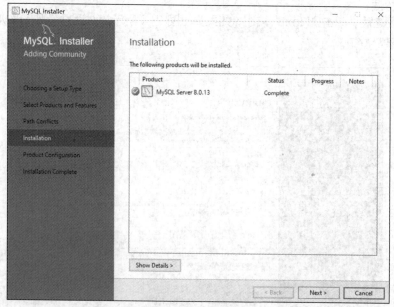

图 2-8　完成安装界面

（8）软件配置

单击"Next"按钮将自动进行软件配置，如图 2-9 所示。

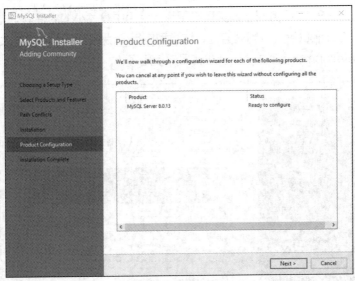

图 2-9　软件配置界面

（9）集群搭建

MySQL 组复制（MySQL Group Replication，MGR）是 MySQL 官方推出的一个全新的高可用与高扩展的解决方案，提供高可用、高扩展、高可靠（强一致性）的 MySQL 集群服务。MGR由多个实例节点共同组成一个数据库集群，系统提交事务必须经过半数以上节点的同意，方可提交。集群中的每个节点都维护一个数据库状态机，以保证节点间事务的一致性。此处选择"Standalone MySQL Server/Classic MySQL Replication"单选项，然后单击"Next"按钮，如图 2-10 所示。

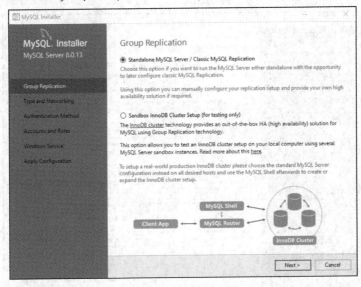

图 2-10　集群搭建界面

（10）应用类型选择

这一步 MySQL 提供了 3 种应用类型，如图 2-11 所示，3 种应用类型的区别如下。

① Development Computer：开发机，该类型应用将会使用最小内存。

② Server Computer：服务器，该类型应用将会使用中等大小的内存。

③ Dedicated Computer：专用服务器，该类型应用将使用当前可用的最大内存。

一般选择"Development Computer"就足够使用了。

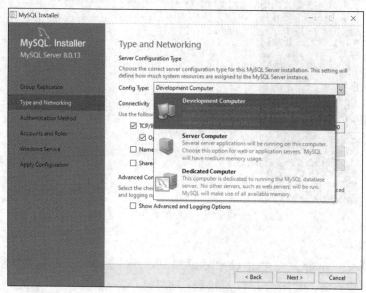

图 2-11　应用类型选择界面

（11）身份验证方式选择

这一步 MySQL 提供了两种身份验证类型，如图 2-12 所示，这两种身份验证类型区别如下。

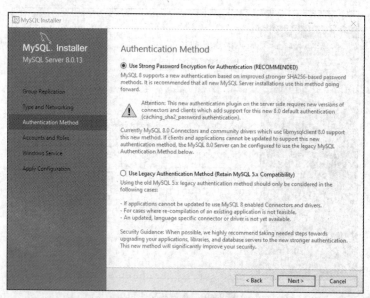

图 2-12　身份验证方式选择界面

①Use Strong Password Encryption for Authentication(RECOMMENDED)：使用强密码加密进行身份验证（已升级）。

②Use Legacy Authentication Method (Retain MySQL 5.x Compatibility)：使用传统身份

验证方法（保留 MySQL 5.x 兼容性）。

在这里选择使用强密码加密进行身份验证。

（12）设置 root 用户密码

建议设置不容易破解的密码，并牢牢记住这个密码，因为每次登录 MySQL 服务器时都要进行密码校验。除了 root 用户，还可以创建其他用户，给予其访问 MySQL 数据库的权限。此外，还可以给用户设置角色（Role），如数据库管理员、数据库设计者等。密码设置界面如图 2-13 所示。

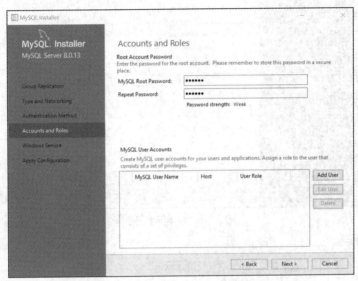

图 2-13　设置 root 用户密码界面

（13）配置 Windows 服务插件

在图 2-14 所示的界面可以设置 Windows 服务的名字以及是否在启动 Windows 时就启动 MySQL 服务器，一般保持默认选项即可，单击"Next"按钮。

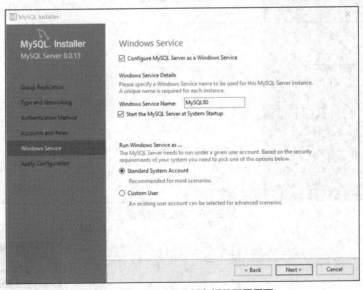

图 2-14　Windows 服务插件配置界面

（14）应用配置

完成以上配置后，单击"Execute"按钮进行应用，如图 2-15 所示。

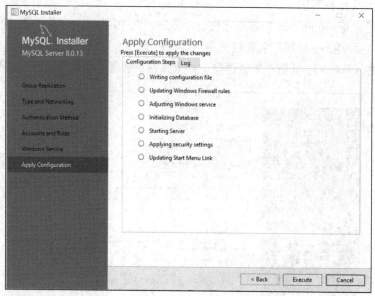

图 2-15　应用配置界面

（15）完成安装

单击"Finish"按钮完成安装，如图 2-16 所示。

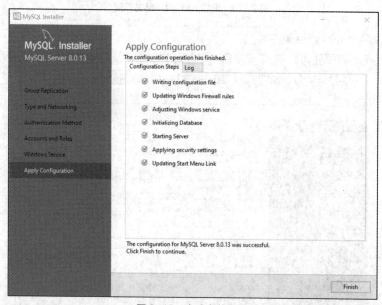

图 2-16　完成安装界面

（16）登录数据库

安装完成后，在系统的"开始"菜单中会出现图 2-17 所示的程序，打开其中一个。

图 2-17　"开始"菜单中的程序

这时输入安装 MySQL 时设置的密码，按"Enter"键，确认之后即可登录到数据库的命令行管理界面，接下来就可以开始对数据库进行操作了，如图 2-18 所示。

（17）退出数据库

在命令行管理界面中输入 EXIT 命令，即可退出 MySQL，如图 2-19 所示。

图 2-18　命令行管理界面　　　　　　　　　　图 2-19　退出 MySQL

## 任务 2.2.2　安装 Workbench

接下来介绍 Workbench 的安装步骤，以便数据库设计者进行数据库的可视化设计、模型建立，以及数据库管理。

（1）在"开始"菜单中找到 MySQL 配置文件，选择"MySQL Installer-Community"命令。

（2）单击"Add"按钮添加 Workbench 产品，如图 2-20 所示。

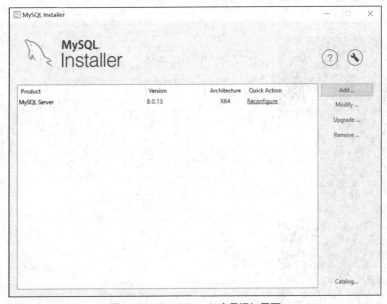

图 2-20　Workbench 产品添加界面

（3）选择安装软件。

依次展开"Applications"选项，直到出现"MySQL Workbench 8.0.13-X64"选项。选中

该选项，再单击向右的箭头，将其添加到右边的列表框中，然后在右边的列表框中单击它，出现蓝色的"Advanced Options"链接，如图 2-21 所示。

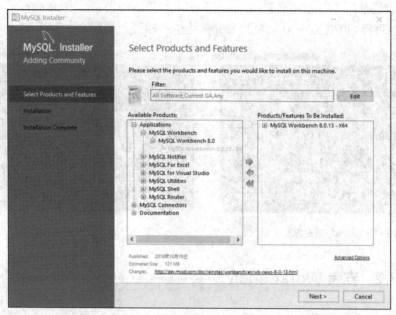

图 2-21　Workbench 产品选择界面

（4）选择安装路径。

单击 "Advanced Options"链接，在弹出的对话框中设置安装路径。路径文本框中出现的默认安装路径如果不需要更改，单击"OK"按钮即可，如图 2-22 所示。

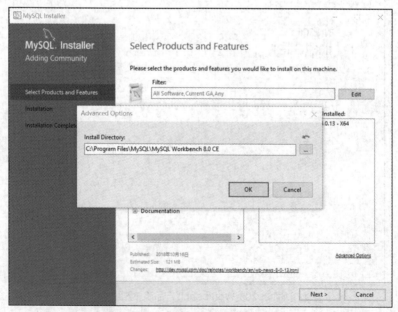

图 2-22　Workbench 安装路径选择界面

（5）处理路径冲突。

选好路径之后单击"Next"按钮，如果弹出图 2-23 所示的对话框，则在确认路径无误的情况下，单击"是"按钮。

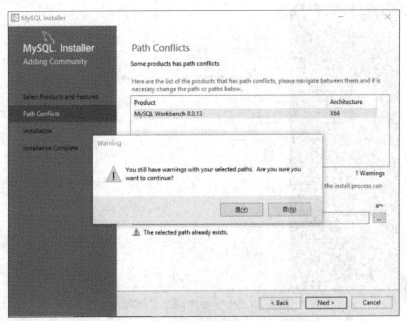

图 2-23　Workbench 路径冲突处理对话框

（6）开始安装。

完成以上设置之后，单击"Execute"按钮进行安装，如图 2-24 所示。

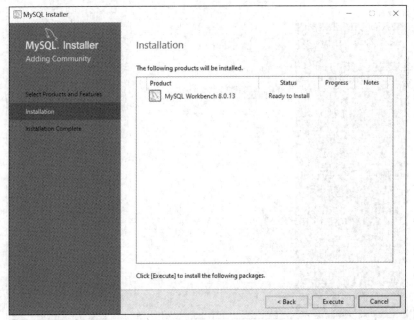

图 2-24　Workbench 开始安装界面

（7）完成安装。

安装完成后，单击"Next"按钮，如图 2-25 所示。

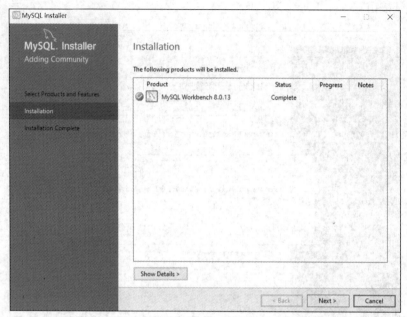

图 2-25　Workbench 完成安装界面

（8）完成后启动。

成功完成 Workbench 的安装后，出现图 2-26 所示的界面，勾选"Start MySQL Workbench after Setup"复选框并单击"Finish"按钮，打开 Workbench 工作界面。

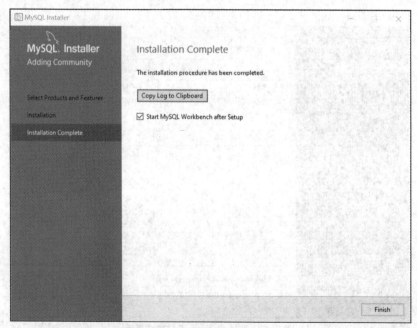

图 2-26　Workbench 安装成功界面

（9）连接 MySQL 数据库。

在打开的 Workbench 软件界面中输入设置好的 root 用户密码，就可以使用 Workbench 连接 MySQL 数据库了，如图 2-27 所示。

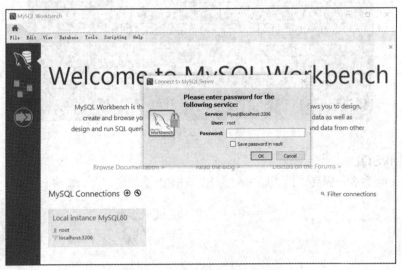

图 2-27  连接 MySQL 数据库界面

## 任务 2.3   认识 MySQL 的常用命令

本任务主要介绍连接数据库、修改 root 用户密码、备份和恢复数据库的常用命令。

微课 2-2

认识 MySQL
常用命令

### 1. MySQL 命令语法说明

MySQL 命令不区分大小写，MySQL 命令语法说明如下。

① "[]" 中的内容表示可以省略，省略时系统取默认值。

② "{} [,…,$n$]" 表示花括号中的内容可以重复书写 $n$ 次，必须用逗号隔开。

③ "|" 表示与其相邻的前后两项只能任取一项。

④ 每条语句以 ";" 结束。

⑤ 一条语句可分成多行书写，但多条语句不允许写在一行。

⑥ 关键字不能缩写，也不能分行写。

### 2. 登录 MySQL 数据库

进入命令行界面，输入以下命令进入 MySQL 可执行程序目录。

```
C:\...>cd C:\Program Files\MySQL\MySQL Server 8.0\bin
```

输入以下命令，输入用户名和密码登录数据库。

```
C:\Program Files\MySQL\MySQL Server 8.0\bin>mysql -u root -p
```

其中，-u 表示输入用户名为 root，-p 表示需要输入密码才能登录。按 "Enter" 键后，输入之前安装时设置的密码。

```
Enter password: ******
```

登录成功后命令行界面会显示图 2-28 所示的欢迎信息。

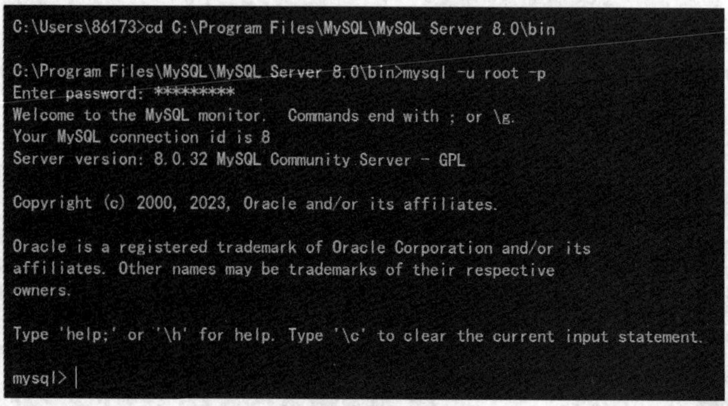

图 2-28　欢迎信息

### 3. 退出 MySQL

进入 MySQL 命令行界面以后，如果想退出，则可以使用如下几个命令。

```
EXIT;
QUIT;
\Q;
```

使用 EXIT 命令退出 MySQL，操作结果如图 2-29 所示。

图 2-29　使用 EXIT 命令退出 MySQL

### 4. 添加 MySQL 注释

为了增强 MySQL 语句的可读性，可以在某些语句后添加注释，MySQL 中的注释格式有以下
3 种。

```
#...
-- ...
/*...*/
```

使用"#注释内容"和"-- 注释内容"都是单行注释，注意"--"后面有空格。使用"/* 注释内容 */"可以多行注释。

> **素养小贴士**　注释对阅读代码很有用，主要用来向用户或程序员提示或介绍程序的功能及作用。在写注释时要规范，遵循行业标准，养成良好的职业素养，这样编写的代码会有更高的可读性。

> **注意**　...表示注释的文本内容；在使用-- ...格式进行注释时，需要在--和注释内容之间加一个空格。

### 5. 修改 root 用户密码

修改 root 用户密码时，原始密码为空和不为空对应不同的修改方式。

（1）原始密码为空的情况

当原始密码为空时，修改密码使用的命令如下。

```
mysqladmin -u root password
New password: ******                      #输入新密码
Confirm new password: ******              #再次输入新密码
```

（2）原始密码不为空的情况

当原始密码不为空时，修改密码使用的命令如下。

```
mysqladmin -u root -p password
Enter password: ******                    #输入原始密码
New password: ******                      #输入新密码
Confirm new password: ******              #再次输入新密码
```

也可以使用以下命令，其效果和上述命令一样，只不过是显式地输入了旧密码，这里的旧密码为 "123456"。

```
mysqladmin -u root -p123456 password
New password: ******
Confirm new password: ******
```

### 6. 数据备份和还原

在操作数据库的过程中，为了确保数据的安全，以及避免意外操作造成数据损坏和丢失，需要定期对数据库进行备份。当数据库中的数据损坏或丢失时，可以使用备份的数据库进行还原，从而最大限度地降低损失。

（1）数据备份

数据备份就是制作数据库对象、对象和数据的副本，以便当数据库遭到破坏时，能够还原数据库。mysqldump 是 MySQL 自带的逻辑备份工具，可以实现数据备份。

使用 mysqldump 命令可以备份单个数据库、数据库中的某张表、多个数据库和所有数据库，可以根据需求调整备份的范围，各备份命令如下。

```
mysqldump -u root -h host -p dbname > backname.sql
#备份整个数据库（包含表结构和数据）
mysqldump -u root -h host -p dbname tbname1, tbname2 > backname.sql
#备份数据库中的某张表
mysqldump -u root -h host -p --databases dbname1, dbname2 > backname.sql
#备份多个数据库
mysqldump -u root -h host -p --all-databases > backname.sql
#备份系统中的所有数据库
```

（2）数据还原

数据还原就是将数据库备份加载到系统中，注意这里还原的是数据库中的数据，数据库是不能还原的。所以，在进行数据还原时，首先要创建数据库，再将备份的数据还原到数据库中。数据还原的命令如下。

```
mysqladmin -u root -p create dbname         #创建数据库
mysql -u root -p dbname < backname.sql      #还原数据
```

**素养**
**小贴士** 数据资源已成为国家、企业、个体的重要资源，所以在数据库的操作过程中应注重数据的及时、多次备份习惯，规范使用数据并遵守互联网行为规范。

## 【知识拓展】

### 1. MySQL 8.0 和之前版本相比，有哪些功能更新？

（1）数据字典的变更

MySQL 8.0 将数据库元信息都存放于 InnoDB 存储引擎表中，在之前版本的 MySQL 中，数据字典不仅存放于特定的存储引擎表中，还存放于元数据文件、非事务性存储引擎表中。

数据字典是不可见的，不会被 SHOW TABLES、INFORMATION_SCHEMA.TABLES 显示出来。不过可以通过 INFORMATION_SCHEMA 库中的一些视图进行查询。当通过 INFORMATION_SCHEMA 查询表统计信息时，默认使用缓存的表统计信息，速度会很快。而在 MySQL 8.0 以前，由于数据字典部分还存放于元数据文件中，例如，读取数据库表结构信息，底层其实是通过读取 FRM 文件来获得的，读取速度相对较慢。

（2）配置变更

分区功能由存储引擎自己处理，MySQL 服务器不再处理分区，只有 InnoDB 和 NDB 引擎支持分区功能。MySQL8.0.11 之后，启动 MySQL 服务器时，lower_case_table_names 的设置必须和初始化时一样，因为各种数据字典表字段使用的归类是基于初始化时的 lower_case_table_names 设置的，并且使用不同的设置重新启动 MySQL 会导致标识符排序和比较的不一致。

（3）SQL 变更

从 MySQL 8.0.13 开始，删除了 GROUP BY 子句不推荐使用的 ASC 或 DESC 子句。先前依赖于 GROUP BY 排序的查询所产生的结果可能与以前的 MySQL 版本不同，要产生给定的排列顺序，需要写 ORDER BY 子句。保留关键字发生了一些变化：有些关键字可能在 MySQL 8.0 以前可以使用，在 MySQL 8.0 之后不可以使用。

### 2. Workbench 的主要使用特征有哪些？

① Workbench 是一款专为 MySQL 设计的 ER 和数据库建模工具，是一款集成化桌面软件，也是下一代可视化数据库设计、管理的工具。它同时有开源和商业化两个版本。该软件支持 Windows 和 Linux 系统。

② Workbench 是可视化数据库设计软件，它有助于创建新的物理数据模型，并通过反向或正向工程和变更管理功能修改现有的 MySQL 数据库，还支持构成数据库的所有对象，如表、视图、存储过程、触发器等。同时，它也可以用于执行通常需要花费大量时间、难以变更和管理的文档任务。

## 【小结】

本项目首先介绍了 MySQL 的安装和配置,然后介绍了 Workbench 的安装,最后介绍了 MySQL 的常用命令。其中,MySQL 的安装和配置流程较烦琐,需要重点掌握。

## 【任务训练 2】熟悉和安装 MySQL 8.0

### 1. 实验目的

- 掌握安装 MySQL 8.0 的全过程。
- 掌握登录和退出 MySQL 8.0 的方法。

### 2. 实验内容

- 安装 MySQL 8.0。
- 使用 MySQL 8.0 Command Line Client 界面登录和退出数据库。

### 3. 实验步骤

(1)按照任务 2.2.1 的步骤完成 MySQL 8.0 的安装。

(2)打开 MySQL 8.0 Command Line Client-Unicode 界面,输入安装时设置的密码,按 "Enter"键确认之后即可登录 MySQL 8.0。

(3)输入 EXIT 命令,按"Enter"键确认之后即可退出。

## 【思考与练习】

**一、填空题**

1. 在 MySQL 中搭建框架以支持事务性操作时满足_____、_____、_____和_____ 四大特性。

2. 数据库设计者可使用 Workbench 便捷地进行_____、_____和_____。

**二、判断题**

1. MySQL 和 Workbench 的安装路径可以自行选择。(    )

2. 可以根据需求对 MySQL 的备份范围进行选择。(    )

**三、简答题**

1. 怎样修改 MySQL 的 root 用户密码?

2. 为什么要进行 MySQL 数据库备份和还原?

# 项目3
## 数据库的基本操作

**03**

## 【能力目标】

- 掌握数据库的基本组成。
- 掌握数据库的创建、查看、修改和删除。

## 【素养目标】

培养细致、严谨的职业素养，严格遵守命名规则，遵循行业标准。

## 【学习导航】

本项目介绍数据库系统开发过程中的物理设计阶段，将数据库逻辑设计的关系模型进行物理存储安排，形成数据库三级模式结构的内模式。本项目所讲内容在数据库系统开发中的位置如图 3-1 所示。

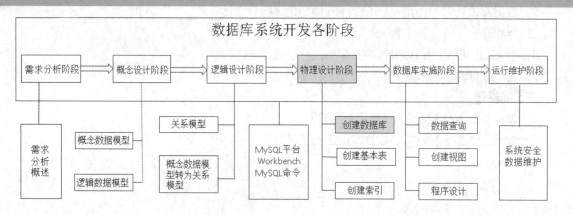

图 3-1  项目 3 所讲内容在数据库系统开发中的位置

## 任务 3.1　认识数据库的基本组成

数据库对象是存储、管理和使用数据的不同结构形式。数据库是数据库对象的容器，以操作系统文件的形式存储在磁盘上。数据库不仅可以存储数据，而且可以使数据存储和检索以安全可靠的方式进行。

微课 3-1

认识数据库的
基本组成

MySQL 中的数据库可分为系统数据库和用户数据库。

### 任务 3.1.1　了解 MySQL 的目录结构

MySQL 安装完成后，会在磁盘上生成一个目录，该目录称为 MySQL 的安装目录。MySQL 的安装目录中包含启动文件、配置文件、数据库文件和命令文件等，如图 3-2 所示。

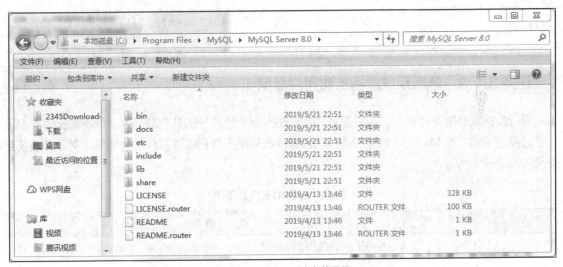

图 3-2　MySQL 的安装目录

了解这些目录非常重要，尤其是对于初学者。MySQL 的安装目录如下。

① bin 目录：用于存放一些可执行文件，如 mysql.exe、mysqld.exe、mysqlshow.exe 等。

② docs 目录：用于存放一些文档。

③ etc 目录：用于存放系统配置文件。

④ include 目录：用于存放一些头文件，如 mysql.h、mysqld_ername.h 等。

⑤ lib 目录：用于存放一系列的库文件。

⑥ share 目录：用于存放字符集、语言等信息。

### 任务 3.1.2　了解 MySQL 数据库常用对象

在 MySQL 数据库中，表、视图、存储过程和索引等具有存储数据或对数据进行操作的实体都称作数据库对象，常见的 MySQL 数据库对象如表 3-1 所示。

表 3-1　常见的 MySQL 数据库对象

| 对象名称 | 对应关键字 | 描述 |
|---|---|---|
| 表 | table | 表是存储数据的逻辑单元，以行和列的形式存在，列就是字段，行就是记录 |
| 数据字典 | / | 系统表，即存放数据库相关信息的表。系统表的数据通常由数据库系统维护，程序员通常不可修改，只可查看 |
| 约束 | constraint | 执行数据校验的规则，用于保证数据完整性的规则 |
| 视图 | view | 一个或者多个数据表中的数据的逻辑显示，并不存储数据 |
| 索引 | index | 用于提高查询性能，相当于书的目录 |
| 函数 | function | 用于完成一次特定的计算，具有一个返回值 |
| 存储过程 | procedure | 用于完成一次完整的业务处理，没有返回值，但可通过传出参数将多个值传给调用环境 |
| 触发器 | trigger | 相当于一个事件监听器，当数据库发生特定事件后，触发器会被触发，完成相应的处理 |

## 任务 3.1.3　熟悉系统数据库和用户数据库

系统数据库是指安装完 MySQL 服务器后，由系统创建维护的几个数据库。系统数据库会记录一些必需的信息，如 MySQL 的配置情况、任务情况和用户数据库等系统管理信息。常见的系统数据库如表 3-2 所示。

表 3-2　常见的系统数据库

| 数据库 | 作用 |
|---|---|
| information_schema | 主要用于存储数据库对象的相关信息，如数据库的名字，数据库中的数据表名、字段名、字段类型等 |
| performance_schema | 主要用于存储数据库性能相关的信息，记录的是数据库服务器的性能参数 |
| sys | sys 数据库中的所有数据源来自 performance_schema 数据库，目的是降低复杂度，让数据库管理员能更快地了解数据库的运行情况 |
| mysql | MySQL 的核心数据库，主要负责存储数据库的用户、权限设置、关键字等控制和管理信息 |

安装完 MySQL 服务器后，应先使用以下命令查看所有系统数据库，再进行其他操作。

```
SHOW DATABASES;
```

查看结果如图 3-3 所示。

用户数据库是用户根据实际需求创建的数据库，用户可以对用户数据库进行修改和删除等操作。使用以下命令创建学生成绩管理系统数据库。

```
CREATE DATABASE ssms;
```

图 3-4 中的 ssms 就是我们创建的用户数据库。

```
mysql> SHOW DATABASES;
+--------------------+
| Database           |
+--------------------+
| information_schema |
| mysql              |
| performance_schema |
| sys                |
+--------------------+
4 rows in set (0.00 sec)
```

图 3-3  MySQL 系统数据库

```
mysql> SHOW DATABASES;
+--------------------+
| Database           |
+--------------------+
| information_schema |
| mysql              |
| performance_schema |
| ssms               |
| sys                |
+--------------------+
5 rows in set (0.01 sec)
```

图 3-4  创建的用户数据库

## 任务 3.2  数据库的基本操作

可以将数据库看成一个存储数据对象的容器，数据对象包括表、视图、触发器、存储过程等。在实际应用中，必须先创建数据库，然后才能创建数据库包含的对象。

微课 3-2

数据库的基本操作

虽然使用图形化工具创建数据库比较直观，但程序员在实际工作中通常使用 MySQL 命令来进行操作。例如，在设计一个应用程序时，程序员会直接使用 MySQL 命令 CREATE DATABASE 在程序代码中创建数据库。

### 任务 3.2.1  创建和查看数据库

MySQL 安装完成后，要想把数据存储到数据库的表中，首先要有存放数据的容器——数据库。创建数据库就是在数据库系统中划分出一块存储数据的空间。

#### 1. 创建数据库

在 MySQL 中，使用 CREATE DATABASE 命令可以创建数据库。

创建数据库的语法格式如下。

```
CREATE DATABASE [IF NOT EXISTS] 数据库名
[DEFAULT] CHARACTER SET 字符集
| [DEFAULT] COLLATE 校对规则名
```

其中，各参数的含义如下。

① IF NOT EXISTS：在创建数据库前进行判断，只有该数据库目前尚不存在时，才执行创建数据库的操作，从而避免出现数据库已经存在而再新建的错误。

② CHARACTER SET：指定数据库字符采用的默认字符集。

③ COLLATE：指定字符集的校对规则。

【例 3-1】 创建学生成绩管理系统数据库，数据库名称为 ssms。

```
CREATE DATABASE ssms;
```

在创建数据库时，使用 IF NOT EXISTS 选项可不显示错误信息。

```
CREATE DATABASE IF NOT EXISTS ssms;
```

执行结果如图 3-5 所示。

```
mysql> CREATE DATABASE ssms;
Query OK, 1 row affected (0.02 sec)

mysql> CREATE DATABASE IF NOT EXISTS ssms;
Query OK, 1 row affected, 1 warning (0.00 sec)
```

图 3-5  创建数据库前判断是否存在同名数据库

数据库创建后，在安装 MySQL 时设置的数据存放路径下会产生以数据库名作为目录名的目录，如图 3-6 所示。

图 3-6　新创建的数据库目录

创建数据库之后使用 USE 命令可指定当前数据库。

```
USE 数据库名;
```

例如，指定当前数据库为学生成绩管理系统数据库 ssms。

```
USE ssms;
```

> **注意** 这个语句也可以用来从一个数据库"跳转"到另一个数据库。在用 CREATE　DATABASE 语句创建数据库之后，新创建的数据库不会自动成为当前数据库，需要使用 USE 命令来指定。

通常，在创建数据库后，如果要使用特定的字符集或字符集的校对规则，则可以在进行其他操作前先指定字符集或字符集的校对规则，否则只能使用系统默认的字符集或字符集的校对规则。

输入以下命令可以查看当前连接系统的参数。

```
SHOW VARIABLES LIKE 'CHAR%';
```

执行结果如图 3-7 所示。

```
mysql> SHOW VARIABLES LIKE 'CHAR%';

| Variable_name            | Value                                              |

| character_set_client     | gbk                                                |
| character_set_connection | gbk                                                |
| character_set_database   | utf8mb3                                            |
| character_set_filesystem | binary                                             |
| character_set_results    | gbk                                                |
| character_set_server     | utf8mb4                                            |
| character_set_system     | utf8mb3                                            |
| character_sets_dir       | C:\Program Files\MySQL\MySQL Server 8.0\share\charsets\ |

8 rows in set, 1 warning (0.00 sec)
```

图 3-7　当前连接系统的参数

为了让 MySQL 数据库能够支持中文，将数据库和服务器的字符集均设置为 GBK（中文），设置命令如下。

```
SET CHARACTER_SET_DATABASE='GBK';
SET CHARACTER_SET_SERVER='GBK';
```

再次查看当前连接系统的参数，如图 3-8 所示。

```
mysql> SHOW VARIABLES LIKE 'CHAR%';
+--------------------------+----------------------------------------------------+
| Variable_name            | Value                                              |
+--------------------------+----------------------------------------------------+
| character_set_client     | gbk                                                |
| character_set_connection | gbk                                                |
| character_set_database   | gbk                                                |
| character_set_filesystem | binary                                             |
| character_set_results    | gbk                                                |
| character_set_server     | gbk                                                |
| character_set_system     | utf8mb3                                            |
| character_sets_dir       | C:\Program Files\MySQL\MySQL Server 8.0\share\charsets\ |
+--------------------------+----------------------------------------------------+
8 rows in set, 1 warning (0.00 sec)
```

图 3-8　再次查看当前连接系统的参数

#### 2. 查看数据库

成功创建数据库后，可以使用 SHOW 命令查看 MySQL 服务器中的所有数据库信息，语法如下。

```
SHOW DATABASES
[LIKE '模式' WHERE 条件];
```

其中，各参数的含义如下。

① DATABASES：用于列出当前用户权限范围内所能查看到的所有数据库。

② LIKE：可选项，用于指定匹配模式。

③ WHERE：可选项，用于指定查询范围的条件。

【例 3-2】　在之前的例子中创建了学生成绩管理系统数据库 ssms，下面使用 SHOW DATABASES 语句查看 MySQL 服务器中的所有数据库名称。

```
SHOW DATABASES;
```

执行结果中包含 ssms，如图 3-9 所示。

```
mysql> SHOW DATABASES;
+--------------------+
| Database           |
+--------------------+
| information_schema |
| mysql              |
| performance_schema |
| ssms               |
| sys                |
+--------------------+
5 rows in set (0.01 sec)
```

图 3-9　查看数据库

> **注意**　从结果中可以看到，系统会列出所有数据库。除了新建的数据库，其余是安装 MySQL 时系统自动创建的数据库，MySQL 把有关 DBMS 自身的管理信息都保存在这几个数据库中。如果删除了它们，则 MySQL 将无法正常工作。

#### 3. 数据库命名规则

在创建数据库时，数据库的命名规则如下。

① 不能与其他数据库重名。

② 数据库名称可以由任意字母、阿拉伯数字、下划线和"$"组成，可以使用上述的任意字符开头，但不能仅使用数字。

③ 数据库名最长为 64 个字符，别名最长可达 256 个字符。

④ 不能使用 MySQL 关键字作为数据库名、数据表名。

⑤ 默认情况下，在 Windows 中，数据库名、数据表名的大小写是不敏感的；而在 Linux 中，数据库名、数据表名的大小写是敏感的。为了便于数据库在平台间进行移植，建议采用小写字母来定义数据库名和数据表名。

> **素养**
> **小贴士** 只有遵守 MySQL 数据库的命名规则，才能正确创建数据库。生活离不开规则，生活处处有规则，遵守规则是为了更好地保障人们的权利，维护社会生活有序、良性运行。

## 任务 3.2.2　修改数据库

数据库创建后，如果需要修改数据库的参数，则可以使用 ALTER DATABASE 命令。

【例 3-3】修改学生成绩管理系统数据库（ssms）的默认字符集和校对规则。

```
ALTER DATABASE ssms
  DEFAULT CHARACTER SET GB2312
  DEFAULT COLLATE GB2312_CHINESE_CI;
```

## 任务 3.2.3　删除数据库

删除数据库是指将数据库系统中已经存在的数据库删除。成功删除数据库后，数据库中的所有数据都将被清除，原来分配的存储空间也将被收回。在 MySQL 中，使用 DROP DATABASE 命令可以删除数据库。

其语法格式如下。

```
DROP DATABASE [IF EXISTS] 数据库名;
```

IF EXISTS 子句用于避免在删除不存在的数据库时出现错误信息。

> **注意** 这个命令必须小心使用，因为它将删除指定的整个数据库，该数据库中的所有表（包括其中的数据）也将被永久删除。

【例 3-4】删除学生成绩管理系统数据库（ssms）。

```
DROP DATABASE ssms;
```

## 【知识拓展】

### 1. MySQL 中常用的字符集有哪几种？

在 MySQL 中，常见的字符集有以下几种。

① CHARACTER-SET-SERVER/DEFAULT-CHARACTER-SET：服务器字符集，是

默认情况下采用的。

② CHARACTER-SET-DATABASE: 数据库字符集。

③ CHARACTER-SET-TABLE: 数据库表字符集。优先级从上到下依次增加。一般情况下只设置 CHARACTER-SET-SERVER, 而在创建数据库和表时不特别指定字符集。

④ CHARACTER-SET-CLIENT: 客户端的字符集。这是客户端默认字符集, 当客户端向服务器发送请求时, 默认请求以该字符集进行编码。

⑤ CHARACTER-SET-RESULTS: 结果字符集。服务器向客户端返回结果或者信息时, 结果以该字符集进行编码。在客户端, 如果没有定义 CHARACTER-SET-RESULTS, 则采用 CHARACTER-SET-CLIENT 作为默认的字符集。所以只需要设置 CHARACTER-SET-CLIENT 即可。

 **注意** 要处理中文, 可以将 CHARACTER-SET-SERVER 和 CHARACTER-SET-CLIENT 均设置为 GB2312; 如果要同时处理多国语言, 则设置为 UTF-8。

### 2. 在 MySQL 中输入中文时产生乱码怎么办?

初学者刚开始接触数据库时, 在操作过程中经常会出现乱码。解决乱码的方法如下: 在执行 SQL 语句之前, 将以下 3 个系统参数设置为与服务器字符集 CHARACTER-SET-SERVER 相同的字符集。

① CHARACTER_SET_CLIENT: 客户端的字符集。

② CHARACTER_SET_RESULTS: 结果字符集。

③ CHARACTER_SET_CONNECTION: 连接字符集

将字符集设置为中文, 常见的中文字符集有 GB2312、GBK、UTF-8。

GB2312 编码适用于汉字处理、汉字通信等系统之间的信息交换, 中国和新加坡等地都采用此编码。在中国, 几乎所有的中文系统和国际化的软件都支持 GB2312。

GBK 是在国家标准 GB2312 的基础上扩容后同时又兼容 GB2312 的标准。GBK 的文字编码是用双字节来表示的, 即不论中、英文字符, 均使用双字节表示, 为了区分中文, 最高位都设定成 1。GBK 包含全部中文字符, 是国家编码, 通用性比 UTF-8 差, 但 UTF-8 占用的数据库资源比 GBK 多。GB2312 是 GBK 的子集, 支持简体中文。

UTF-8 是用以解决国际上字符的一种多字节编码, 它对英文使用 8 位 ( 即 1 字节 ), 对中文使用 24 位 ( 3 字节 ) 来编码。UTF-8 包含全世界所有国家需要用到的字符, 是国际编码, 通用性强。UTF-8 编码的文字可以在各国支持 UTF-8 字符集的浏览器上显示。如果是 UTF-8 编码, 则在国外的英文 IE 浏览器上也能显示中文, 无须下载 IE 浏览器的中文语言支持包。

## 【小结】

本项目首先介绍了数据库的目录结构、数据库的常用对象、系统数据库和用户数据库, 然后介绍了如何创建、查看、修改和删除数据库。其中, 创建、查看、修改和删除数据库是本项目的重要内容, 在实际开发中常会用到, 需要读者重点掌握, 读者可通过实践练习来熟悉操作。

## 【任务训练 3】创建与管理图书管理系统数据库

### 1. 实验目的

- 掌握创建和查看图书管理系统数据库 bms 的方法。
- 掌握修改和删除图书管理系统数据库 bms 的方法。

### 2. 实验内容

- 创建名为"bms"的数据库。
- 查看、修改和删除 bms 数据库。

### 3. 实验步骤

（1）创建、查看数据库 bms

以管理员身份登录 MySQL 客户端，使用 CREATE 语句创建数据库 bms。

```
CREATE DATABASE bms;
```

查看数据库，结果如图 3-10 所示。

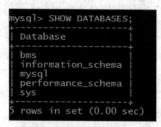

图 3-10　查看数据库 bms

（2）修改、删除数据库 bms

使用 ALTER 命令将数据库 bms 的字符集和字符集的校对规则修改为 GBK。

```
USE bms;
ALTER DATABASE bms
DEFAULT CHARACTER SET GB2312
DEFAULT COLLATE GB2312_CHINESE_CI;
```

执行结果如图 3-11 所示。

使用 DROP 命令删除数据库 bms。

```
DROP DATABASE  bms;
```

执行结果如图 3-12 所示。

```
mysql> USE bms;
Database changed
mysql> ALTER DATABASE bms
    -> DEFAULT CHARACTER SET GB2312
    -> DEFAULT COLLATE GB2312_CHINESE_CI;
Query OK, 1 row affected (0.02 sec)
```

图 3-11　修改数据库 bms 的字符集和字符集的校对规则

```
mysql> SHOW DATABASES;
+--------------------+
| Database           |
+--------------------+
| information_schema |
| mysql              |
| performance_schema |
| sys                |
+--------------------+
4 rows in set (0.01 sec)
```

图 3-12　删除数据库 bms

## 【思考与练习】

### 一、填空题

1. MySQL 的数据库对象有_____、_____、_____和_____等。

2. MySQL 安装完成后，会在磁盘上生成一个目录，该目录被称为 MySQL 的_____。

3. 修改数据库使用_____命令，删除数据库使用_____命令。

4. 在 MySQL 中，数据库可分为_____和_____。

5. 安装 MySQL 时系统自动创建的系统数据库有_____、_____、_____和_____。

6. 数据库的可执行文件存储在_____中。

### 二、选择题

1. 以下哪个是关系数据库？（　　　）

A. MySQL　　　　　　B. Redis　　　　　　C. NoSql　　　　　　D. HBase

2. 显示当前所有数据库的命令是（　　　）。

A. SHOW DATABASE　　　　　　　　B. SHOW DATABASES

C. LIST DATABASE　　　　　　　　D. LIST DATABASES

# 项目4
## 数据表的基本操作

04

## 【能力目标】

- 掌握数据表的创建、查看、修改和删除。
- 掌握数据表约束的概念和类别。
- 掌握数据表记录的添加、更新和删除。

## 【素养目标】

理解通过严格遵循各种约束进行数据表的设置，保证数据表中数据的完整性、正确性和一致性，培养良好的职业素养。

## 【学习导航】

本项目介绍数据库系统开发过程中数据表的基本操作。数据表的创建与相关操作是数据库逻辑设计的具体实现，以此形成数据库三级模式结构中的模式（TABLE）级。本项目所讲内容在数据库系统开发中的位置如图 4-1 所示。

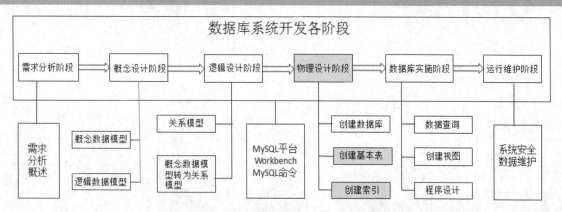

图 4-1 项目 4 所讲内容在数据库系统开发中的位置

## 任务 4.1　创建、查看、修改、删除数据表

在创建数据表之前，需要确定关系模型，关系模型中的每一个关系对应数据库的一个数据表。接下来以学生成绩管理系统数据库 ssms 为例，介绍创建数据表的方法。从项目 1 中可以得知其 E-R 模型如图 4-2 所示。

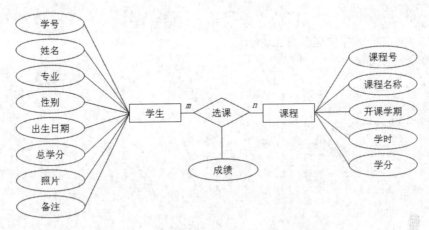

图 4-2　学生成绩管理系统数据库的 E-R 模型

根据以上模型，将在学生成绩管理系统数据库 ssms 中创建 3 个数据表：student、course、elective。

### 任务 4.1.1　创建和查看数据表

数据库创建成功后，需要创建数据表。创建数据表是指在已有的数据库中建立新的数据表。使用 SQL 语句创建好数据表后，可以查看数据表结构的定义，确认数据表的定义是否正确。

微课 4-1

创建和查看
数据表

#### 1. 创建数据表

使用 CREATE TABLE 命令新建数据表，语法格式如下。

```
CREATE TABLE [IF NOT EXISTS] 数据表名
([列定义] ...
| [数据表索引定义]
)
[数据表选项] [SELECT 语句];
```

其中，各参数的含义如下。

① CREATE TABLE：用于创建指定名称的数据表，用户必须拥有创建数据表的权限。

② IF NOT EXISTS：如果数据表不存在，则创建数据表。

③ 数据表名：指定要创建的数据表名称。

④ 列定义：包括列名、数据类型，可能还有一个空值声明和一个完整性约束。

⑤ 数据表索引定义：主要定义数据表的索引、主键、外键等。

⑥ 数据表选项：数据表创建定义，由列名（col_name）、列的定义（column_definition），以及可能的空值说明、完整性约束或数据表索引组成。

⑦ SELECT 语句：用于在一个已有数据表的基础上创建数据表。

【例 4-1】创建学生成绩管理系统数据库 ssms，并在 ssms 中创建学生信息表 student、课程表 course、成绩表 elective。

（1）创建并使用学生成绩管理系统数据库 ssms。

```
CREATE DATABASE ssms;
USE ssms;
```

（2）在 ssms 中创建学生信息表 student。

```
CREATE TABLE student
(
S_ID CHAR(6) NOT NULL PRIMARY KEY,
 Name CHAR(8) NOT NULL,
 Major CHAR(10) NULL,
 Sex TINYINT(1) NOT NULL DEFAULT 1,
 Birthday DATE NOT NULL,
 Total_Credit TINYINT(1) NULL,
 Photo BLOB NULL,
 Note TEXT NULL
);
```

具体说明如下。

① "S_ID"列：学号，字符型，长度为 6 字节，不能为空，为本数据表主键。

② "Name"列：姓名，字符型，长度为 8 字节，不能为空。

③ "Major"列：专业，字符型，长度为 10 字节，可为空。

④ "Sex"列：性别，短整型，1 字节，不能为空，默认值为 1。

⑤ "Birthday"列：出生日期，日期型，不能为空。

⑥ "Total_Credit"列：总学分，短整型，1 字节，可为空。

⑦ "Photo"列：照片，二进制型，可为空。

⑧ "Note"列：备注，文本型，可为空。

（3）在 ssms 中创建课程表 course。

```
CREATE TABLE course
(
 C_ID char(3) NOT NULL PRIMARY KEY,
 C_Name char(16) NOT NULL,
 Semester enum('1','2','3','4','5','6','7','8') NOT NULL DEFAULT'1',
 Credit_Hour tinyint(1) NOT NULL,
 Credit tinyint(1) NULL
);
```

具体说明如下。

① "C_ID"列：课程号，字符型，长度为 3 字节，不能为空，为本数据表主键。

② "C_Name"列：课程名，字符型，长度为 16 字节，不能为空。

③ "Semester"列：学期，枚举型，枚举值为（"1"，"2"，"3"，"4"，"5"，"6"，"7"，"8"），不能为空，默认值为"1"。

④ "Credit_Hour" 列：学时，整型，长度为 1 字节，不能为空。

⑤ "Credit" 列：学分，整型，长度为 1 字节，可为空。

（4）在 ssms 中创建成绩表 elective。

```
CREATE TABLE elective
(
S_ID CHAR(6) NOT NULL,
  C_ID CHAR(3) NOT NULL,
  Grade TINYINT(1) NULL,
PRIMARY KEY(S_ID,C_ID)
);
```

具体说明如下。

① "S_ID" 列：学号，字符型，长度为 6 字节，不能为空。

② "C_ID" 列：课程号，字符型，长度为 3 字节，不能为空。

③ "Grade" 列：成绩，整型，长度为 1 字节，可为空。

④ "S_ID，C_ID" 为本数据表的复合主键。

执行结果如图 4-3 所示。

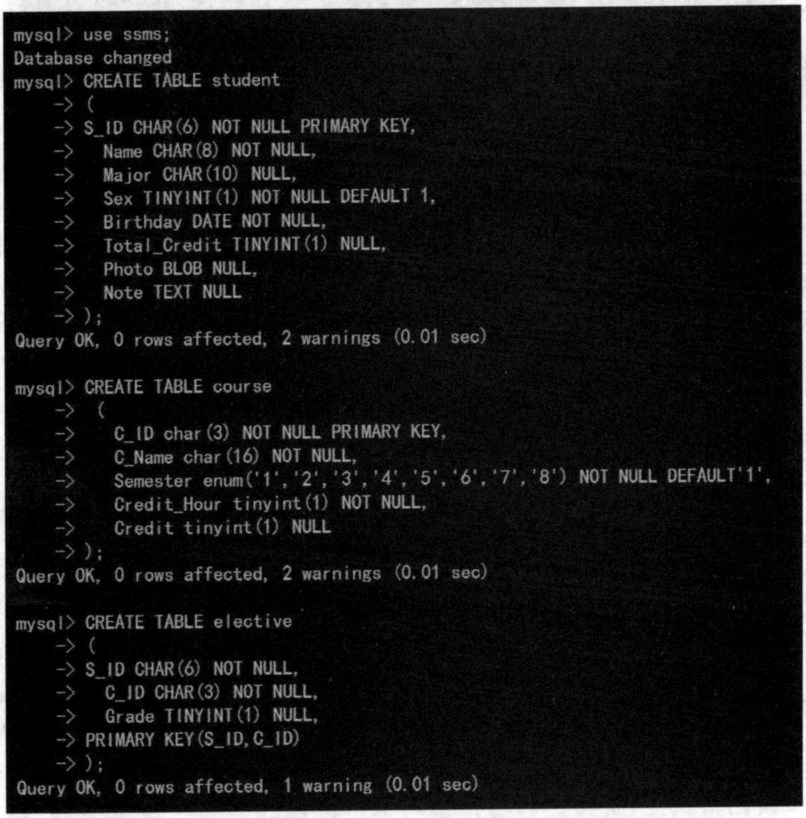

```
mysql> use ssms;
Database changed
mysql> CREATE TABLE student
    -> (
    -> S_ID CHAR(6) NOT NULL PRIMARY KEY,
    ->    Name CHAR(8) NOT NULL,
    ->    Major CHAR(10) NULL,
    ->    Sex TINYINT(1) NOT NULL DEFAULT 1,
    ->    Birthday DATE NOT NULL,
    ->    Total_Credit TINYINT(1) NULL,
    ->    Photo BLOB NULL,
    ->    Note TEXT NULL
    -> );
Query OK, 0 rows affected, 2 warnings (0.01 sec)

mysql> CREATE TABLE course
    -> (
    ->    C_ID char(3) NOT NULL PRIMARY KEY,
    ->    C_Name char(16) NOT NULL,
    ->    Semester enum('1','2','3','4','5','6','7','8') NOT NULL DEFAULT'1',
    ->    Credit_Hour tinyint(1) NOT NULL,
    ->    Credit tinyint(1) NULL
    -> );
Query OK, 0 rows affected, 2 warnings (0.01 sec)

mysql> CREATE TABLE elective
    -> (
    -> S_ID CHAR(6) NOT NULL,
    ->    C_ID CHAR(3) NOT NULL,
    ->    Grade TINYINT(1) NULL,
    -> PRIMARY KEY(S_ID,C_ID)
    -> );
Query OK, 0 rows affected, 1 warning (0.01 sec)
```

图 4-3　创建学生信息表 student、课程表 course、成绩表 elective

## 2. 查看数据表

学生信息表 student 创建完成后，可以使用 SHOW TABLES 命令显示 ssms 数据库中已生成的数据表，用 DESCRIBE 命令显示学生信息表 student 的结构。

【例 4-2】查看已生成的数据表及学生信息表 student 的结构。

```
SHOW TABLES;
DESCRIBE student;
```

执行结果如图 4-4 所示。

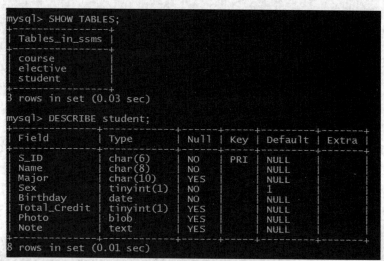

图 4-4　查看已生成的数据表及学生信息表 student 的结构

## 任务 4.1.2　修改数据表

微课 4-2

修改数据表

　　创建数据表之后，有时需要对数据表中的某些信息进行修改，例如，修改数据表名、字段名、字段的数据类型等。修改数据表指的是修改数据库中已经存在的数据表结构。

### 1. 修改数据表结构

　　ALTER TABLE 用于更改原有数据表的结构。例如，可以增加（删减）列、创建（取消）索引、更改原有列的类型、重新命名列或数据表，还可以更改数据表的评注和数据表的类型。

其语法格式如下。

```
ALTER  TABLE 数据表名
    ADD  列定义 [FIRST | AFTER 列名]
|  MODIFY 列定义
|  ALTER  列名 {SET DEFAULT 值 | DROP DEFAULT }
|  CHANGE 列名  原列名
|  DROP  列名
|  RENAME [TO] 新数据表名
```

其中，各参数的含义如下。

　　① ADD 子句：向数据表中增加新列。要用"FIRST | AFTER 列名"指定增加列的位置，否则默认加在最后一列。

　　② MODIFY 子句：修改指定列的数据类型。

　　③ ALTER 子句：修改数据表中指定列的默认值，或者删除列默认值。

④ CHANGE 子句：修改列的名称。

⑤ DROP 子句：删除列或约束。

【例 4-3】在数据库 ssms 的 student 表中增加"Tel"（电话号码）列。

```
ALTER TABLE student
    ADD Tel CHAR(11) NULL;
```

执行结果如图 4-5 所示。

```
mysql> ALTER TABLE student
    ->        ADD Tel CHAR(11) NULL;
Query OK, 0 rows affected (0.08 sec)
Records: 0  Duplicates: 0  Warnings: 0
```

图 4-5　修改 student 数据表中的字段

【例 4-4】在 student 表中删除"Tel"列。

```
ALTER TABLE student DROP Tel;
```

执行结果如图 4-6 所示。

```
mysql> ALTER TABLE student DROP Tel;
Query OK, 0 rows affected (0.09 sec)
Records: 0  Duplicates: 0  Warnings: 0
```

图 4-6　在 student 数据表中删除一列

### 2. 更改数据表名

如果需要更改数据表名，则可以使用 RENAME TABLE 命令，语法格式如下。

```
RENAME TABLE 原数据表名 TO 新数据表名  ...
```

【例 4-5】创建 mytest 数据库，在数据库中创建 user 表，并将 user 表重命名为 user1。

（1）创建 mytest 数据库。

```
CREATE DATABASE mytest;
```

（2）创建 user 表。

```
USE mytest;
CREATE TABLE user
(
S_ID CHAR(6) NOT NULL PRIMARY KEY,
  Name CHAR(8) NOT NULL,
  Major CHAR(10) NULL,
  Sex TINYINT(1) NOT NULL DEFAULT 1,
  Birthday DATE NOT NULL,
  Total_Credit TINYINT(1) NULL,
  Photo BLOB NULL,
  Note TEXT NULL
);
```

（3）将 user 表重命名为 user1。

```
RENAME TABLE user TO user1;
```

## 任务 4.1.3　删除数据表

删除数据表时可以使用 DROP TABLE 命令。使用这个命令时会将数据表的

微课 4-3

删除数据表

描述、数据表的完整性约束、索引及与数据表相关的权限等一并删除。

其语法格式如下。

```
DROP TABLE [IF EXISTS] 数据表名  ...
```

【例 4-6】删除数据库 mytest 中的数据表 user1。

```
DROP TABLE IF EXISTS user1;
```

## 任务 4.2　认识数据表的约束

真正约束字段的是数据类型，但是数据类型约束很单一，需要有一些额外的约束，这样才能更好地保证数据的合法性，从业务逻辑角度保证数据的正确性。

### 任务 4.2.1　理解约束的概念

约束是一种限制，它通过对数据表的行或者列的数据做出限制，来确保数据表数据的完整性和唯一性。MySQL 中常见的约束如表 4-1 所示。

表 4-1　MySQL 中常见的约束

| 约束类型 | 非空约束 | 主键约束 | 唯一约束 | 默认约束 | 外键约束 |
|---|---|---|---|---|---|
| 关键字 | NOT NULL | PRIMARY KEY | UNIQUE | DEFAULT | FOREIGN KEY |

微课 4-4

掌握非空约束

### 任务 4.2.2　掌握非空约束

字段的非空约束默认为 NULL，但是在实际开发时，应尽可能保证字段不为空，因为数据为空就没法参与运算，如图 4-7 所示。

加 1 之后仍为空，如图 4-8 所示。

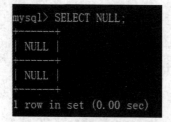

图 4-7　字段的非空约束默认为 NULL

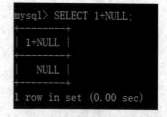

图 4-8　加 1 之后仍为空

【例 4-7】在数据库 mytest 中创建一个班级表 myclass，包含班级名 Class_Name 和班级所在教室的名字 Class_Room，这两个字段均不为空。因为如果班级没有名字，就无法区分班级；如果不知道教室名字，就不知道在哪里上课。

```
CREATE TABLE myclass
(
Class_Name VARCHAR(20) NOT NULL,
```

```
Class_Room VARCHAR(10) NOT NULL
);
```

在插入数据时，如果不插入教室数据就会导致插入失败，插入数据时使用如下命令。

```
INSERT INTO myclass(Class_Name) VALUES('202061061');
```

执行结果如图 4-9 所示。

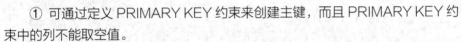

图 4-9　没有插入教室数据导致失败

## 任务 4.2.3　掌握主键约束

主键指的是一列或多列的组合，其中由多列组合的主键称为复合主键，其值能唯一地标识数据表中的每一行，利用它可强制数据表的实体完整性。

**1. 理解主键的特性**

主键有如下特性。

① 可通过定义 PRIMARY KEY 约束来创建主键，而且 PRIMARY KEY 约束中的列不能取空值。

② 当为数据表定义 PRIMARY KEY 约束时，MySQL 为主键列创建唯一性索引，实现数据的唯一性。

③ 在查询中使用主键时，该索引可用来对数据进行快速访问。

④ 如果 PRIMARY KEY 约束是由多列组合定义的，则某一列的值可以重复，但 PRIMARY KEY 约束定义中所有列的组合值必须唯一。

**2. 定义主键**

可以用以下两种方式定义主键，使其作为列或数据表的完整性约束。

① 作为列的完整性约束时，只需在列定义时加上关键字 PRIMARY KEY。

② 作为数据表的完整性约束时，需要在语句的最后加上 PRIMARY KEY(列...)子句。

**【例 4-8】**在数据库 mytest 中创建一个班级表 myclass1，包含班级名 Class_Name 和班级所在教室的名字 Class_Room，将 Class_Name 定义为主键。

```
CREATE TABLE myclass1
(
Class_Name VARCHAR(20) NOT NULL PRIMARY KEY ,
Class_Room VARCHAR(10) NOT NULL
);
```

**注意**　【例 4-8】中主键约束位于非空约束之后，两者位置可互换。

【例 4-9】在数据库 mytest 中创建选课表 elective，包含学号 S_ID、课程号 C_ID 和成绩 Grade。其中学号 S_ID 和课程号 C_ID 构成复合主键。

```
CREATE TABLE elective
(
S_ID CHAR(6) NOT NULL,
C_ID CHAR(3) NOT NULL,
Grade TINYINT(1) NULL,
PRIMARY KEY(S_ID,C_ID)
);
```

MySQL 会自动为主键创建一个索引，通常，这个索引名为 PRIMARY。

## 任务 4.2.4　掌握唯一约束

微课 4-6

唯一约束

唯一约束也叫作替代键，像主键一样，是数据表的一列或多列，它的值在任何时候都是唯一的。定义唯一约束的关键字是 UNIQUE。

【例 4-10】在数据库 mytest 中创建表 student1 时，将姓名列 Name 定义为唯一约束。

```
CREATE TABLE student1
(
S_ID VARCHAR(6) NOT NULL,
Name VARCHAR(8) NOT NULL UNIQUE,
Birthday DATETIME NULL,
PRIMARY KEY(S_ID)
);
```

唯一约束即替代键还可以定义为数据表的完整性约束，故前面的语句也可这样定义：

```
CREATE TABLE student1
(
S_ID VARCHAR(6) NOT NULL,
Name VARCHAR(8) NOT NULL,
Birthday DATETIME NULL,
PRIMARY KEY(S_ID),
UNIQUE(Name)
);
```

在 MySQL 中，替代键和主键的区别主要有以下几点。

① 一个数据表只能创建一个主键，但一个数据表可以有若干个 UNIQUE 键，甚至它们可以重合，例如，在 C1 和 C2 列上定义了一个替代键，并且在 C2 和 C3 上定义了另一个替代键，这两个替代键在 C2 列上重合了，而 MySQL 允许这样。

② 主键字段的值不允许为 NULL，而 UNIQUE 字段的值可取 NULL，但是必须使用 NULL 或 NOT NULL 声明。

微课 4-7

默认约束

③ 一般创建 PRIMARY KEY 约束时，系统会自动产生 PRIMARY KEY 索引。创建 UNIQUE 约束时，系统会自动产生 UNIQUE 索引。

## 任务 4.2.5　掌握默认约束

默认约束用于指定某列的默认值。

【例 4-11】在数据库 mytest 中创建表 student2 时，将专业列 Major 的默认值设置为"信息安全"。

```
CREATE TABLE student2
(
 S_ID VARCHAR(6) NOT NULL,
 Name VARCHAR(8) NOT NULL,
 Major VARCHAR(10) DEFAULT'信息安全',
 PRIMARY KEY(S_ID)
);
```

## 任务 4.2.6  掌握外键约束

外键和主键一样，也是索引的一种。不同的是，MySQL 会自动为所有数据表的主键创建索引，但是外键字段必须由用户进行明确的索引。用于外键关系的字段必须在所有的参照数据表中进行明确的索引，而 InnoDB 不能自动创建索引。

外键用于在两个数据表的数据之间建立链接，它可以是一列或者多列组合。一个数据表可以有一个或者多个外键。

外键对应的是参照完整性，一个数据表的外键可以为空值。若不为空值，则每个外键值必须等于另一个数据表中主键的某个值。外键的作用是保持数据的一致性和完整性。

微课 4-8

外键约束

可以在创建数据表或修改数据表时定义一个外键声明，语法格式如下。

```
CREATE TABLE [IF NOT EXISTS] 数据表名
 [ ( [ 列定义 ] , ... | [ 索引定义] ) ]
 PRIMARY KEY [索引类型] (索引列名...)              #主键
  ...
 | FOREIGN KEY [索引名] (索引列名...)[参照性定义]        #外键
REFERENCES 数据表名 [(索引列名 ... )]
 [ON DELETE {RESTRICT | CASCADE | SET NULL | NO ACTION}]
 [ON UPDATE {RESTRICT | CASCADE | SET NULL | NO ACTION}]
```

其中，各参数的含义如下。

① FOREIGN KEY：外键，被定义为数据表的完整性约束。

② REFERENCES：参照性，定义中包含了外键所参照的数据表和列。这里的数据表名叫作被参照数据表，而外键所在的数据表叫作参照数据表。

其中，外键可以引用一列或多列，外键中的所有列值在引用的列中必须全部存在。外键可以只引用主键和替代键。

③ ON DELETE | ON UPDATE：外键参照动作对应的语句。这里有两条相关的语句，即 UPDATE 和 DELETE 语句。

UPDATE 和 DELETE 语句后可以采取的动作有 RESTRICT、CASCADE、SET NULL、NO ACTION 和 SET DEFAULT。这些不同动作的含义如下。

- RESTRICT：当要删除或更新父表中被参照列上在外键中出现的值时，拒绝对父表的删除或更新操作。
- CASCADE：从父表删除或更新行时自动删除或更新子表中匹配的行。
- SET NULL：当从父表删除或更新行时，设置子表中与之对应的外键列为 NULL。如果外键列没有指定 NOT NULL 限定词，这就是合法的。

- NO ACTION：NO ACTION 意味着不采取动作，就是如果有一个相关的外键值在被参照数据表中，则删除或更新父表中主要键值的操作将不被允许，和 RESTRICT 一样。
- SET DEFAULT：作用和 SET NULL 一样，只不过 SET DEFAULT 是指定子表中的外键列为默认值。

【例 4-12】在数据库 mytest 中创建两个数据表——班级表 grade 和学生表 student。表 student 中的 GID 是学生所在班级的 ID，即引用了表 grade 中的主键 ID，那么 GID 就可以作为表 student 的外键。被引用的数据表 grade 是主表，引用外键的表 student 是从表，两个数据表是主从关系。表 student 用 GID 可以连接表 grade 中的信息，从而建立了两个数据表的连接。

（1）创建班级表 grade。

```
CREATE TABLE grade
(
 ID INT(4) NOT NULL PRIMARY KEY,
 Name VARCHAR(36)
);
```

（2）创建学生表 student。

```
CREATE TABLE student
(
 SID INT(4) NOT NULL ,
 Sname VARCHAR(36),
 GID INT(4) NOT NULL,
 PRIMARY KEY (SID),
 FOREIGN KEY(GID)
   REFERENCES grade(ID)
     ON DELETE RESTRICT
     ON UPDATE RESTRICT
);
```

**注意** 语句执行后，确保 MySQL 插入外键中的每一个非空值都已经在被参照数据表中作为主键出现。

若在创建表 student 时未添加外键，则可以使用 ALTER 命令为数据表添加外键约束，其语法格式如下。

```
ALTER TABLE 数据表名 ADD FOREIGN KEY(外键字段名) REFERENCES 主表表名(主键字段名)
```

使用 ALTER 命令为表 student 添加外键约束，具体语句如下。

```
ALTER TABLE student ADD FOREIGN KEY (GID) REFERENCES grade (ID);
```

**素养
小贴士** 通过设置数据表的约束，能够保证数据表中数据的完整性、正确性和一致性。同样，在进行数据表的设置时，也要求我们严格遵循各种约束，培养良好的职业素养，职业素养是职业人的立身之本。

## 任务 **4.3** 操作数据表中的记录

通过之前的学习，读者对数据库和数据表的基本操作已经有了一定的了解，但想要操作数据库中的数据，还需要通过 MySQL 提供的数据库操作语句来实现。常用的语句包括：添加数据的 INSERT 语句、更新数据的 UPDATE 语句，以及删除数据的 DELETE 语句，接下来将对这些操作语句进行详细讲解。

### 任务 **4.3.1** 添加数据表记录

要想对数据表中的数据进行操作，首先要保证数据表中有相关数据。根据添加方式的不同，向数据表中添加记录的语句可分为两种，分别是添加新的数据表记录和从已有数据表中插入新记录。本任务将对这两种不同的方式进行详细讲解。

微课 4-9

添加数据表记录

**1．添加新的数据表记录**

数据表创建好后，就可以使用 INSERT 语句在数据表中添加新的数据表记录。

其语法格式如下。

```
INSERT [INTO] 数据表名
[(列名,...)] VALUES ({expr | DEFAULT} ,...)
| SET 列名={expr | DEFAULT}, ...
```

其中，各参数的含义如下。

① 列名：需要插入数据的列名。如果要给全部列插入数据，则列名可以省略。

② VALUES 子句：包含各列需要插入的数据清单，数据的顺序要与列的顺序相对应。若没有给出列名，则在 VALUES 子句中要给出每一列的值。如果列值为空，则值必须置为 NULL，否则会出错。

③ SET 子句：SET 子句用于给列指定值。要插入数据的列名在 SET 子句中指定，等号后面为指定数据。对于未指定的列，其列值为默认值。

【例 4-13】 向学生成绩管理系统数据库 ssms 的学生信息表 student（数据表中的列包括 S_ID、Name、Major、Sex、Birthday、Total_Credit、Photo、Note）中插入"201101，黄飞，信息安全，1，2003-02-10，50，NULL，NULL"。

```
USE ssms;
INSERT INTO student
  VALUES('201101', '黄飞', '信息安全', 1, '2003-02-10', 50, NULL, NULL);
```

执行结果如图 4-10 所示。

```
mysql> USE ssms;
Database changed
mysql> INSERT INTO student
    -> VALUES('201101', '黄飞', '信息安全', 1, '2003-02-10', 50, NULL, NULL);
Query OK, 1 row affected (0.00 sec)
```

图 4-10　向 student 表中插入记录

若表 student 中专业的默认值为"信息安全"，照片、备注的默认值为 NULL，则也可以使用如下命令。

```
INSERT INTO student(S_ID、Name、Sex、Birthday、Total_Credit)
    VALUES('201101', '黄飞', 1, '2003-02-10', 50);
```

也可以使用 SET 语句实现。

```
INSERT INTO student
SET S_ID='201101',Name='黄飞',Major=default,Sex=1,Birthday='2003-02-10', Total_Credit=50;
```

查询插入结果，如图 4-11 所示。

图 4-11　查询插入结果

### 2. 从已有数据表中插入新记录

将其他数据表中的数据插入新的数据表中的语法格式如下。

```
INSERT [INTO] 数据表名 [(列名,...)]
    SELECT 语句
```

SELECT 语句返回一个查询到的结果集，INSERT 语句将这个结果集插入指定数据表中，注意结果集中每条记录的字段数、字段的数据类型要与被操作的数据表完全一致。

【例 4-14】在学生成绩管理系统数据库 ssms 中创建数据表 student1，将数据库中表 student 的记录插入表 student1 中。

（1）创建数据表 student1。

```
CREATE TABLE student1
(
S_ID CHAR(6) NOT NULL PRIMARY KEY,
 Name CHAR(8) NOT NULL,
 Major CHAR(10) NULL,
 Sex TINYINT(1) NOT NULL DEFAULT 1,
 Birthday DATE NOT NULL,
 Total_Credit TINYINT(1) NULL,
 Photo BLOB NULL,
 Note TEXT NULL
);
```

查看表 student 和表 student1 的记录，查询结果如图 4-12 所示。

```
mysql> SELECT * FROM student;

| S_ID   | Name | Major    | Sex | Birthday   | Total_Credit | Photo | Note |
| 201101 | 黄飞  | 信息安全  | 1   | 2003-02-10 |           50 | NULL  | NULL |

1 row in set (0.00 sec)

mysql> SELECT * FROM student1;
Empty set (0.00 sec)
```

图 4-12　查看表 student 和表 student1 的记录

（2）执行以下命令将表 student 的记录插入表 student1 中。

```
INSERT INTO student1 SELECT * FROM student;
```

查看插入结果，如图 4-13 所示。

图 4-13　插入结果

## 任务 4.3.2　更新数据表记录

更新数据表记录是指对数据表中已有的记录进行修改，这是数据库中的常见操作。常见的修改方式有替换旧记录和修改数据表记录，本任务将针对这两种不同的方式进行详细讲解。

微课 4-10

更新数据表记录

### 1. 替换旧记录

REPLACE 语句可以在插入数据之前将与新记录冲突的旧记录删除，从而使新记录能够替换旧记录，正常插入。REPLACE 语句的语法格式与 INSERT 相同。

【例 4-15】在数据表 student1 中，【例 4-14】中的记录已经插入，其中学号为主键（PRIMARY KEY），现在想再插入"201101，刘华，信息安全，1，2003-03-08，48，NULL，NULL"记录。

若直接使用 INSERT 语句插入数据，则会产生图 4-14 所示的错误。

```
INSERT INTO student1
 VALUES('201101','刘华','信息安全',1,'2003-03-08',48,null,null);
```

图 4-14　直接使用 INSERT 语句插入数据产生错误

使用 REPLACE 语句，则可以成功插入，如图 4-15 所示。

```
REPLACE INTO student1
 VALUES('201101','刘华','信息安全',1,'2003-03-08',48,null,null);
```

图 4-15　使用 REPLACE 语句成功插入数据

### 2. 修改数据表记录

修改某个数据表中的列值可以使用 UPDATE 命令，语法格式如下。

```
UPDATE [LOW_PRIORITY] [IGNORE] 数据表名
 SET 列名 1=expr1 [, 列名 2=expr2 ...]
 [WHERE 条件]
```

其中，各参数的含义如下。

若语句中不设定 WHERE 子句，则更新所有行。列名 1、列名 2……为要修改的列，expr 为列值，expr 可以是常量、变量、列名或表达式。可以同时修改所在数据行的多个列值，中间用逗号隔开。

【例 4-16】将学生成绩管理系统数据库 ssms 的数据表 student1 中学生的总学分加 10。将学生"刘华"的备注填写为"辅修计算机专业"，学号改为"201250"。

```
UPDATE student1
 SET Total_Credit=Total_Credit+10;
UPDATE student1
 SET S_ID='201250',Note= '辅修计算机专业' WHERE Name='刘华';
SELECT S_ID,Name,Total_Credit,Note FROM student1;
```

执行结果如图 4-16 所示。

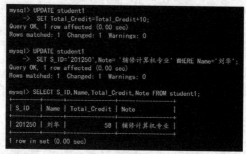

图 4-16　修改数据表记录

### 任务 4.3.3　删除数据表记录

微课 4-11

删除数据表记录

删除数据表记录是指将数据表中已有的记录删除，这也是数据库常见的操作。通常有两种情况，删除满足条件的记录和清除数据表数据，下面对这两种情况进行详细讲解。

#### 1.　删除满足条件的记录

使用 DELETE 语句可以删除数据表中满足条件的记录，语法格式如下。

```
DELETE FROM 数据表名 [WHERE 条件]
```

其中，各参数的含义如下。

① FROM 子句：用于说明从何处删除数据，数据表名为要删除数据的数据表名。

② WHERE 子句：指定的删除记录条件。如果省略 WHERE 子句，则删除该数据表的所有记录。

【例 4-17】删除学生成绩管理系统数据库 ssms 的表 student1 中"刘华"的记录。

```
DELETE FROM student1
 WHERE Name = '刘华';
```

也可以使用以下命令。

```
DELETE FROM student1
WHERE S_ID='201250';
```

执行结果如图 4-17 所示。

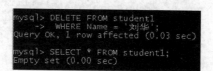

图 4-17　删除满足条件的记录

### 2. 清除数据表数据

使用 TRUNCATE TABLE 语句将删除指定数据表中的所有数据，因此也称其为清除数据表数据语句，其语法格式如下。

```
TRUNCATE TABLE 数据表名
```

**素养小贴士** 由于 TRUNCATE TABLE 语句将删除数据表中的所有数据，且无法恢复，因此在书写代码时应认真严谨，避免出现不可挽回的后果，这是一名合格的软件开发从业人员的基本职业素质。

## 【知识拓展】

### 1. MySQL 的存储引擎是什么？

MySQL 中的数据通过各种不同的技术存储在文件（或者内存）中。每一种技术都使用了不同的存储机制、索引技巧、锁定水平，并且最终提供广泛的、不同的功能。选择不同的技术能够获得额外的运行速度或者功能，从而加强整体的应用功能。

例如，在研究大量的临时数据时，也许需要使用内存存储引擎，通过内存存储引擎在内存中存储所有表格数据；也许需要一个支持事务处理的数据库，以确保事务处理不成功时数据的回退能力。

这些不同的技术及配套的相关功能在 MySQL 中称作存储引擎（也称作数据表类型）。MySQL 默认配置了许多不同的存储引擎，可以预先设置或者在 MySQL 服务器中启用。可以选择适用于服务器、数据库和表格的存储引擎，以便在选择如何存储信息、如何检索这些信息，以及需要数据结合什么性能和功能时提供最大的灵活性。

在 MySQL 客户端中，使用以下命令可以查看 MySQL 支持的引擎。

```
SHOW ENGINES;
```

结果如图 4-18 所示。

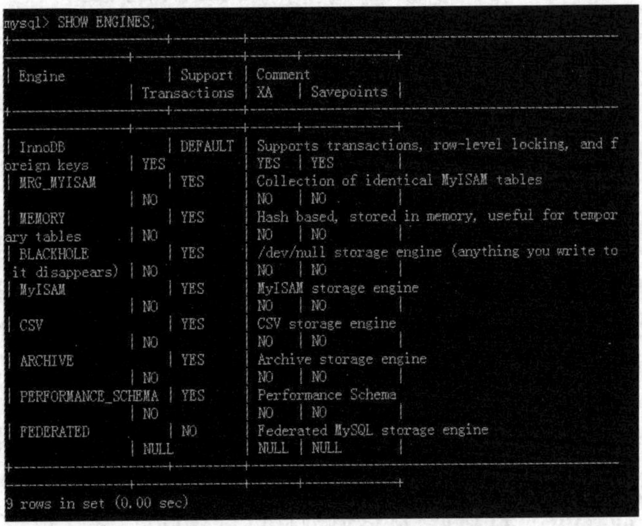

```
mysql> SHOW ENGINES;
+--------------------+---------+------------------------------------------------------------+--------------+------+------------+
| Engine             | Support | Comment                                                    | Transactions | XA   | Savepoints |
+--------------------+---------+------------------------------------------------------------+--------------+------+------------+
| InnoDB             | DEFAULT | Supports transactions, row-level locking, and foreign keys | YES          | YES  | YES        |
| MRG_MYISAM         | YES     | Collection of identical MyISAM tables                      | NO           | NO   | NO         |
| MEMORY             | YES     | Hash based, stored in memory, useful for temporary tables  | NO           | NO   | NO         |
| BLACKHOLE          | YES     | /dev/null storage engine (anything you write to it disappears) | NO       | NO   | NO         |
| MyISAM             | YES     | MyISAM storage engine                                      | NO           | NO   | NO         |
| CSV                | YES     | CSV storage engine                                         | NO           | NO   | NO         |
| ARCHIVE            | YES     | Archive storage engine                                     | NO           | NO   | NO         |
| PERFORMANCE_SCHEMA | YES     | Performance Schema                                         | NO           | NO   | NO         |
| FEDERATED          | NO      | Federated MySQL storage engine                             | NULL         | NULL | NULL       |
+--------------------+---------+------------------------------------------------------------+--------------+------+------------+
9 rows in set (0.00 sec)
```

图 4-18 查看 MySQL 支持的引擎

常见的 3 种存储引擎如下。

（1）MyISAM

MyISAM 不支持事务，也不支持外键。要求访问速度快，对事务完整性没有要求，或者以 SELECT、INSERT 为主的应用基本都可以使用这个引擎来创建数据表。每个 MyISAM 数据表由存储在硬盘上的 3 个文件组成，每个文件都以数据表名称为文件主名，但是扩展名不同，用以区分文件类型。扩展名分别如下。

① .frm：存储表定义。

② .myd：MYData，存储数据。

③ .myi：MYIndex，存储索引。

数据文件和索引文件可以放置在不同的目录下，平均分配 I/O，获取更快的速度。要指定数据文件和索引文件的路径，需要在创建数据表时通过 DATA DIRECTORY 和 INDEX DIRECTORY 语句指定，文件路径需要使用绝对路径。

每个 MyISAM 数据表都有一个标志，服务器或 myisamchk 程序在检查 MyISAM 数据表时会对这个标志进行设置。MyISAM 数据表还有一个标志，用来表明该数据表在上次使用后是不是被正常地关闭了。如果服务器认为出现宕机或崩溃，则这个标志可以用来判断数据表是否需要检查和修复。如果想让这种检查自动进行，则可以在启动服务器时使用--myisam-recover 选项。这会让服务器在每次打开一个 MyISAM 数据表时自动检查其标志，并进行必要的修复处理。MyISAM 类型的数据表可能会被损坏，可以使用 CHECK TABLE 语句来检查 MyISAM 数据表的"健康"状态，并用 REPAIR TABLE 语句修复一个被损坏的 MyISAM 数据表。

（2）InnoDB

InnoDB 是一个健壮的事务型存储引擎，这种存储引擎已经被很多互联网公司使用，为用户操作量非常大的数据存储提供了一个强大的解决方案。InnoDB 作为默认的存储引擎，还引入了行级锁定和外键约束。在以下场景中，使用 InnoDB 是最理想的选择。

① 更新密集的数据表。InnoDB 存储引擎特别适合处理多重并发的更新请求。

② 事务。InnoDB 存储引擎是支持事务的标准 MySQL 存储引擎。

③ 自动灾难恢复。与其他存储引擎不同，InnoDB 数据表能够自动从灾难中恢复。

④ 外键约束。MySQL 支持外键的存储引擎只有 InnoDB。

⑤ 支持自动增加列 AUTO_INCREMENT 属性。

一般来说，如果需要事务支持，并且有较高的并发读取频率，则 InnoDB 是不错的选择。

（3）Memory

使用 Memory 存储引擎的出发点是速度。为得到最快的响应速度，它采用的逻辑存储介质是系统内存。虽然在内存中存储表数据确实会带来很高的性能，但当 mysqld 守护进程崩溃时，所有的 Memory 数据都会丢失，在提供更快速度的同时也带来了一些缺陷。存储在 Memory 数据表中的数据使用的是长度不变的格式，这意味着不能使用 BLOB 和 TEXT 这样的长度可变的数据类型；而 VARCHAR 是一种长度可变的类型，但因为它在 MySQL 内部被当作长度固定不变的 CHAR 类型，所以可以使用。

**2. MySQL 中有哪几种索引？有何区别？**

在 MySQL 中常用的索引数据结构有 B-Tree 索引和哈希索引两种，下面介绍这两种索引数据结构的区别及其不同的应用建议。

（1）B-Tree 索引

B-Tree 索引是 MySQL 数据库中使用最为频繁的索引类型，除了 Archive 存储引擎，其他所有存储引擎都支持 B-Tree 索引，如图 4-19 所示。不仅在 MySQL 中如此，实际上在其他很多 DBMS 中，B-Tree 索引也同样是最主要的索引类型，这主要是因为 B-Tree 索引的存储结构在数据库的数据检索中有非常优异的表现。

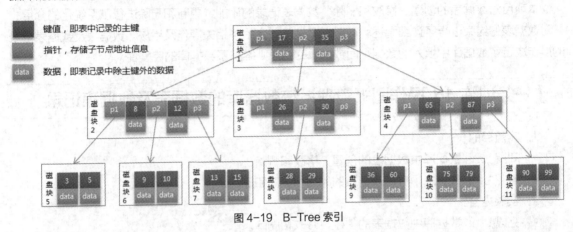

图 4-19　B-Tree 索引

一般来说，MySQL 中的 B-Tree 索引的物理文件大多是以 Balance Tree 的结构来存储的，也就是所有实际需要的数据都存放于树的叶子节点中，而且到任何一个叶子节点的最短路径长度都是完全相同的，所以称之为 B-Tree 索引。当然，可能不同的数据库（或 MySQL 不同的存储引擎）在存放自己的 B-Tree 索引时，会对存储结构稍做改造。例如，InnoDB 存储引擎的 B-Tree 索引实际使用的存储结构是 B+Tree，B+Tree 在 B-Tree 数据结构的基础上做了很小的改造，在每一个叶子节点上面除了存放索引键的相关信息，还存储了指向与该叶子节点相邻的后一个叶子节点的指针信息，这主要是为了提高检索多个相邻叶子节点的效率。

在 InnoDB 存储引擎中存在两种不同形式的索引，一种是 Cluster 形式的主键索引，另一种则是和其他存储引擎（如 MyISAM 存储引擎）存放形式基本相同的普通 B+Tree 索引，这种索引在 InnoDB 存储引擎中被称为 Secondary Index。

（2）哈希索引

哈希（Hash）索引就是采用一定的哈希算法，把键值换算成新的哈希值，检索时不需要类似 B-Tree 那样从根节点到叶子节点逐级查找，只需使用一次哈希算法即可立刻定位到相应的位置，速度非常快。

（3）两者之间的区别

① 如果是等值查询，则哈希索引明显有绝对优势，因为只需要经过一次运算即可找到对应的键值。如果键值不是唯一的，就需要先找到该键所在的位置，然后根据链表往后扫描，直到找到相应的数据。

② 如果是范围查询检索，哈希索引就毫无用武之地，因为原先是有序的键值，经过哈希算法后有可能变得不连续了，就没办法再利用索引完成范围查询检索了。

③ 哈希索引没办法利用索引完成排序，及 LIKE'xxx%'这样的部分模糊查询。

④ 哈希索引不支持多列联合索引的最左匹配规则。

⑤ B+Tree 索引的关键字检索效率比较平均，不像 B-Tree 那样波动幅度大，在有大量重复键值的情况下，哈希索引的效率是极低的，因为存在所谓的哈希碰撞问题。

## 【小结】

本项目对数据表的创建、修改和删除，数据表记录的添加、更新和删除进行了系统化的介绍，并对数据表的约束进行了详细阐述，同时以案例形式介绍了相关操作及用法。数据表及数据表记录的操作决定了数据库中填入的数据，而数据表的约束则维护了数据库的完整性。

## 【任务训练 4】操作图书管理系统数据库的数据表及数据表记录

### 1. 实验目的
- 掌握 bms 数据库中数据表的创建、修改和删除。
- 掌握 bms 数据库中数据表记录的添加、更新和删除。

### 2. 实验内容
- 完成 bms 数据库中数据表的创建、修改和删除。
- 进行 bms 数据库中数据表记录的添加、更新和删除。

### 3. 实验步骤

（1）在图书管理系统数据库 bms 中创建图书类别表 bookcategory、图书信息表 bookinfo、读者信息表 readerinfo 和借阅信息表 borrowinfo。

① 创建并使用数据库 bms。

```
CREATE DATABASE bms;
USE bms;
```

② 创建图书类别表 bookcategory。

```
CREATE TABLE bookcategory
(
category_id INT PRIMARY KEY,
category VARCHAR(20) NOT NULL UNIQUE,
parent_id INT NOT NULL
);
```

③ 创建图书信息表 bookinfo。

```
CREATE TABLE bookinfo
(
book_id INT PRIMARY KEY,
category_id INT,
book_name VARCHAR(20) NOT NULL UNIQUE,
author VARCHAR(20) NOT NULL,
price FLOAT(5,2) NOT NULL,
press VARCHAR(20) DEFAULT '人民邮电出版社',
pubdate DATE NOT NULL,
store INT NOT NULL,
```

```
    CONSTRAINT   fk_bcid   FOREIGN   KEY  (category_id)   REFERENCES   bookcategory
(category_id)
  );
```

④ 创建读者信息表 readerinfo。

```
CREATE TABLE readerinfo
(
  card_id CHAR(18) PRIMARY KEY,
  name VARCHAR(20) NOT NULL,
  sex ENUM('男','女','保密') DEFAULT '保密',
  age TINYINT,
  tel CHAR(11) NOT NULL,
  balance DECIMAL(7,3) DEFAULT '200.000'
);
```

⑤ 创建借阅信息表 borrowinfo。

```
CREATE TABLE borrowinfo
(
  book_id INT,
  card_id CHAR(18),
  borrow_date DATE NOT NULL,
  return_date DATE NOT NULL,
  status CHAR(1) NOT NULL
);
```

（2）查看数据表。

使用 SHOW TABLES 命令查看刚才创建的 4 个数据表，如
图 4-20 所示。

（3）在创建的 4 个数据表中插入数据。

① 插入图书类别表 bookcategory 的数据。

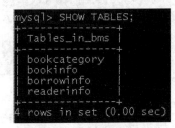

```
INSERT INTO bookcategory VALUES ('1', '艺术', '0');
INSERT INTO bookcategory VALUES ('2', '医学', '0');
INSERT INTO bookcategory VALUES ('3', '编程语言', '1');
INSERT INTO bookcategory VALUES ('4', '数据库', '1');
INSERT INTO bookcategory VALUES ('5', '儿科学', '2');
```

图 4-20　查看创建的数据表

② 插入图书信息表 bookinfo 的数据。

```
INSERT INTO bookinfo VALUES ('20150201', '3', 'Python 从入门到精通', '丁征', '135.00',
'人民邮电出版社', '2020-03-01', '5');
INSERT INTO bookinfo VALUES ('20150202', '4', 'MySQL 数据库应用与管理', '鲁林', '43.00',
'机械工业出版社', '2019-04-01', '2');
INSERT INTO bookinfo VALUES ('20150301', '3', 'Java 从入门到项目实战', '李源华', '100.00',
'水利水电出版社', '2020-03-15', '3');
INSERT INTO bookinfo VALUES ('20160801', '5', '内科学', '葛志宏', '118.00', '人民卫生
出版社', '2019-07-01', '1');
INSERT INTO bookinfo VALUES ('20170401', '5', '零基础小儿推拿', '廖天宇', '39.80',
'人民邮电出版社', '2019-04-01', '4');
```

③ 插入读者信息表 readerinfo 的数据。

```
INSERT INTO readerinfo VALUES ('21021019950501****', '杨磊', '男', '22', '135****5555',
'500.000');
INSERT INTO readerinfo VALUES ('21021019960401****', '刘鑫', '男', '21', '135****4444',
```

```
'400.000');
    INSERT INTO readerinfo VALUES ('21021019970301****', '王鹏', '男', '20', '135****3333',
'300.000');
    INSERT INTO readerinfo VALUES ('21021019980201****', '李月', '女', '19', '135****2222',
'200.000');
    INSERT INTO readerinfo VALUES ('21021019990101****', '张飞', '女', '18', '135****1111',
'300.000');
```

④ 插入借阅信息表 borrowinfo 的数据。

```
    INSERT INTO borrowinfo VALUES ('20150201', '21021019990101****', '2017-05-05',
'2017-09-15', '是');
    INSERT INTO borrowinfo VALUES ('20160801', '21021019980201****', '2017-06-05',
'2017-10-05', '是');
    INSERT INTO borrowinfo VALUES ('20150301', '21021019970301****', '2017-08-05',
'2017-09-05', '是');
    INSERT INTO borrowinfo VALUES ('20150202', '21021019970301****', '2017-10-15',
'2018-05-15', '否');
    INSERT INTO borrowinfo VALUES ('20170401', '21021019980201****', '2017-10-18',
'2017-11-28', '否');
    INSERT INTO borrowinfo VALUES ('20150202', '21021019980201****', '2017-07-14',
'2017-09-08', '否');
```

（4）在读者信息表 readerinfo 中增加新的一列 email，然后重命名为 email_bak。

① 在读者信息表 readerinfo 中增加新的一列 email。

```
ALTER TABLE readerinfo ADD email VARCHAR(30);
```

执行结果如图 4-21 所示。

```
mysql> ALTER TABLE readerinfo ADD email VARCHAR(30);
Query OK, 0 rows affected (0.76 sec)
Records: 0  Duplicates: 0  Warnings: 0
```

图 4-21　增加新列

② 使用 DESCRIBE readerinfo 命令查看刚才新增的列，如图 4-22 所示。

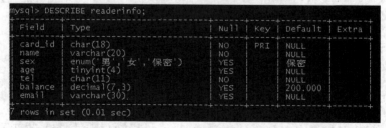

```
mysql> DESCRIBE readerinfo;
+---------+----------------------+------+-----+---------+-------+
| Field   | Type                 | Null | Key | Default | Extra |
+---------+----------------------+------+-----+---------+-------+
| card_id | char(18)             | NO   | PRI | NULL    |       |
| name    | varchar(20)          | NO   |     | NULL    |       |
| sex     | enum('男','女','保密')| YES  |     | 保密    |       |
| age     | tinyint(4)           | YES  |     | NULL    |       |
| tel     | char(11)             | NO   |     | NULL    |       |
| balance | decimal(7,3)         | YES  |     | 200.000 |       |
| email   | varchar(30)          | YES  |     | NULL    |       |
+---------+----------------------+------+-----+---------+-------+
7 rows in set (0.01 sec)
```

图 4-22　查看新增的列

③ 将列 email 重命名为 email_bak。

```
ALTER TABLE readerinfo CHANGE email email_bak VARCHAR(30);
```

执行结果如图 4-23 所示。

```
mysql> ALTER TABLE readerinfo CHANGE email email_bak VARCHAR(30);
Query OK, 0 rows affected (0.16 sec)
Records: 0  Duplicates: 0  Warnings: 0
```

图 4-23　重命名列

# 【思考与练习】

## 一、填空题

1. MySQL 可以用_____或_____命令修改数据表。

2. 语句 MySQL 中修改数据表结构的命令是_____。

3. 语句 MySQL 中查看数据表结构的命令是_____。

## 二、选择题

1. 性别字段最适合选择为（　　　）。

A. 字符串类型　　　　　B. 整数类型　　　　　C. 枚举类型　　　　D. 浮点数类型

2. （　　　）字段可以采用默认值。

A. 姓名　　　　　　　　B. 专业　　　　　　　C. 备注　　　　　　D. 出生时间

3. 显示数据库中的表使用（　　　）。

A. DESCRIBE

C. SHOW DATABASES

B. SHOW TABLES

D. DELETE

4. 删除数据表的所有记录使用（　　　）。

A. DELETE

C. TRUNCATE TABLE

B. DROP TABLE

D. A 和 C

5. 删除记录内容不能使用（　　　）。

A. UPDATE

C. 界面方式

B. DELETE 和 INSERT

D. ALTER

## 三、操作题

将表 4-2 ~ 表 4-4 中的数据样本插入数据库 ssms 中对应的数据表中。

**表 4-2　数据表 student 的数据样本**

| S_ID | Name | Major | Sex | Birthday | Total_Credit | Note |
|------|------|-------|-----|----------|--------------|------|
| 201101 | 黄飞 | 信息安全 | 1 | 2003-02-10 | 50 | |
| 201102 | 江康 | 信息安全 | 1 | 2004-02-01 | 50 | |
| 201103 | 蒋景香 | 信息安全 | 0 | 2002-10-06 | 50 | |
| 201104 | 冯森飞 | 信息安全 | 1 | 2003-08-26 | 50 | |
| 201106 | 古世瑜 | 信息安全 | 1 | 2003-11-20 | 50 | |
| 201107 | 谢坤 | 信息安全 | 1 | 2003-05-01 | 54 | 提前修完"数据结构"，并获学分 |
| 201108 | 丁卓恒 | 信息安全 | 1 | 2002-08-05 | 52 | 已提前修完一门课 |
| 201109 | 钱文奇 | 信息安全 | 1 | 2002-08-11 | 50 | |
| 201110 | 吕彦眉 | 信息安全 | 0 | 2004-07-22 | 50 | 三好学生 |
| 201111 | 方琦 | 信息安全 | 0 | 2003-03-18 | 50 | |
| 201113 | 程凤 | 信息安全 | 0 | 2002-08-11 | 48 | 有一门不及格，待补考 |
| 201201 | 熊毅 | 软件工程 | 1 | 2002-06-10 | 42 | |
| 201202 | 王烈鹏 | 软件工程 | 1 | 2002-01-29 | 40 | 有一门不及格，待补考 |
| 201204 | 罗娇琳 | 软件工程 | 0 | 2002-02-10 | 42 | |

| S_ID | Name | Major | Sex | Birthday | Total_Credit | Note |
|------|------|-------|-----|----------|--------------|------|
| 201206 | 李宁 | 软件工程 | 1 | 2002-09-20 | 42 | |
| 201210 | 冉镇龙 | 软件工程 | 1 | 2002-05-01 | 44 | 已提前修完一门课,并获学分 |
| 201216 | 屈平 | 软件工程 | 1 | 2002-03-09 | 42 | |
| 201218 | 陈韦继 | 软件工程 | 1 | 2003-10-09 | 42 | |
| 201220 | 汪柳 | 软件工程 | 0 | 2003-03-18 | 42 | |
| 201221 | 王雯雯 | 软件工程 | 0 | 2002-11-12 | 42 | |
| 201241 | 郭丹 | 软件工程 | 0 | 2003-01-30 | 50 | 转专业学习 |

注：因"Photo"列内容都为空，所以未体现在表中。

**表 4-3　数据表 course 的数据样本**

| C_ID | C_Name | Semester | Credit_Hour | Credit |
|------|--------|----------|-------------|--------|
| 101 | 计算机基础 | 1 | 80 | 5 |
| 102 | C 语言 | 2 | 68 | 4 |
| 206 | 高等数学 | 4 | 68 | 4 |
| 208 | 操作系统 | 5 | 68 | 4 |
| 209 | 数据库应用 | 6 | 68 | 4 |
| 210 | 网络基础 | 5 | 85 | 5 |
| 212 | 数据结构 | 7 | 68 | 4 |
| 301 | 算法分析 | 7 | 51 | 3 |
| 302 | 软件工程 | 7 | 51 | 3 |

**表 4-4　数据表 elective 的数据样本**

| S_ID | C_ID | Grade | S_ID | C_ID | Grade | S_ID | C_ID | Grade |
|------|------|-------|------|------|-------|------|------|-------|
| 201101 | 101 | 80 | 201107 | 101 | 78 | 201111 | 206 | 76 |
| 201101 | 102 | 78 | 201107 | 102 | 80 | 201113 | 101 | 63 |
| 201101 | 206 | 76 | 201107 | 206 | 68 | 201113 | 102 | 79 |
| 201102 | 102 | 78 | 201108 | 101 | 85 | 201113 | 206 | 60 |
| 201102 | 206 | 78 | 201108 | 102 | 64 | 201201 | 101 | 80 |
| 201103 | 101 | 62 | 201108 | 206 | 87 | 201202 | 101 | 65 |
| 201103 | 102 | 70 | 201109 | 101 | 66 | 201203 | 101 | 87 |
| 201103 | 206 | 81 | 201109 | 102 | 83 | 201204 | 101 | 91 |
| 201104 | 101 | 90 | 201109 | 206 | 70 | 201210 | 101 | 76 |
| 201104 | 102 | 84 | 201110 | 101 | 95 | 201216 | 101 | 81 |
| 201104 | 206 | 65 | 201110 | 102 | 90 | 201218 | 101 | 70 |
| 201106 | 101 | 65 | 201110 | 206 | 89 | 201220 | 101 | 82 |
| 201106 | 102 | 71 | 201111 | 101 | 91 | 201221 | 101 | 76 |
| 201106 | 206 | 80 | 201111 | 102 | 70 | 201241 | 101 | 90 |

# 项目5
## 图形化管理工具

05

## 【能力目标】

- 掌握 MySQL Workbench 的基本使用方法。
- 掌握 Navicat 的基本使用方法。

## 【素养目标】

引导学生思考事物之间的多样性特征，尊重个体之间的差异。

## 【学习导航】

MySQL 本身没有提供非常方便的图形化管理工具，日常的开发和维护均在命令行界面中进行，所以对于编程初学者来说，上手略微有点困难，增加了学习成本。因此本项目介绍在 MySQL 数据库系统开发过程中常使用的两种图形化管理工具：MySQL Workbench 和 Navicat。本项目所讲内容在数据库系统开发中的位置如图 5-1 所示。

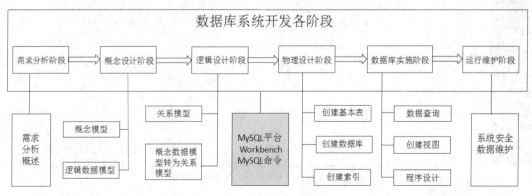

图 5-1 项目 5 所讲内容在数据库系统开发中的位置

## 任务 5.1　MySQL Workbench 的基本操作

MySQL Workbench 是一款专门用于创建、修改、执行和优化 SQL 的图形化管理工具。通过它，开发人员可以很轻松地管理数据库。

### 任务 5.1.1　了解图形化管理工具——MySQL Workbench

MySQL Workbench 是一款专为 MySQL 设计的集成化桌面软件，也是下一代可视化数据库设计、管理的工具，该软件支持 Windows 和 Linux 系统，同时有开源和商业两个版本。

MySQL Workbench 为数据库管理员和开发人员提供了一整套可视化的数据库操作环境，主要功能有数据库设计与模型建立、SQL 开发（取代 MySQL Query Browser）、数据库管理（取代 MySQL Administrator）。

MySQL Workbench 有以下两个版本。

① MySQL Workbench Community Edition（也叫 MySQL Workbench OSS，社区版），MySQL Workbench OSS 是在 GPL 下发布的开源社区版本。

② MySQL Workbench Standard Edition（也叫 MySQL Workbench SE，商业版），MySQL Workbench SE 是按年收费的商业版本。

MySQL Workbench 的初始界面如图 5-2 所示。

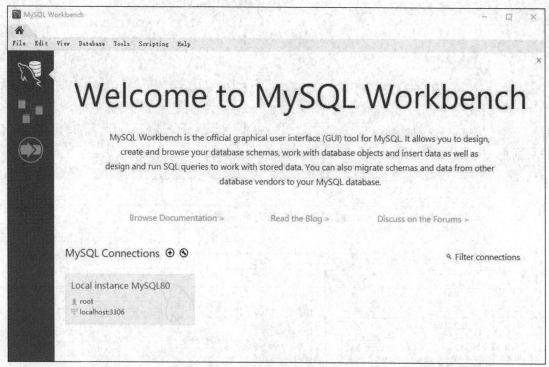

图 5-2　MySQL Workbench 的初始界面

## 任务 5.1.2　使用 MySQL Workbench 进行数据库操作

微课 5-1

使用 MySQL
Workbench 进行
数据库操作

下面介绍如何应用 MySQL Workbench 图形化管理工具管理数据库，包括登录 MySQL Workbench、创建数据库、修改数据库和删除数据库。

### 1. 登录 MySQL Workbench

登录 MySQL Workbench，查看已经创建的数据库，步骤如下。

（1）在初始界面中双击"Local instance wampmysql"链接，弹出"Connect to MySQL Server"对话框，输入密码，登录 MySQL Workbench，如图 5-3 所示。

登录后的界面如图 5-4 所示。

图 5-3　登录 MySQL Workbench

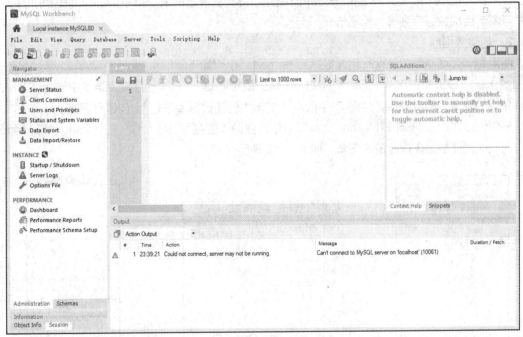

图 5-4　登录后的界面

（2）选择"Administration"选项卡中的"Startup/Shutdown"选项，查看是否开启 MySQL 服务，如图 5-5 所示。"running"表示服务已启动，如果状态为"stopped"，则单击"Start Server"按钮并输入登录密码，启动 MySQL 服务。

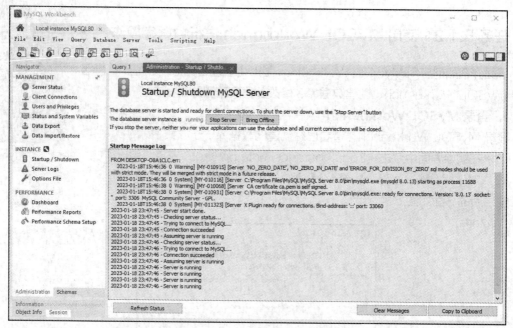

图 5-5　MySQL 服务的启动状态

（3）切换至"SCHEMAS"选项卡，其中的内容就是当前数据库服务器中已经创建的数据库列表。在"SCHEMAS"选项卡的空白处单击鼠标右键，在弹出的快捷菜单中选择"Refresh All"命令可刷新当前数据库列表，如图 5-6 所示。

**2. 创建数据库**

使用 MySQL Workbench 创建数据库 ssms1，步骤如下。

（1）在"SCHEMAS"选项卡的空白处单击鼠标右键，在弹出的快捷菜单中选择"Create Schema"命令创建数据库，如图 5-7 所示，或单击创建数据库按钮 🗊 创建数据库。

在创建数据库选项卡的"Name"文本框中输入数据库的名称"ssms1"，在"Charset/Collation"下拉列表中选择数据库指定的字符集"utf8"，如图 5-8 所示。

图 5-6　查看 MySQL Workbench 中
已有的数据库

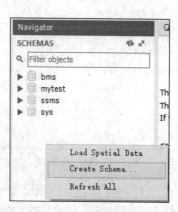

图 5-7　创建数据库

图 5-8　设置数据库

（2）在创建数据库的选项卡中设置完成之后，单击"Revert"按钮可以预览当前操作的 SQL 脚本，查看创建的数据库名和默认字符集，如图 5-9 所示，然后单击"Apply"按钮，最后在弹出的对话框中直接单击"Finish"按钮，完成数据库 ssms1 的创建。

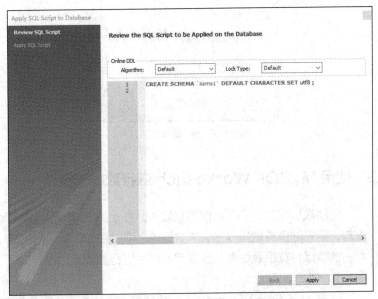

图 5-9　预览当前操作的 SQL 脚本

### 3. 修改数据库

成功创建数据库后，可以修改数据库的字符集。在需要修改字符集的数据库上单击鼠标右键，在弹出的快捷菜单中选择"Alter Schema"命令，可修改数据库的字符集，如图 5-10 所示。

### 4. 删除数据库

使用 MySQL Workbench 删除数据库 ssms1 的步骤如下。

（1）在"SCHEMAS"选项卡中右击需要删除的数据库，在弹出的快捷菜单中选择"Drop Schema"命令，如图 5-11 所示。

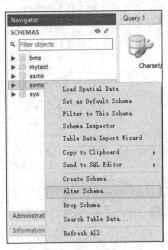

图 5-10　修改数据库的字符集

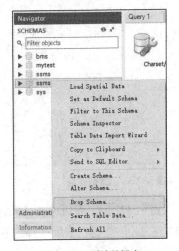

图 5-11　删除数据库

（2）在弹出的对话框中单击"Drop Now"按钮，即可直接删除数据库，如图 5-12 所示。此处不单击"Drop Now"按钮，后续还要在数据库 ssms1 中进行数据表的操作。

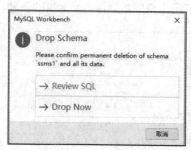

图 5-12　确认删除数据库

## 任务 5.1.3　使用 MySQL Workbench 进行数据表操作

微课 5-2

使用 MySQL Workbench 进行数据表操作

创建数据库后，还需要创建数据表。在使用 MySQL Workbench 创建数据表前，要先选择需创建数据表的数据库，可以在"SCHEMAS"选项卡中双击选中的数据库将其设置为默认数据库，然后进行数据表的操作。

**1. 创建数据表**

使用 MySQL Workbench 在数据库 ssms1 中创建数据表 student，步骤如下。

（1）在"SCHEMAS"选项卡中展开数据库 ssms1，在"Tables"选项上单击鼠标右键，在弹出的快捷菜单中选择"Create Table"命令，如图 5-13 所示，即可在数据库 ssms1 中创建数据表；或选中数据库，单击工具栏中的 按钮创建数据表。

（2）在创建数据表选项卡的"Table Name"文本框中输入数据表的名称，在下方的列表框中编辑数据表的列信息，如图 5-14 所示。

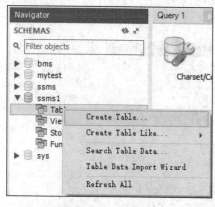

图 5-13　创建数据表

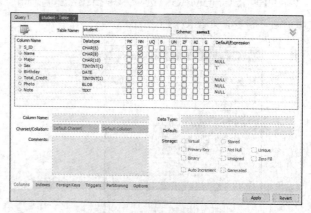

图 5-14　编辑数据表的列信息

（3）设置完成之后，可以单击"Revert"按钮预览当前操作的 SQL 脚本，如图 5-15 所示，然后单击"Apply"按钮，最后在弹出的对话框中直接单击"Finish"按钮，完成数据表 student 的创建。

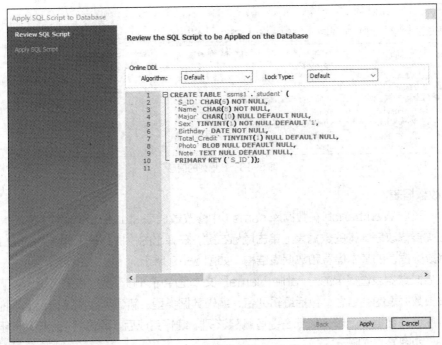

图 5-15　预览当前操作的 SQL 脚本

## 2. 查看数据表

成功创建数据表后，可以查看数据表的结构信息。在需要查看表结构的数据表上单击鼠标右键，在弹出的快捷菜单中选择"Table Inspector"命令，即可查看数据表的结构信息，如图 5-16 所示。

在数据表信息选项卡中，"Info"标签显示了该数据表的表名、存储引擎、列数、表空间大小、创建时间、更新时间、字符集校对规则等信息，如图 5-17 所示。

图 5-16　查看数据表的结构信息

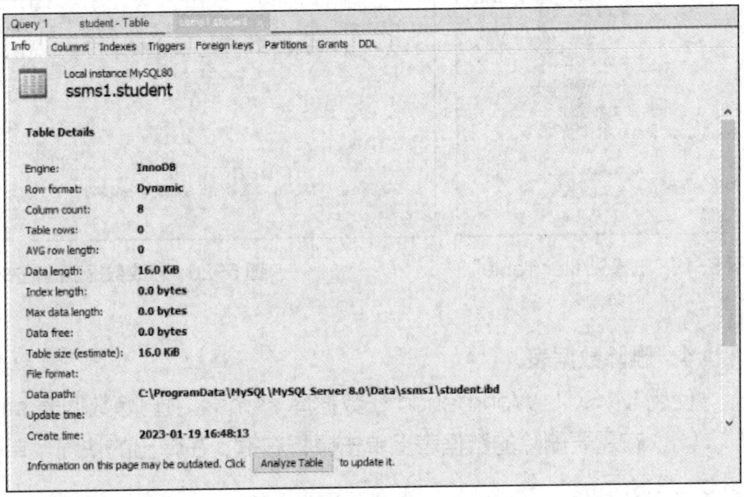

图 5-17　"Info"标签内容

"Columns"标签显示了该表数据列的信息，包括列名、数据类型、默认值、非空标识、字符集、校对规则和使用权限等信息，如图 5-18 所示。

Query 1 | student - Table | ssms1.student
Info | Columns | Indexes | Triggers | Foreign keys | Partitions | Grants | DDL

| Column | Type | Default Value | Nullable | Character Set | Collation |
|---|---|---|---|---|---|
| S_ID | char(6) | | NO | utf8 | utf8_general_ci |
| Name | char(8) | | NO | utf8 | utf8_general_ci |
| Major | char(10) | | YES | utf8 | utf8_general_ci |
| Sex | tinyint(1) | 1 | NO | | |
| Birthday | date | | NO | | |
| Total_Credit | tinyint(1) | | YES | | |
| Photo | blob | | YES | | |
| Note | text | | YES | utf8 | utf8_general_ci |

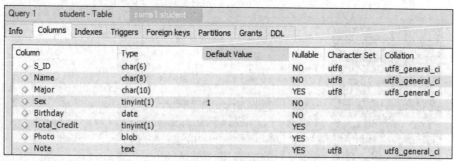

图 5-18　数据列的信息

### 3. 修改数据表

使用 MySQL Workbench 在数据库 ssms1 中修改数据表 student，步骤如下。

（1）在需要修改表结构的数据表上单击鼠标右键，在弹出的快捷菜单中选择“Alter Table”命令，即可修改数据表的基本信息和数据表结构，如图 5-19 所示。

（2）在修改数据表选择卡的“Table Name”文本框中可以修改数据表的名称，在下方的列表框中可以编辑数据表的列信息，包括编辑列名、编辑数据类型、新建列、删除列，上下拖曳列可以调整列的顺序，在数据列上单击鼠标右键可删除该列。编辑完成后，单击“Apply”按钮，完成数据表的修改，如图 5-20 所示。

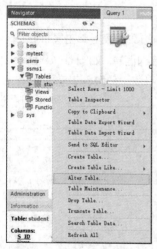

图 5-19　选择“Alter Table”命令

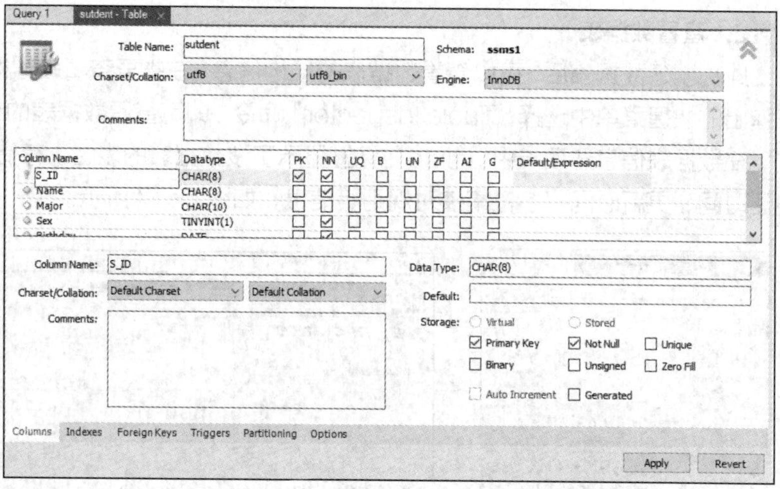

图 5-20　修改数据表的基本信息和数据表结构

### 4. 删除数据表

使用 MySQL Workbench 在数据库 ssms1 中删除数据表 student，步骤如下。

（1）在需要删除的数据表上单击鼠标右键，在弹出的快捷菜单中选择“Drop Table”命令，如图 5-21 所示。

（2）在弹出的对话框中单击“Drop Now”按钮，可以直接删除数据表，如图 5-22 所示。

（3）若在弹出的对话框中单击“Review SQL”按钮，则会显示删除操作对应的 SQL 语句，如图 5-23 所示，单击“Execute”按钮可以执行删除操作。此处不删除数据表 student，后续还要进行数据表 student 的编辑操作。

图 5-21 选择"Drop Table"命令

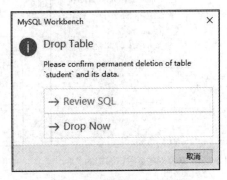

图 5-22 直接删除数据表

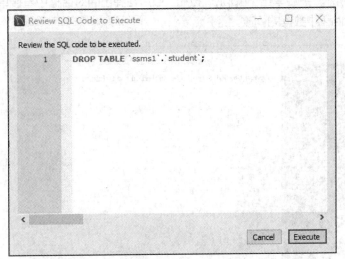

图 5-23 显示删除操作对应的 SQL 语句

### 5. 编辑数据表中的数据

使用 MySQL Workbench 编辑数据表 student 中的数据,步骤如下。

(1) 在"student"选项上单击鼠标右键,在弹出的快捷菜单中选择"Select Rows - Limit 1000"命令,如图 5-24 所示,即可对表 student 中的数据进行编辑操作。

(2) 在弹出对话框的"Edit"菜单中包含 3 个按钮 Edit: ,分别为"修改"、"插入"和"删除",如图 5-25 所示。

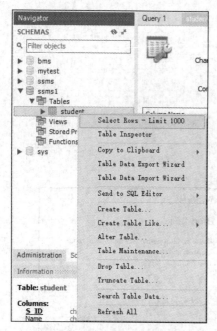

图 5-24　选择对数据进行编辑的命令

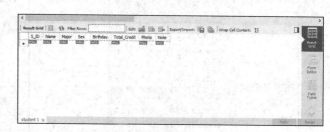

图 5-25　编辑数据表的对话框

（3）在编辑数据表的对话框中设置完成之后，单击"Revert"按钮可以预览当前操作的 SQL 脚本，如图 5-26 所示，然后单击"Apply"按钮，最后在弹出的对话框中直接单击"Finish"按钮，完成对数据表 student 中数据的修改。

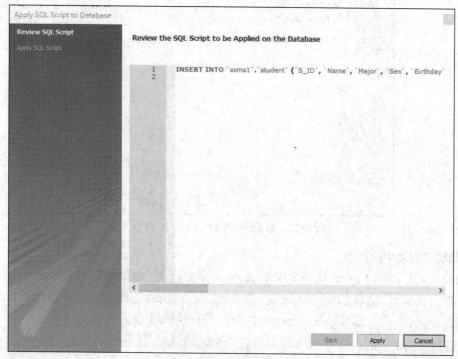

图 5-26　预览当前操作的 SQL 脚本

## 任务 5.2　Navicat 的基本操作

Navicat for MySQL（简称 Navicat）是一个桌面版 MySQL 数据库管理和开发工具，和微软 SQL Server 的管理器很像，易学、易用。Navicat 使用图形化的用户界面，用户使用和管理起来更为轻松。

### 任务 5.2.1　了解图形化管理工具——Navicat

Navicat 被公认为全球最受欢迎的数据库前端用户界面工具，更是各界从业人员必备的工作伙伴，其提供多达 7 种语言供客户选择。自 2001 年以来，Navicat 已在全球被下载超过 2 000 000 次，并且已有超过 70 000 个用户的客户群。《财富》杂志世界 500 强中有超过 100 家公司正在使用 Navicat。

Navicat 适用于 3 种平台：Microsoft Windows、Mac OS X 及 Linux。它可以让用户连接到本地主机或远程服务器上，并提供了一些实用的数据库工具，如数据模型、数据传输、数据同步、结构同步、导入、导出、备份、还原、报表创建工具及计划，以协助管理数据。

Navicat 是一套专为 MySQL 设计的高性能数据库管理及开发工具。它可以用于 3.21 及以上版本的 MySQL 数据库服务器，并支持大部分 MySQL 最新版本的功能，包括触发器、存储过程、函数、事件、视图、管理用户等。

Navicat 的初始界面如图 5-27 所示。

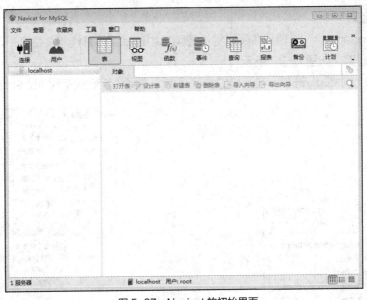

图 5-27　Navicat 的初始界面

### 任务 5.2.2　使用 Navicat 进行数据库操作

下面介绍如何使用 Navicat 管理数据库，包括登录 Navicat、创建数据库和删除数据库。

微课 5-3

使用 Navicat 进行
数据库操作

### 1. 登录 Navicat

打开 Navicat，单击工具栏中的"连接"按钮 ，在"新建连接"对话框中输入连接名、用户名和密码，并进行连接测试，如果连接成功，则弹出相应的提示对话框，如图 5-28 所示。

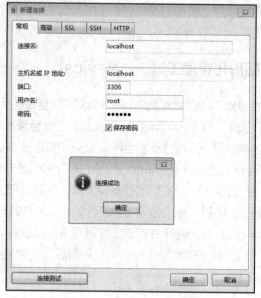

图 5-28　Navicat 连接成功

### 2. 创建数据库

（1）右击"localhost"选项，在弹出的快捷菜单中选择"打开连接"命令，可以看到 Navicat 中已经存在的数据库，如图 5-29 所示。

（2）右击"localhost"选项，在弹出的快捷菜单中选择"新建数据库"命令，如图 5-30 所示。

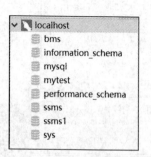

图 5-29　查看 Navicat 中已经存在的数据库

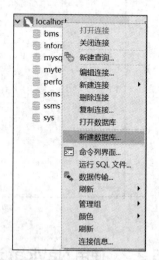

图 5-30　选择"新建数据库"命令

（3）在弹出的"新建数据库"对话框中进行数据库的命名、字符集的选择等设置，如图 5-31 所示。

图 5-31　进行数据库的命名、字符集的选择等设置

### 3. 删除数据库

在数据库 ssms2 上单击鼠标右键，在弹出的快捷菜单中选择"删除数据库"命令，如图 5-32 所示。在弹出的对话框中单击"删除"按钮即可删除数据库 ssms2。

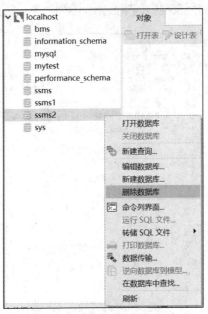

图 5-32　选择"删除数据库"命令

## 任务 5.2.3　使用 Navicat 进行数据表操作

同样，使用 Navicat 进行数据表操作前先要选择指定的数据库，然后在对应数据库中创建并管理数据表。

微课 5-4

使用 Navicat 进行
数据表操作

### 1. 创建数据表

（1）在数据库 "ssms1" 上单击鼠标右键，在弹出的快捷菜单中选择 "打开数据库" 命令，可在展开的目录树中看到在上一任务中已经创建好的学生信息表 student。此处新建课程表 course，右击 "表" 选项，在弹出的快捷菜单中选择 "新建表" 命令，如图 5-33 所示。

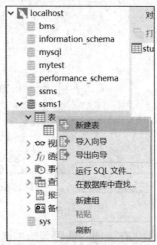

图 5-33　选择 "新建表" 命令

（2）在创建数据表选项卡的列表框中编辑数据表的列信息，如图 5-34 所示。

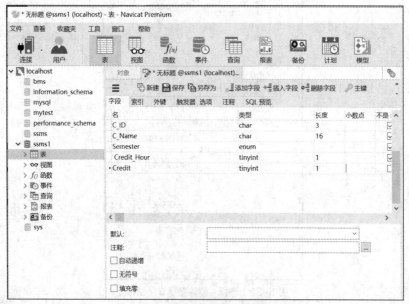

图 5-34　编辑数据表的列信息

（3）编辑完成后，单击 "保存" 按钮 📙 保存，在弹出的 "表名" 对话框中输入 "course"，单击 "确定" 按钮，即可完成数据表的创建，如图 5-35 所示。

此时，在 ssms1 目录树中可以看到新建的表 course。

图 5-35　输入表名创建数据库

### 2. 修改数据表

（1）在需要修改表结构的数据表上单击鼠标右键，在弹出的快捷菜单中选择"设计表"命令，即可修改数据表的基本信息和数据表结构，如图 5-36 所示。

图 5-36　选择"设计表"命令

（2）在修改数据表选项卡的列表框中编辑数据表的列信息，包括编辑列名、编辑数据类型、新建列、删除列（选中某一列后单击"删除字段"按钮 ），如图 5-37 所示。编辑完成后，单击"保存"按钮，即可完成数据表的修改。

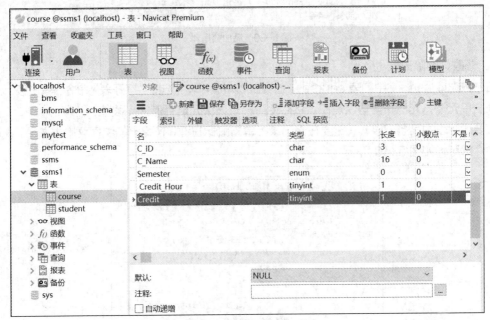

图 5-37　编辑数据表的列信息

### 3. 删除数据表

当需要删除数据表时，可以在需要删除的数据表上单击鼠标右键，在弹出的快捷菜单中选择"删除表"命令，如图 5-38 所示。此处不删除数据表 course，后续还要进行数据表 course 的编辑操作。

图 5-38 选择"删除表"命令

### 4．添加数据

在表 course 上单击鼠标右键，在弹出的快捷菜单中选择"打开表"命令，即可对表 course 中的数据进行编辑操作，双击任一单元格可输入该字段的值，如图 5-39 所示。

图 5-39 添加数据

### 5．修改、删除记录

右击数据库 ssms1 中的表 course，在弹出的快捷菜单中选择"打开表"命令，单击表 course 中的任一单元格，光标获得输入焦点，然后便可修改该单元格存储的字段值。

若要删除表中某条记录，只需要在该记录上单击鼠标右键，在弹出的快捷菜单中选择"删除 记录"命令即可，如图 5-40 所示。

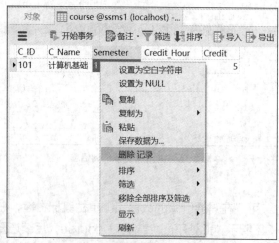

图 5-40 选择"删除 记录"命令

# 【知识拓展】

MySQL 是当前流行的数据库引擎之一，具有成本低、速度快、体积小且源代码开放的优点。使用图形化管理工具会给数据库的管理带来较大的方便，下面介绍几种除 MySQL Workbench 和 Navicat for MySQL 以外常用的 MySQL 图形化管理工具。

## 1. phpMyAdmin

phpMyAdmin 是最常用的 MySQL 维护工具，是一种用 PHP 开发的基于 Web 方式架构在网站主机上的 MySQL 管理工具，支持中文，使用其管理数据库非常方便，但其在大数据库的备份和恢复方面尚有欠缺。

## 2. MySQLDumper

MySQLDumper 是一种使用 PHP 开发的 MySQL 数据库备份和恢复程序，解决了使用 phpMyAdmin 进行大数据库备份和恢复尚有不足的问题，且不用担心网速太慢导致中断的问题，非常方便易用。这个软件是德国人开发的，目前没有中文语言包。

## 3. MySQL GUI Tools

MySQL GUI Tools 是 MySQL 官方提供的图形化管理工具，功能很强大，但是没有中文界面。

## 4. MySQL ODBC Connector

MySQL ODBC Connector 是 MySQL 官方提供的 ODBC 接口程序，系统安装这个程序之后，可以通过 ODBC 来访问 MySQL，从而实现 SQLServer、Access 和 MySQL 之间的数据转换，还支持 ASP 访问 MySQL 数据库。

## 5. SQLyog

SQLyog 是 Webyog 公司出品的一款简洁高效、功能强大的 MySQL 图形化管理工具。使用 SQLyog 可以快速、直观地在世界的任何角落通过网络来维护远端的 MySQL 数据库。

> **素养小贴士** 从以上几种 MySQL 图形化管理工具的介绍可以看出，每款图形化管理工具都有它的特色，使用者可以根据自己的需求选择合适的图形化管理工具。虽然使用图形化管理工具进行数据库操作比较直观、方便，但也有很多查询数据表的操作在图形化管理工具中无法直接实现，所以任何事物都有两面性，我们在使用各种工具时需正确对待。

# 【小结】

本项目主要介绍了两种 MySQL 图形化管理工具：MySQL Workbench 和 Navicat for MySQL。使用这些图形化管理软件可以很方便地操作 MySQL 数据库，包括数据库和数据表的创建、数据库和数据表的管理等。

## [任务训练 5] 使用 Navicat 管理图书管理系统数据库

### 1. 实验目的
- 掌握在 Navicat 中进行数据库的相关操作。
- 掌握在 Navicat 中进行数据表的相关操作。

### 2. 实验内容
- 在 Navicat 中完成数据库 bms1 的创建。
- 在 Navicat 中完成数据库 bms1 中数据表的创建。
- 在 Navicat 中完成数据库 bms1 中数据的添加。

### 3. 实验步骤

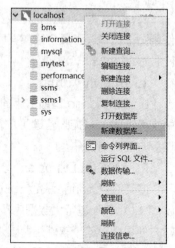

图 5-41　选择"新建数据库"命令

（1）选择"localhost"选项，单击鼠标右键，在弹出的快捷菜单中选择"新建数据库"命令，如图 5-41 所示。

（2）创建数据库 bms1，字符集设置为"utf8--UTF-8 Unicode"，排序规则设置为"utf8_general_ci"，如图 5-42 所示。

（3）右击数据库 bms1，在弹出的快捷菜单中选择"打开数据库"命令，在"表"选项上单击鼠标右键，在弹出的快捷菜单中选择"新建表"命令，如图 5-43 所示，开始新建图书类别表 bookcategory。

图 5-42　设置字符集和排序规则

图 5-43　选择"新建表"命令

（4）在创建数据表选项卡的列表框中编辑数据表的列信息，如图 5-44 所示。

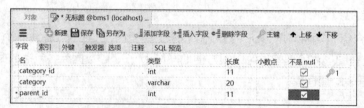

图 5-44　编辑数据表的列信息

（5）编辑完成后，单击"保存"按钮  保存，在弹出的"表名"对话框中输入"bookcategory"，单击"确定"按钮，完成数据表 bookcategory 的创建。用同样的方式创建数据库中其他的数据表——图书信息表 bookinfo、读者信息表 readerinfo、借阅信息表 borrowinfo，这 3 个数据表的列信息分别如图 5-45~图 5-47 所示。

图 5-45　图书信息表 bookinfo 的列信息

| 名 | 类型 | 长度 | 小数点 | 不是 null | |
|---|---|---|---|---|---|
| book_id | int | 0 | 0 | ☑ | 🔑1 |
| category_id | int | 0 | 0 | ☐ | |
| book_name | varchar | 20 | 0 | ☑ | |
| author | varchar | 20 | 0 | ☑ | |
| price | float | 5 | 2 | ☑ | |
| press | varchar | 20 | 0 | ☐ | |
| pubdate | date | 0 | 0 | ☑ | |
| ▶ store | int | 11 | 0 | ☑ | |

图 5-46　读者信息表 readerinfo 的列信息

| 名 | 类型 | 长度 | 小数点 | 不是 null | |
|---|---|---|---|---|---|
| card_id | char | 18 | 0 | ☑ | 🔑1 |
| name | varchar | 20 | 0 | ☑ | |
| sex | enum | 0 | 0 | ☐ | |
| age | tinyint | 0 | 0 | ☐ | |
| tel | char | 11 | 0 | ☐ | |
| ▶ balance | decimal | 7 | 3 | ☐ | |

图 5-47　借阅信息表 borrowinfo 的列信息

| 名 | 类型 | 长度 | 小数点 | 不是 null |
|---|---|---|---|---|
| book_id | int | 0 | 0 | ☐ |
| card_id | char | 18 | 0 | ☐ |
| borrow_date | date | 0 | 0 | ☑ |
| return_date | date | 0 | 0 | ☑ |
| ▶ status | char | 1 | 0 | ☑ |

完成之后，在数据库 bms1 的目录树中可以看到新建的 4 个数据表，如图 5-48 所示。

（6）添加数据。在表 bookcategory 上单击鼠标右键，在弹出的快捷菜单中选择"打开表"命令，对表 bookcategory 中的数据进行编辑操作，如图 5-49 所示。

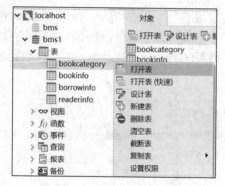

图 5-48　新建的 4 个数据表

图 5-49　为图书信息表 bookcategory 添加数据

（7）用同样的方法为数据库 bms1 中的其他 3 个数据表添加数据，分别如图 5-50~图 5-52 所示。

图 5-50　为图书信息表 bookinfo 添加数据

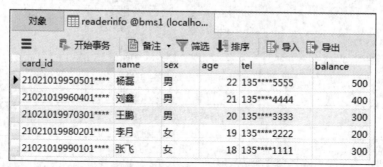

图 5-51　为读者信息表 readerinfo 添加数据

图 5-52　为借阅信息表 borrowinfo 添加数据

## 【思考与练习】

1. 安装 MySQL 图形化管理工具：MySQL Workbench 和 Navicat for MySQL。

2. 使用 MySQL Workbench 创建 test1 数据库，根据学生自身情况在该数据库中创建课程表 course，并输入课程记录信息。

3. 使用 Navicat for MySQL 创建 test2 数据库，根据学生自身情况在该数据库中创建学生情况表 student，并输入学生情况相关信息。

4. 在 MySQL 命令行界面中查看上两题中创建的数据库、数据表及表中的数据，从中体会 MySQL 图形化管理工具与命令行方式操作的等效性。

# 项目6
## 数据查询

06

## 【能力目标】

- 掌握简单查询，会使用 SELECT 语句查询所有字段和指定的字段。
- 掌握按条件查询，会使用运算符及不同的关键字进行查询。
- 掌握高级查询，会使用聚合函数查询、分组查询等。
- 学会为表和字段起别名。
- 学会使用交叉连接、内连接、外连接及联合条件连接查询多表中的数据。
- 掌握子查询，会使用 IN、EXISTS、ANY、ALL 关键字及比较运算符查询多表中的数据。

## 【素养目标】

用不同的方法解决同一个问题，培养多种思路解决问题、从不同角度看问题的能力。

## 【学习导航】

本项目介绍数据库系统开发过程中的数据库实施阶段，在数据库操作语句中，使用最频繁，同时也被认为最重要的是 SELECT 查询语句。本项目所讲内容在数据库系统开发中的位置如图 6-1 所示。

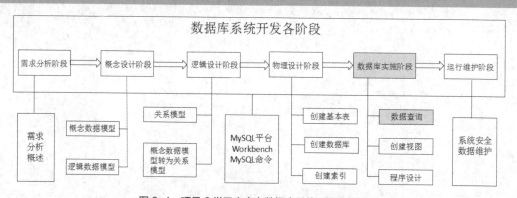

图 6-1　项目 6 学习内容在数据库系统开发中的位置

## 任务 6.1　认识基本的 SELECT 语句

通过前面的学习，读者已经掌握了建立数据库的基本操作，包括数据库及数据表的添加、修改、删除等操作。查询数据库中的数据是应用数据库数据的基本操作。查询数据是指从数据库中获取需要的数据，用户可以根据自己对数据的需求来查询不同的数据。在 MySQL 中，对数据库的查询使用 SELECT 语句，其功能非常强大，使用较为灵活。

### 任务 6.1.1　了解 SELECT 语句结构

SELECT 语句可以从一个或多个表中选取符合某种条件的特定行和列，它是 SQL 的核心，其应用结果通常是生成一个临时表。

SELECT 语句的语法格式如下。

```
SELECT
[ALL|DISTINCT] *|列名1[,列名2...,列名n]
FROM 数据表名...
[WHERE 条件表达式1]
[GROUP BY 列名]
[HAVING 条件表达式2]
[ORDER BY 列名 [ASC|DESC]]
[LIMIT [OFFSET] 记录数]
[PROCEDURE 存储过程名（参数...）]
[INTO OUTFILE '文件名'[格式]参数|INTO DUMPFILE '文件名'|INTO 变量名...]
[FOR UPDATE|LOCK IN SHARE MODE]
```

从上述语法格式可以看出，一个 SELECT 语句由多个子句组成，各参数的含义如下。

① [ALL | DISTINCT] * | 列名 1[,列名 2...,列名 n]：表示从表中查询的指定字段。星号（*）通配符表示查询表中所有列名，与"列名 1[,列名 2...,列名 n]"二者为互斥关系，任选其一。"ALL"是可选参数，为默认值，返回符合条件的全部记录；"DISTINCT"是可选参数，用于排除查询结果中重复的数据。

② FROM 数据表名...：表示从指定的数据表中查询。

③ [WHERE 条件表达式 1]：WHERE 子句是可选的，用于指定查询记录的条件。如果省略该子句，则查询将返回表中的所有记录。

④ [GROUP BY 列名]：GROUP BY 子句是可选的，用于将查询结果按照指定字段进行分组。该子句通常和聚集函数配合使用。

⑤ [HAVING 条件表达式 2]：HAVING 子句也是可选的，一般跟在 GROUP BY 子句后，用于对分组后的结果进行过滤。

⑥ [ORDER BY 列名 [ASC | DESC]]：ORDER BY 子句是可选的，用于将查询结果按照指定字段排序。排序方式由参数 ASC 或 DESC 决定，其中 ASC 表示按升序排列，DESC 表示按降序排列。如果不指定参数，则默认为升序排列。

⑦ [LIMIT [OFFSET] 记录数]：LIMIT 子句是可选的，用于限制查询结果的数量。LIMIT 后面可以跟两个参数，第一个参数 OFFSET 表示偏移量，如果偏移量为 0，则从查询结果的第一条记

录开始，偏移量为 1 则从查询结果中的第二条记录开始，以此类推。OFFSET 为可选参数，如果不指定，则其默认为 0。第二个参数"记录数"表示返回查询记录的条数。

⑧ [PROCEDURE 存储过程名（参数...）]：PROCEDURE 是可选的，用于自定义存储过程，存储过程根据需要可能会有多个参数。

⑨ [INTO OUTFILE '文件名' [格式] 参数 | INTO DUMPFILE '文件名' | INTO 变量名...]：INTO 是可选项，"INTO OUTFILE '文件名'"的作用是将查询结果按照一定的格式写入文件中，"INTO DUMPFILE '文件名'"是将查询结果以一行的格式写入文件中，且只能写入一行；"INTO 变量名..."的作用是将查询结果存入定义的变量中。

⑩ [FOR UPDATE | LOCK IN SHARE MODE]：FOR UPDATE 和 LOCK IN SHARE MODE 是可选参数，FOR UPDATE 表示将查询的数据行加上写锁，直到本事务提交为止。LOCK IN SHARE MODE 表示将查询的数据行加上读锁，如此，其他的链接可以读相同的数据，但无法修改加锁的数据。

微课 6-1
聚合函数

## 任务 6.1.2 应用聚合函数

SELECT 语句的输出列还可以包含聚合函数。

聚合函数通常用于对一组值进行计算，然后返回唯一值，也被称为组函数。除 COUNT()函数外，聚合函数都会忽略空值。表 6-1 所示为一些常用的聚合函数。

**表 6-1 常用的聚合函数**

| 函数名 | 功能 |
| --- | --- |
| COUNT() | 返回某列项数，返回 int 类型的整数 |
| MAX() | 返回某列最大值 |
| MIN() | 返回某列最小值 |
| SUM() | 返回某列值的和 |
| AVG() | 返回某列的平均值 |
| STD()或 STDDEV() | 返回给定表达式中所有值的标准差 |
| VARIANCE() | 返回给定表达式中所有值的方差 |
| GROUP_CONCAT() | 返回由属于一组的列值连接组合而成的结果 |
| BIT_AND() | 逻辑与 |
| BIT_OR() | 逻辑或 |
| BIT_XOR() | 逻辑异或 |

表 6-1 中所列函数分别介绍如下。

### 1．COUNT()函数

COUNT()函数用于统计组中满足给定条件的行数或总行数，返回 SELECT 语句检索到的行中非 NULL 值的数目，若找不到匹配项，则返回 0。

COUNT()函数的语法格式如下。

```
COUNT (表达式)
```

其中表达式的数据类型可以是除 BLOB 或 TEXT 之外的任何类型，常见的有 ALL、列名、DISTINCT 列名和*。使用 ALL 表示对所有值进行运算，DISTINCT 表示去除重复值，默认为 ALL。使用 COUNT(*)将返回检索行的总数目，不论其是否包含 NULL 值。

【例 6-1】求学生的总人数。

```
SELECT COUNT(*) AS '学生总数' FROM student;
```

执行结果如图 6-2 所示。

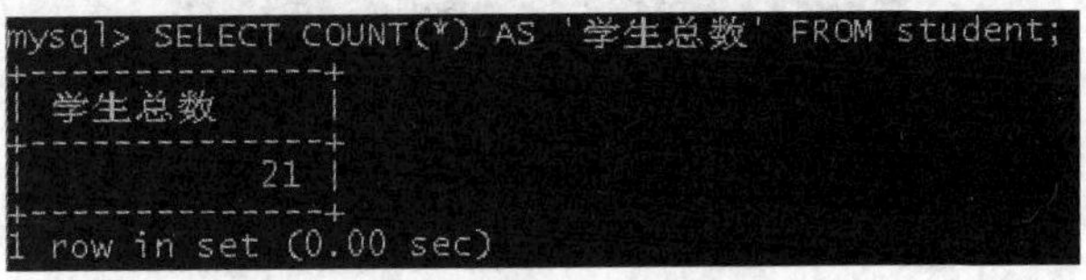

```
mysql> SELECT COUNT(*) AS '学生总数' FROM student;
+--------------+
| 学生总数     |
+--------------+
|           21 |
+--------------+
1 row in set (0.00 sec)
```

图 6-2 学生总人数

从查询结果可以看出，表 student 中一共有 21 条记录。

【例 6-2】统计备注不为空的学生数目。

```
SELECT COUNT(Note) AS '备注不为空的学生数目'
FROM student;
```

执行结果如图 6-3 所示。

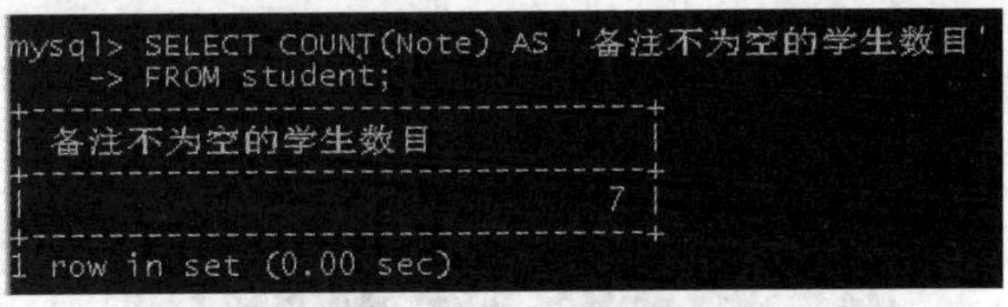

```
mysql> SELECT COUNT(Note) AS '备注不为空的学生数目'
    -> FROM student;
+------------------------------+
| 备注不为空的学生数目         |
+------------------------------+
|                            7 |
+------------------------------+
1 row in set (0.00 sec)
```

图 6-3 备注不为空的学生数目

从查询结果可以看出，计算时备注为 NULL 的行被忽略，不参与统计，所以表 student 中一共有 7 条记录填写有备注信息。

【例 6-3】统计总学分在 50 分以上的人数。

```
SELECT COUNT(Total_Credit) AS '总学分在 50 分以上的人数'
  FROM student
  WHERE Total_Credit>50;
```

执行结果如图 6-4 所示。

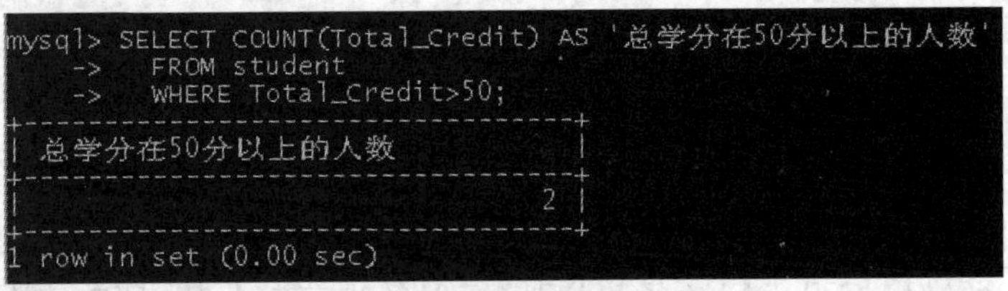

```
mysql> SELECT COUNT(Total_Credit) AS '总学分在50分以上的人数'
    ->   FROM student
    ->   WHERE Total_Credit>50;
+------------------------------+
| 总学分在50分以上的人数       |
+------------------------------+
|                            2 |
+------------------------------+
1 row in set (0.00 sec)
```

图 6-4 总学分在 50 分以上的人数

从查询结果可以看出，总学分在 50 分以上的有两人。

### 2. MAX()函数和 MIN()函数

MAX()函数和 MIN()函数分别用于求表达式中所有值项的最大值和最小值，语法格式如下。

```
MAX/MIN ( [ ALL | DISTINCT ] 表达式 )
```

【例 6-4】求选修课程 101 的学生的最高分和最低分。

```
SELECT MAX(Grade),MIN(Grade)
  FROM elective
  WHERE C_ID='101';
```

执行结果如图 6-5 所示。

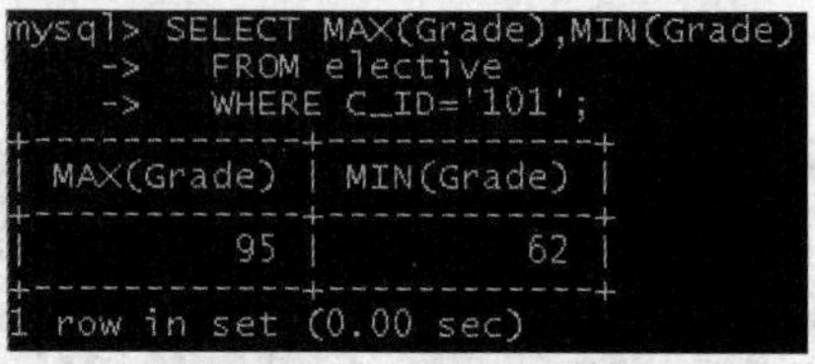

```
mysql> SELECT MAX(Grade),MIN(Grade)
    ->   FROM elective
    ->   WHERE C_ID='101';
+------------+------------+
| MAX(Grade) | MIN(Grade) |
+------------+------------+
|         95 |         62 |
+------------+------------+
1 row in set (0.00 sec)
```

图 6-5 选修课程 101 的学生的最高分和最低分

从查询结果可以看到，选修课程 101 的学生 Grade 字段的最大值为 95，最小值为 62。

当给定列上只有空值或检索出的中间结果为空时，MAX()函数和 MIN()函数的值也为空。

### 3. SUM()函数和 AVG()函数

SUM()函数和 AVG()函数分别用于求表达式中所有值项的总和与平均值，语法格式如下。

```
SUM/AVG ( [ ALL | DISTINCT ] 表达式 )
```

【例 6-5】求学号为 201101 的学生所学课程的总成绩。

```
SELECT SUM(Grade) AS '课程总成绩'
  FROM elective
  WHERE S_ID='201101';
```

执行结果如图 6-6 所示。

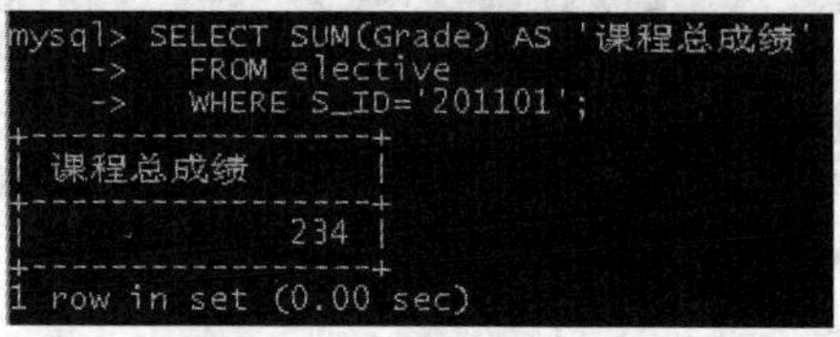

```
mysql> SELECT SUM(Grade) AS '课程总成绩'
    ->   FROM elective
    ->   WHERE S_ID='201101';
+----------------+
| 课程总成绩     |
+----------------+
|            234 |
+----------------+
1 row in set (0.00 sec)
```

图 6-6 学号为 201101 的学生所学课程的总成绩

从查询结果可以看到，学号为 201101 的学生 Grade 字段的总和为 234。

【例 6-6】求选修课程 101 的学生的平均成绩。

```
SELECT AVG(Grade) AS '课程 101 平均成绩'
  FROM elective
  WHERE C_ID='101';
```

执行结果如图 6-7 所示。

从查询结果可以看到，选修课程 101 的学生 Grade 字段的平均值为 78.65。

### 4. VARIANCE()函数和 STDDEV()函数

VARIANCE()函数和 STDDEV()函数分别用于计算特定表达式中所有值的方差和标准差，语法格式如下。

```
VARIANCE / STDDEV ( [ ALL | DISTINCT ] 表达式)
```

【例 6-7】求选修课程 101 的学生的成绩方差。

```
SELECT VARIANCE(Grade)
  FROM elective
  WHERE C_ID='101';
```

执行结果如图 6-8 所示。

图 6-7 选修课程 101 的学生的平均成绩          图 6-8 选修课程 101 的学生的成绩方差

说明：方差的计算按以下几个步骤进行。

① 计算相关列的平均值。

② 求列中的每一个值与平均值的差。

③ 计算差值的平方的总和。

④ 用总和除以（列中的）值的个数得到结果。

STDDEV() 函数用于计算标准差，标准差等于方差的平均根，所以 STDDEV() 和 SQRT(VARIANCE()) 是相等的。

【例 6-8】求选修课程 101 的学生的成绩标准差。

```
SELECT STDDEV(Grade)
  FROM elective
  WHERE C_ID='101';
```

执行结果如图 6-9 所示。

图 6-9 选修课程 101 的学生的成绩标准差

其中，STDDEV 可以缩写为 STD，这对结果没有影响。

### 5. GROUP_CONCAT() 函数

MySQL 支持一个特殊的聚合函数 GROUP_CONCAT()。该函数返回来自一个组指定列的所有非 NULL 值，这些值一个接一个放置，中间用逗号隔开，并表示为一个长长的字符串。这个字符串的长度是有限制的，标准值是 1024。

该函数的语法格式如下。

```
GROUP_CONCAT ( { [ ALL | DISTINCT ] 表达式 } | * )
```

【例 6-9】求选修课程 102 的学生的学号。

```
SELECT GROUP_CONCAT(S_ID)
```

```
FROM elective
WHERE C_ID='102';
```

执行结果如图 6-10 所示。

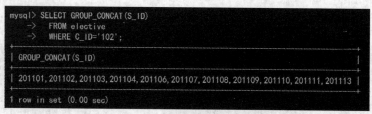

图 6-10　选修课程 102 的学生的学号

从查询结果可以看到，选修课程 102 的学生的学号将以一行显示，并以逗号隔开。

### 6. BIT_AND()函数、BIT_OR()函数和 BIT_XOR()函数

与二进制运算符|（或）、&（与）和^（异或）相对应的聚合函数分别是 BIT_OR()、BIT_AND()、BIT_XOR()。

这些函数的语法格式如下。

```
BIT_AND / BIT_OR / BIT_XOR( { [ALL | DISTINCT ] 表达式 } | * )
```

【例 6-10】有一个表 bits，其中有一列 bin_value 上有 3 个 INT 类型的值：1、3、7，获取在该列上应用 BIT_OR()的结果。

```
SELECT bin(BIT_OR(bin_value))
  FROM bits;
```

MySQL 在后台执行表达式（001|011）|111，结果为 111。其中，bin()函数用于将结果转换为二进制数。

## 任务 6.2　使用单表查询实现数据查询

微课 6-2

SELECT 语句

通过上一任务的学习，读者已经掌握了 SELECT 语句的基本语法。编写 SELECT 语句的步骤是首先确定需要返回的列信息、从哪个表中查询数据、查询的条件是什么、是否需要分组查询、查询结果的排序情况等；然后将 SELECT 与各种限制条件关键词搭配使用，使 SQL 语句具有各种丰富的功能。

### 任务 6.2.1　使用选择输出列

SELECT 语句是 SQL 的核心，SELECT 语句可以从一个或多个表中选取符合某种条件的特定行和列，结果通常是生产一个临时表，还可以进行定义列别名、替换查询结果中的数据、计算列值的操作。

#### 1. 选择指定的列

使用 SELECT 语句选择一个表中的某些列，各列名之间要用逗号分隔，所有列用 "*" 表示，具体语法格式如下。

```
SELECT * | 列名1,列名2,... FROM 数据表名;
```

【例 6-11】查询数据库 ssms 的表 student 中所有学生的姓名、专业和总学分。

```
SELECT Name,Major,Total_Credit FROM student;
```

执行结果如图 6-11 所示。

从查询结果可以看出，SELECT 语句成功地查询出了表 student 中全部学生的 Name、Major 和 Total_Credit 列上的信息。

 **注意** 在 SELECT 语句的查询字段列表中，字段的顺序是可以改变的，无须按照其表中定义的顺序进行排列。例如，在 SELECT 语句中可将 Name 字段放在查询列表的最后。

### 2. 定义列别名

若希望查询结果中的列在显示时使用自定义的列名，则可以在列名之后使用 AS 子句，语法格式如下。

```
SELECT ...列名 [AS 列别名]
```

其中，AS 可以省略不写。同理，可以对查询的表定义别名，语法格式如下。

```
SELECT 数据表名 [AS 表别名]
```

【例 6-12】查询表 student 中软件工程专业学生的 Name、Major 和 Total_Credit 列的数据，结果中各列的标题分别指定为姓名、专业和总学分。

```
SELECT Name AS 姓名,Major AS 专业,Total_Credit AS 总学分
  FROM student
  WHERE Major='软件工程';
```

执行结果如图 6-12 所示。

| 图 6-11 | 图 6-12 |
|---|---|
| ```
mysql> SELECT Name,Major,Total_Credit FROM student;

+----------+----------+--------------+
| Name     | Major    | Total_Credit |
+----------+----------+--------------+
| 黄飞      | 信息安全  |           50 |
| 江康      | 信息安全  |           50 |
| 蒋景香    | 信息安全  |           50 |
| 冯淼飞    | 信息安全  |           50 |
| 古世瑜    | 信息安全  |           50 |
| 谢坤      | 信息安全  |           54 |
| 丁卓恒    | 信息安全  |           52 |
| 钱文奇    | 信息安全  |           50 |
| 吕彦眉    | 信息安全  |           50 |
| 方琦      | 信息安全  |           50 |
| 程凤      | 信息安全  |           48 |
| 熊毅      | 软件工程  |           42 |
| 王烈鹏    | 软件工程  |           40 |
| 罗娇琳    | 软件工程  |           42 |
| 李宁      | 软件工程  |           42 |
| 冉镇龙    | 软件工程  |           44 |
| 屈平      | 软件工程  |           42 |
| 陈韦继    | 软件工程  |           42 |
| 汪柳      | 软件工程  |           42 |
| 王雯雯    | 软件工程  |           42 |
| 郭丹      | 软件工程  |           50 |
+----------+----------+--------------+
21 rows in set (0.00 sec)
``` | ```
mysql> SELECT Name AS 姓名,Major AS 专业,Total_Credit AS 总学分
    ->   FROM student
    ->   WHERE Major='软件工程';

+--------+----------+----------+
| 姓名    | 专业      | 总学分    |
+--------+----------+----------+
| 熊毅    | 软件工程  |       42 |
| 王烈鹏  | 软件工程  |       40 |
| 罗娇琳  | 软件工程  |       42 |
| 李宁    | 软件工程  |       42 |
| 冉镇龙  | 软件工程  |       44 |
| 屈平    | 软件工程  |       42 |
| 陈韦继  | 软件工程  |       42 |
| 汪柳    | 软件工程  |       42 |
| 王雯雯  | 软件工程  |       42 |
| 郭丹    | 软件工程  |       50 |
+--------+----------+----------+
10 rows in set (0.00 sec)
``` |
| 图 6-11　表 student 中所有学生的姓名、专业和总学分 | 图 6-12　查询自定义别名结果 |

从查询结果可以看到，显示的是指定的别名，而不是表 student 中的原有列名。

当自定义的列标题中含有空格时，必须使用列引号将标题引起来，例如:

```
SELECT Name AS '姓　名',Major AS '专　业',Total_Credit AS '总学分'
  FROM student
  WHERE Major='软件工程';
```

不允许在 WHERE 子句中使用列别名。这是因为在执行 WHERE 子句部分的代码时，可能尚未确定列值。例如，以下查询是非法的。

```
SELECT Sex AS 性别
  FROM student
  WHERE 性别=1;
```

### 3. 替换查询结果中的数据

要替换查询结果中的数据，需要使用查询中的 CASE 表达式，语法格式如下：

```
CASE
  WHEN 条件 1 THEN 表达式 1
  WHEN 条件 2 THEN 表达式 2
  ...
  ELSE 表达式 n
END
```

【例 6-13】查询表 student 中软件工程专业各学生的学号、姓名和总学分，并对总学分按如下规则进行替换：若总学分为空值，则替换为“尚未选课！”；若总学分小于 41，则替换为“不及格！”；若总学分为 41~49（包括 41 和 49），则替换为“合格”；若总学分大于 50，则替换为“优秀”；总学分列的标题更改为“成绩等级”。

替换操作代码如下。

```
SELECT S_ID,Name,
  CASE
    WHEN Total_Credit IS NULL THEN '尚未选课！'
    WHEN Total_Credit <41 THEN '不及格！'
    WHEN Total_Credit >=41 AND Total_Credit <=49 THEN '合格'
    ELSE '优秀'
    END AS 成绩等级
  FROM student WHERE Major='软件工程';
```

执行结果如图 6-13 所示。

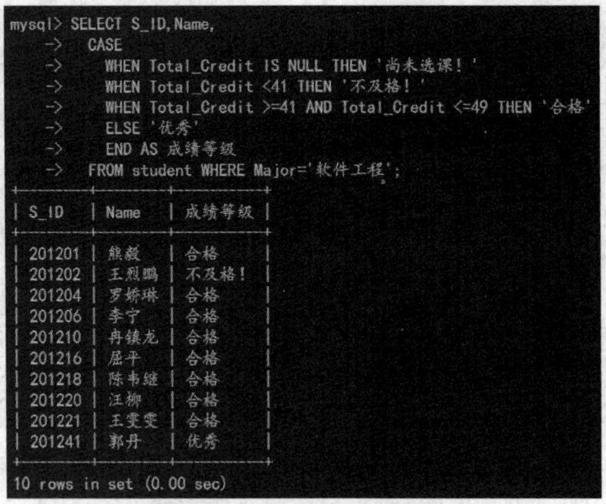
```
mysql> SELECT S_ID,Name,
    ->   CASE
    ->     WHEN Total_Credit IS NULL THEN '尚未选课！'
    ->     WHEN Total_Credit <41 THEN '不及格！'
    ->     WHEN Total_Credit >=41 AND Total_Credit <=49 THEN '合格'
    ->     ELSE '优秀'
    ->     END AS 成绩等级
    ->   FROM student WHERE Major='软件工程';
+--------+--------+----------+
| S_ID   | Name   | 成绩等级 |
+--------+--------+----------+
| 201201 | 熊毅   | 合格     |
| 201202 | 王烈鹏 | 不及格！ |
| 201204 | 罗娇琳 | 合格     |
| 201206 | 李宁   | 合格     |
| 201210 | 冉镇龙 | 合格     |
| 201216 | 屈平   | 合格     |
| 201218 | 陈韦继 | 合格     |
| 201220 | 汪柳   | 合格     |
| 201221 | 王雯雯 | 合格     |
| 201241 | 郭丹   | 优秀     |
+--------+--------+----------+
10 rows in set (0.00 sec)
```

图 6-13 替换结果

从查询结果可以看到，CASE 是要替换显示值的字段，也是替换语句的开始，WHEN 是条件或实际值，THEN 是替换值，ELSE 是当查询结果字段值的实际值不满足前面所有条件时显示的替换值，END 是替换语句结束的标志。

**4. 计算列值**

SELECT 的输出列可使用表达式，语法格式如下。

```
SELECT 表达式...
```

【例 6-14】按 150 分制重新计算成绩，显示表 elective 中学号为 201101 的学生成绩信息。

```
SELECT S_ID,C_ID,Grade*1.5 AS 成绩 150
  FROM elective
  WHERE S_ID=201101;
```

执行结果如图 6-14 所示。

可以看出，通过表达式的方式显示列名，是将表 elective 中的学分乘以 1.5 倍后显示的，此法只做显示，不更改表 elective 中的数据值。

**5. 消除结果集中的重复行**

当只选择表的某些列时，输出的结果可能会出现重复行。可以使用关键字 DISTINCT 或 DISTINCTROW 消除结果集中的重复行，语法格式如下。

```
SELECT DISTINCT | DISTINCTROW 列名...
```

【例 6-15】只选择数据库 ssms 表 student 中的专业和总学分，并消除结果集中的重复行进行显示。

```
SELECT DISTINCT Major,Total_Credit
  FROM student;
```

执行结果如图 6-15 所示。

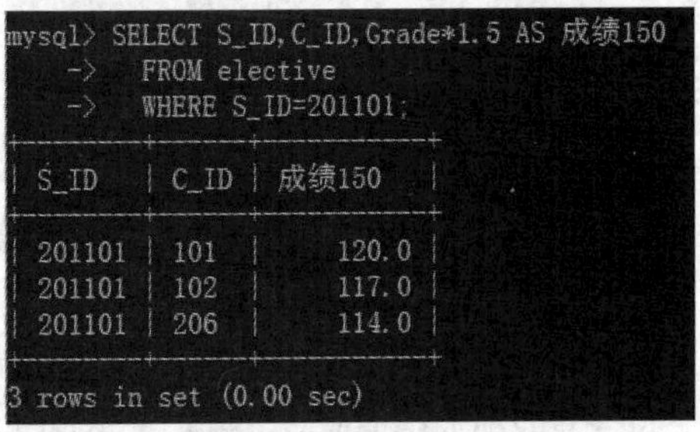

```
mysql> SELECT S_ID,C_ID,Grade*1.5 AS 成绩150
    ->   FROM elective
    ->   WHERE S_ID=201101;
+--------+------+---------+
| S_ID   | C_ID | 成绩150 |
+--------+------+---------+
| 201101 | 101  |   120.0 |
| 201101 | 102  |   117.0 |
| 201101 | 206  |   114.0 |
+--------+------+---------+
3 rows in set (0.00 sec)
```

图 6-14　重新计算结果

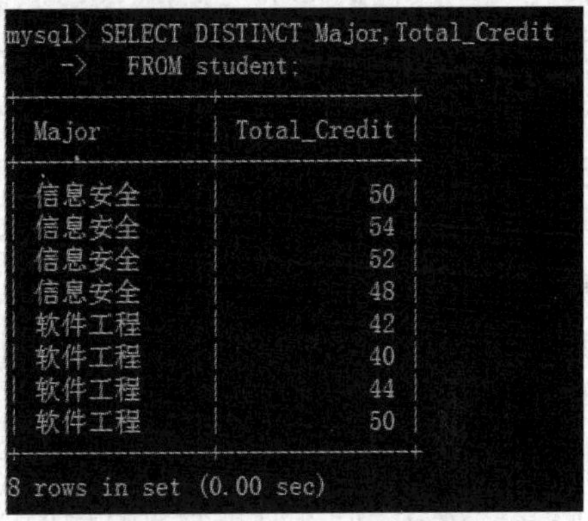

```
mysql> SELECT DISTINCT Major,Total_Credit
    ->   FROM student;
+----------+--------------+
| Major    | Total_Credit |
+----------+--------------+
| 信息安全 |           50 |
| 信息安全 |           54 |
| 信息安全 |           52 |
| 信息安全 |           48 |
| 软件工程 |           42 |
| 软件工程 |           40 |
| 软件工程 |           44 |
| 软件工程 |           50 |
+----------+--------------+
8 rows in set (0.00 sec)
```

图 6-15　消除重复行

从查询结果可以看到，这次查询只返回了 8 条记录，相同的值将不再重复显示。只有关键字 DISTINCT 后指定的多个字段值都相同，才会被认作重复记录。

## 任务 6.2.2　使用数据来源——FROM 子句

FROM 子句可以指定 SELECT 查询的对象。

用户可以用两种方式引用表。

第一种方式是使用 USE 语句让一个数据库成为当前数据库，FROM 子句中指定的数据表名应该属于当前数据库，如果要对多个表的数据进行查询，则后面写上多个数据表名，数据表名间用逗号分隔。

语法格式如下。

```
USE 数据库名;
SELECT * FROM 数据表名1,数据表名2,...;
```

第二种方式是指定数据表名前带上表所属数据库的名字。

例如，假设当前数据库是 dba，现在要显示数据库 dbb 中表 st 的内容，可使用如下语句。

```
SELECT * FROM dbb.st;
```

当然，在使用 SELECT 指定列名时也可以在列名前带上其所属数据库和表的名字，但是一般来说，如果选择的字段在各表中是唯一的，就没有必要特别指定。

## 任务 6.2.3　使用查询条件——WHERE 子句

WHERE 子句的语法格式如下。

```
WHERE 条件
```

条件的格式如下。

```
表达式 <比较运算符> 表达式                                  #比较运算
| 逻辑表达式 <逻辑运算符> 逻辑表达式
| 表达式 [ NOT ] LIKE 表达式 [ESCAPE 'esc字符']            #LIKE运算符
| 表达式 [ NOT ] [REGEXP | RLIKE ] 表达式                  #REGEXP运算符
| 表达式 [ NOT ] BETWEEN 表达式 AND 表达式                 #指定范围
| 表达式 IS [ NOT ] NULL                                   #是否空值判断
| 表达式 [ NOT ] IN ( 子查询 | 表达式 [,...n] )            #IN子句
| 表达式 <比较运算符> { ALL | SOME | ANY } ( 子查询)       #比较子查询
| EXIST ( 子查询)                                          #EXIST子查询
```

WHERE 子句会根据条件对 FROM 子句一行行地进行判断，当条件为 TRUE 时，这一行就被包含到 WHERE 子句的中间结果中。

关键字 IN 既可以指定范围，也可以表示子查询。在 SQL 中，返回逻辑值（TRUE 或 FALSE）的运算符或关键字都可称为谓词。

判定运算包括比较运算、模式匹配、范围比较、空值比较等。

### 1. 比较运算

比较运算符用于比较两个表达式值，当两个表达式值均不为空值时，比较运算返回逻辑值 TRUE（真）或 FALSE（假）；而当两个表达式值中有一个为空值或都为空值时，将返回 UNKNOWN。

MySQL 支持的比较运算符有：=（等于）、<（小于）、<=（小于等于）、>（大于）、>=（大于等于）、<=>（相等或都等于空）、<>（不等于）、!=（不等于）。

【例 6-16】查询数据库 ssms 表 student 中学号为 201101 的学生的情况。

```
SELECT Name,S_ID,Total_Credit
  FROM student
  WHERE S_ID=201101;
```

执行结果如图 6-16 所示。

【例 6-17】查询表 student 中总学分大于 50 分的学生的情况。

```
SELECT Name,S_ID,Birthday,Total_Credit
  FROM student
  WHERE Total_Credit>50;
```

执行结果如图 6-17 所示。

```
mysql> SELECT Name,S_ID,Total_Credit
    ->     FROM student
    ->     WHERE S_ID=201101;
+------+--------+--------------+
| Name | S_ID   | Total_Credit |
+------+--------+--------------+
| 黄飞 | 201101 |           50 |
+------+--------+--------------+
1 row in set (0.00 sec)
```

图 6-16　学号为 201101 的学生的情况

```
mysql> SELECT Name,S_ID,Birthday,Total_Credit
    ->     FROM student
    ->     WHERE Total_Credit>50;
+------+--------+------------+--------------+
| Name | S_ID   | Birthday   | Total_Credit |
+------+--------+------------+--------------+
| 谢坤 | 201107 | 2003-05-01 |           54 |
| 丁卓恒 | 201108 | 2002-08-05 |           52 |
+------+--------+------------+--------------+
2 rows in set (0.00 sec)
```

图 6-17　总学分大于 50 分的学生的情况

MySQL 有一个特殊的等于运算符"<=>"，当两个表达式彼此相等或都等于空值时，它就返回 TRUE，其中有一个空值或都是非空值但不相等时，就返回 FALSE。其中没有 UNKNOWN 的情况。

【例 6-18】查询表 student 中备注为空的学生的情况。

```
SELECT Name,S_ID,Birthday,Total_Credit,Note
  FROM student
  WHERE Note <=>null;
```

可以通过逻辑运算符（AND、OR、XOR 和 NOT）组成更为复杂的查询条件。

例如，查询表 student 中专业为信息安全、性别为女（Sex=0）的学生的情况，可以使用如下代码。

```
SELECT Name,S_ID,Major,sex,Total_Credit
  FROM student
  WHERE Major='信息安全' AND Sex=0;
```

执行结果如图 6-18 所示。

从查询结果可以看到，使用 AND 运算符来连接两个表达式表示同时满足两个条件。

### 2. 模式匹配

在操作过程中经常有模糊匹配某个字段的需求，例如，按某个名字匹配，但用户可能只记得部分，没记住全名，如果能支持模糊匹配，用户体验就会好很多。MySQL 提供了标准 SQL 模式匹配以及一种基于扩展正则表达式的模式匹配。

微课 6-3

模式匹配

（1）LIKE 运算符

LIKE 运算用于指出一个字符串是否与指定的字符串相匹配，其运算对象可以是 CHAR、VARCHAR、TEXT、DATETIME 等类型的数据，返回逻辑值 TRUE 或 FALSE。

LIKE 运算符的语法格式如下。

```
表达式 [ NOT ] LIKE 表达式[ ESCAPE ' esc字符']
```

使用 LIKE 运算符进行模式匹配时，常使用特殊符号"_"和"%"进行模糊查询。"%"代表 0 个或多个字符，"_"代表单个字符。

MySQL 默认不区分大小写，要区分大小写时需要更换字符集的校对规则。

【例 6-19】查询数据库 ssms 表 student 中姓"王"的学生的学号、姓名及性别。

```
SELECT Name,S_ID,sex
  FROM student
  WHERE Name LIKE '王%';
```

执行结果如图 6-19 所示。

```
mysql> SELECT Name,S_ID,Major,sex,Total_Credit
    ->     FROM student
    ->     WHERE Major='信息安全' AND Sex=0;
+--------+--------+----------+-----+--------------+
| Name   | S_ID   | Major    | sex | Total_Credit |
+--------+--------+----------+-----+--------------+
| 蒋景香 | 201103 | 信息安全 |   0 |           50 |
| 吕彦眉 | 201110 | 信息安全 |   0 |           50 |
| 方埼   | 201111 | 信息安全 |   0 |           50 |
| 程凤   | 201113 | 信息安全 |   0 |           48 |
+--------+--------+----------+-----+--------------+
4 rows in set (0.00 sec)
```

图 6-18　表 student 中专业为信息安全、性别为女的学生的情况

```
mysql> SELECT Name,S_ID,sex
    ->     FROM student
    ->     WHERE Name LIKE '王%';
+--------+--------+-----+
| Name   | S_ID   | sex |
+--------+--------+-----+
| 王烈鸥 | 201202 |   1 |
| 王雯雯 | 201221 |   0 |
+--------+--------+-----+
2 rows in set (0.00 sec)
```

图 6-19　表 student 中姓"王"的学生

从查询结果可以看到，返回的 Name 列值均以字符"王"开头，后面可以跟任意数量的字符。

【例 6-20】查询数据库 ssms 表 student 中，学号倒数第二个数字为 0 的学生的学号、姓名及专业。

```
SELECT Name,S_ID,Major
  FROM student
  WHERE S_ID like '%0_';
```

执行结果如图 6-20 所示。

如果想查找特殊符号（_和%）中的一个或全部，则必须使用一个转义字符。

【例 6-21】查询数据库 ssms 表 student 中名字包含下划线的学生的学号和姓名。

```
SELECT Name,S_ID,Major
  FROM student
  WHERE S_ID LIKE '%#_%' ESCAPE '#';
```

由于没有学生满足这个条件，所以这里没有结果返回。将"#"定义为转义字符以后，语句中在"#"后面的"_"就失去了它原来特殊的意义。

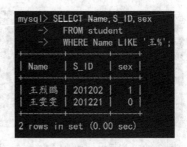

```
mysql> SELECT Name,S_ID,Major
    ->     FROM student
    ->     WHERE S_ID like '%0_';
+--------+--------+----------+
| Name   | S_ID   | Major    |
+--------+--------+----------+
| 黄飞   | 201101 | 信息安全 |
| 江康   | 201102 | 信息安全 |
| 蒋景香 | 201103 | 信息安全 |
| 冯森飞 | 201104 | 信息安全 |
| 古世瑜 | 201106 | 信息安全 |
| 谢坤   | 201107 | 信息安全 |
| 丁卓恒 | 201108 | 信息安全 |
| 钱文奇 | 201109 | 信息安全 |
| 熊毅   | 201201 | 软件工程 |
| 王烈鸥 | 201202 | 软件工程 |
| 罗娇琳 | 201204 | 软件工程 |
| 李宁   | 201206 | 软件工程 |
+--------+--------+----------+
12 rows in set (0.00 sec)
```

图 6-20　学号倒数第二个数字为 0 的学生

（2）REGEXP 运算符

REGEXP 运算符用来执行更复杂的字符串比较运算。REGEXP 是正则表达式的缩写，但它不是 SQL 标准的一部分。REGEXP 运算符的一个同义词是 RLIKE。

REGEXP 运算符的语法格式如下。

```
表达式 [ NOT ] [REGEXP | RLIKE ] 表达式
```

REGEXP 运算符的特殊字符的含义如表 6-2 所示。

表 6-2　REGEXP 运算符的特殊字符的含义

| 特殊字符 | 含义 | 特殊字符 | 含义 |
|---|---|---|---|
| ^ | 匹配字符串的开始部分 | [abc] | 匹配方括号中出现的字符串 abc |
| $ | 匹配字符串的结束部分 | [a~z] | 匹配方括号中出现的 a~z 的一个字符 |
| . | 匹配任何一个字符（包括回车和换行） | [^a~z] | 匹配方括号中出现的不在 a~z 的一个字符 |
| * | 匹配星号之前的 0 个或多个字符的任何序列 | \| | 匹配符号左边或右边出现的字符串 |

续表

| 特殊字符 | 含义 | 特殊字符 | 含义 |
|---|---|---|---|
| + | 匹配加号之前的 1 个或多个字符的任何序列 | [[..]] | 匹配方括号中出现的符号（如空格、换行、括号、句号、冒号、加号、连字符等） |
| ? | 匹配问号之前 0 个或多个字符 | [[:<:]]和[[:>:]] | 匹配一个单词的开始和结束 |
| {n} | 匹配括号前的内容出现 *n* 次的序列 | [[::]] | 匹配方括号中出现的字符中的任意一个字符 |
| () | 匹配括号中的内容 | | |

【例 6-22】查询姓"王"的学生的学号、姓名和专业。

```
SELECT Name,S_ID,Major
  FROM student
  WHERE Name REGEXP '^王';
```

执行结果如图 6-21 所示。

【例 6-23】查询学号包含 5、6、7 的学生的学号、姓名和专业。

```
SELECT Name,S_ID,Major
  FROM student
  WHERE S_ID REGEXP '[5,6,7]';
```

执行结果如图 6-22 所示。

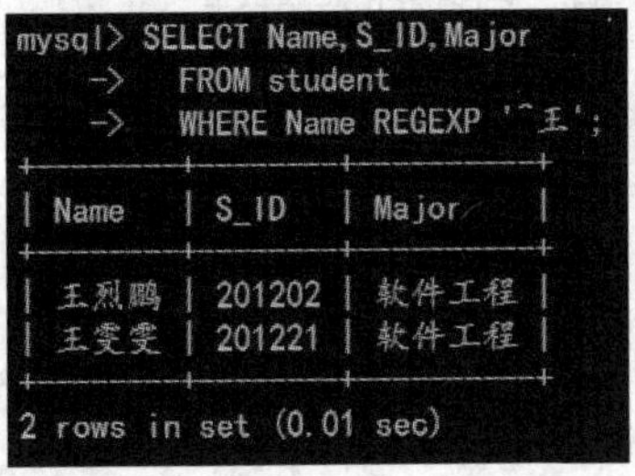

图 6-21 姓"王"的学生的学号、姓名和专业

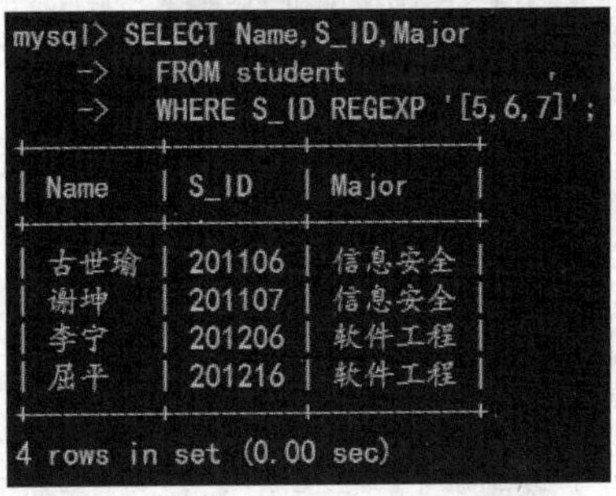

图 6-22 学号包含 5、6、7 的学生

【例 6-24】查询学号以"20"开头，以"18"结尾的学生的学号、姓名和专业。

```
SELECT Name,S_ID,Major
  FROM student
  WHERE S_ID REGEXP '^20.*18$';
```

执行结果如图 6-23 所示。

星号表示匹配位于其前面的字符，在这个例子中，星号前面是点，点表示任意一个字符，所以".*"结构表示一组任意的字符。

### 3. 范围比较

用于范围比较的关键字有两个：BETWEEN 和 IN。

① 当要查询的条件是某个范围时，可以使用关键字 BETWEEN 指出查询范围，其语法格式如下。

```
表达式 [ NOT ] BETWEEN 表达式 1 AND 表达式 2
```

**109**

当不使用 NOT 时，若表达式的值在表达式 1 与表达式 2 之间（包括这两个值），则返回 TRUE，否则返回 FALSE；使用 NOT 时，返回值刚好相反。注意表达式 1 的值不能大于表达式 2 的值。

② 使用关键字 IN 可以指定一个值表，值表中列出所有可能的值，当表达式与值表中的任意一个值匹配时，即返回 TRUE，否则返回 FALSE。使用关键字 IN 指定值表的语法格式如下。

```
表达式 IN (表达式 1 [,...表达式 n])
```

【例 6-25】查询数据库 ssms 表 student 中 2003 年出生的学生情况。

```
SELECT S_ID,Name,Major,Birthday
  FROM student
  WHERE Birthday BETWEEN '2003-01-01' AND '2003-12-31';
```

执行结果如图 6-24 所示。

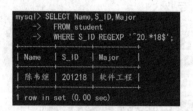

图 6-23　学号以 20 开头、以 18 结尾的学生

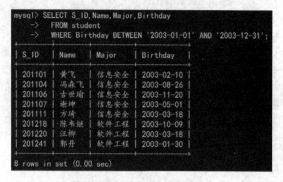

图 6-24　2003 年出生的学生

从查询结果可以看到，查出了 Birthday 列值在 2003-01-01 与 2003-12-31 之间的所有记录。

【例 6-26】查询表 student 中专业为"信息安全"或"软件工程"的学生的情况。

```
SELECT *
  FROM student
  WHERE Major IN ('信息安全','软件工程');
```

上述语句与如下语句等价。

```
SELECT *
  FROM student
  WHERE Major='信息安全' OR Major='软件工程';
```

关键字 IN 最主要的作用是表达子查询。

### 4. 空值比较

当需要判定一个表达式的值是否为空值时，可使用关键字 IS NULL，其语法格式如下。

```
表达式 IS [NOT] NULL
```

当不使用 NOT 时，若表达式的值为空值，则返回 TRUE，否则返回 FALSE；当使用 NOT 时，结果刚好相反。

【例 6-27】查询表 student 中有备注（备注不为空）的学生的情况。

```
SELECT *
  FROM student
  WHERE Note IS NOT NULL;
```

执行结果如图 6-25 所示。

```
mysql> SELECT *
    -> FROM student
    -> WHERE Note IS NOT NULL;
```

| S_ID | Name | Major | Sex | Birthday | Total_Credit | Photo | Note |
|------|------|-------|-----|----------|--------------|-------|------|
| 201107 | 谢坤 | 信息安全 | 1 | 2003-05-01 | 54 | NULL | 提前修完《数据结构》,并获学分 |
| 201108 | 丁卓恒 | 信息安全 | 1 | 2002-08-05 | 52 | NULL | 已提前修完一门课 |
| 201110 | 吕彦恒 | 信息安全 | 0 | 2004-07-22 | 50 | NULL | 三好学生 |
| 201113 | 程凤 | 信息安全 | 1 | 2002-08-11 | 48 | NULL | 有一门不及格,待补考 |
| 201202 | 王烈鹏 | 软件工程 | 1 | 2002-01-29 | 40 | NULL | 有一门不及格,待补考 |
| 201210 | 冉镇龙 | 软件工程 | 1 | 2002-05-01 | 44 | NULL | 已提前修完一门课,并获学分 |
| 201241 | 郭丹 | 软件工程 | 0 | 2003-01-30 | 50 | NULL | 转专业学习 |

```
7 rows in set (0.00 sec)
```

图 6-25　表 student 中备注不为空的学生的情况

## 任务 6.2.4　使用分组——GROUP BY 子句

GROUP BY 子句主要用于根据字段对记录进行分组。

其语法格式如下。

微课 6-4

GROUP BY 子句

```
GROUP BY{列名|表达式}[ASC|DESC], ...[WITH ROLLUP]
```

该子句可以根据一个或多个列进行分组，也可以根据表达式进行分组，经常和聚合函数一起使用。GROUP BY 子句可以在列的后面指定 ASC（升序）或 DESC（降序）。

ROLLUP 指定在结果集内不仅包含正常行，还包含汇总行。

【例 6-28】查询各专业及其学生数。

```
SELECT Major,COUNT(*) AS '学生人数'
  FROM student
  GROUP BY Major;
```

执行结果如图 6-26 所示。

从查询结果可以看到,GROUP BY 子句对表 student 中的 Major 字段按照不同值进行了分组,并通过 COUNT()函数统计出 Major 字段值为"信息安全"的记录有 11 条。Major 字段值为"软件工程"的记录有 10 条。

【例 6-29】求被选修的各门课程的平均成绩和选修该课程的人数。

```
SELECT C_ID,avg(Grade) AS '平均成绩',COUNT(S_ID) AS '选修人数'
  FROM elective
  GROUP BY C_ID;
```

执行结果如图 6-27 所示。

从查询结果可以看到,GROUP BY 子句对表 elective 按照 C_ID 字段中的不同值进行了分组,并通过 AVG()函数对 C_ID 字段值为课程 101 进行平均值计算,通过 COUNT()函数统计出选修课程 101 的学生有 20 个,其他课程类似。

```
mysql> SELECT Major,COUNT(*) AS '学生人数'
    -> FROM student
    -> GROUP BY Major;
```

| Major | 学生人数 |
|-------|--------|
| 信息安全 | 11 |
| 软件工程 | 10 |

```
2 rows in set (0.00 sec)
```

```
mysql> SELECT C_ID,avg(Grade) AS '平均成绩',COUNT(S_ID) AS '选修人数'
    -> FROM elective
    -> GROUP BY C_ID;
```

| C_ID | 平均成绩 | 选修人数 |
|------|---------|--------|
| 101 | 78.6500 | 20 |
| 102 | 77.0000 | 11 |
| 206 | 75.4545 | 11 |

```
3 rows in set (0.00 sec)
```

图 6-26　各专业及其学生人数　　　　图 6-27　被选修的各门课程的平均成绩和选修该课程的人数

【例 6-30】查询每个专业的男生人数、女生人数、总人数以及学生总人数。

```
SELECT Major,Sex,COUNT(*) AS '人数'
  FROM student
  GROUP BY Major,Sex
    WITH ROLLUP;
```

执行结果如图 6-28 所示。

从查询结果可以看到，【例 6-30】根据专业和性别将表 student 分为了 4 组，使用 ROLLUP 后，先对 Sex 字段产生了汇总行（针对专业相同的记录），然后对专业名与性别均不同的值产生了汇总行。所产生的汇总行中对应具有不同列值的字段值将置为 NULL。

不带 ROLLUP 关键字的 GROUP BY 子句如下。

```
SELECT Major,Sex,COUNT(*) AS '人数'
  FROM student
  GROUP BY Major,Sex;
```

执行结果如图 6-29 所示。

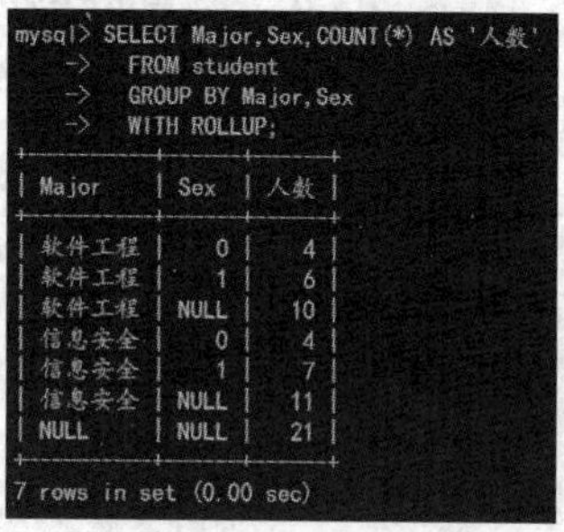

图 6-28  每个专业的男生人数、女生人数、
总人数以及学生总人数

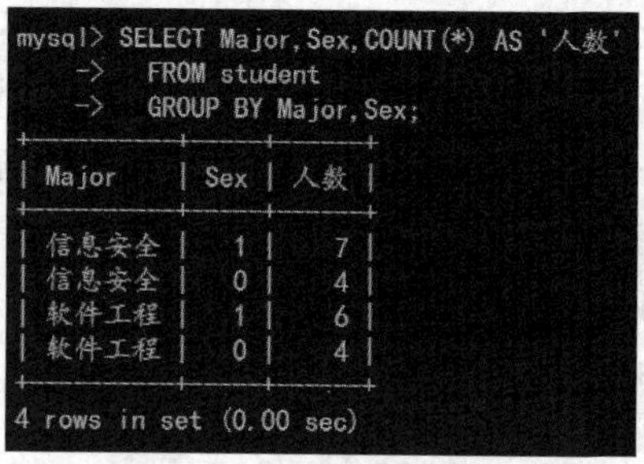

图 6-29  不带 ROLLUP 关键字的 GROUP BY 子句

从查询结果可以看出，使用不带 ROLLUP 关键字的 GROUP BY 子句，将不对汇总行进行统计，只对有效行进行统计。

【例 6-31】在数据库 ssms 上产生一个结果集，包括各门课程各专业的平均成绩、每门课程的总平均成绩和所有课程的总平均成绩。

```
SELECT C_Name,Major,AVG(Grade) AS '平均成绩'
  FROM student,course,elective
WHERE student.S_ID=elective.S_ID AND elective.C_ID=course.C_ID
  GROUP BY C_Name,Major
    WITH ROLLUP;
```

执行结果如图 6-30 所示。

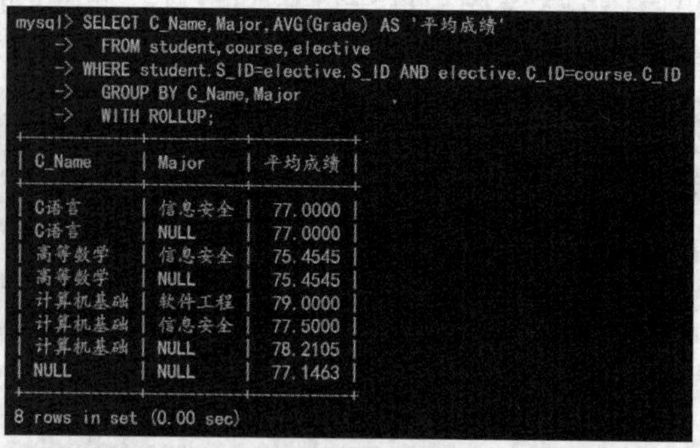

图 6-30  各门课程各专业的平均成绩、每门课程的总平均成绩和所有课程的总平均成绩

## 任务 6.2.5 使用分组条件——HAVING 子句

使用 HAVING 子句的目的与 WHERE 子句类似，不同的是 WHERE 子句用来在 FROM 子句之后选择行，而 HAVING 子句用来在 GROUP BY 子句之后选择行。

其语法格式如下。

```
HAVING 条件
```

其中，条件的定义和 WHERE 子句中的条件类似，不过 HAVING 子句中的条件可以包含聚合函数，而 WHERE 子句则不可以。SQL 标准要求 HAVING 子句必须引用 GROUP BY 子句中的列或用于聚合函数中的列。MySQL 允许 HAVING 子句引用 SELECT 查询结果中的列和外部子查询中的列。

【例 6-32】查询平均成绩在 85 分及以上的学生的学号和平均分。

```
SELECT S_ID,AVG(Grade) AS '平均分'
  FROM elective
  GROUP BY S_ID
  HAVING AVG(Grade)>=85;
```

执行结果如图 6-31 所示。

查询结果是按学号进行分组并显示平均分在 85 分及以上的学生信息的。

【例 6-33】查询选修课程超过两门且成绩都在 85 分及以上的学生的学号。

```
SELECT S_ID
  FROM elective
  WHERE Grade>=85
  GROUP BY S_ID
  HAVING COUNT(*)>2;
```

执行结果如图 6-32 所示。

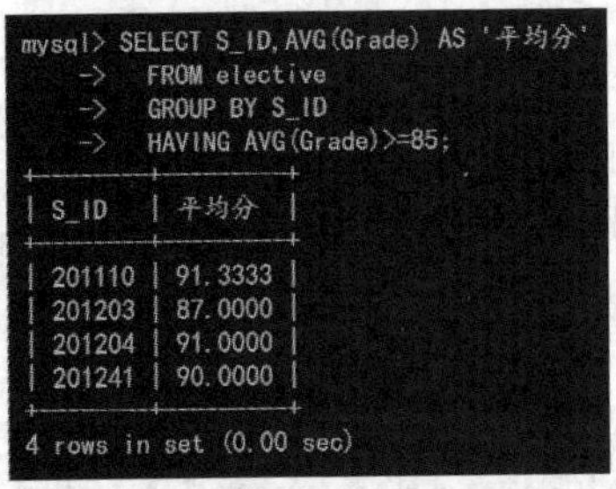

```
mysql> SELECT S_ID,AVG(Grade) AS '平均分'
    -> FROM elective
    -> GROUP BY S_ID
    -> HAVING AVG(Grade)>=85;
+--------+---------+
| S_ID   | 平均分  |
+--------+---------+
| 201110 | 91.3333 |
| 201203 | 87.0000 |
| 201204 | 91.0000 |
| 201241 | 90.0000 |
+--------+---------+
4 rows in set (0.00 sec)
```

图 6-31 平均成绩在 85 分及以上的学生

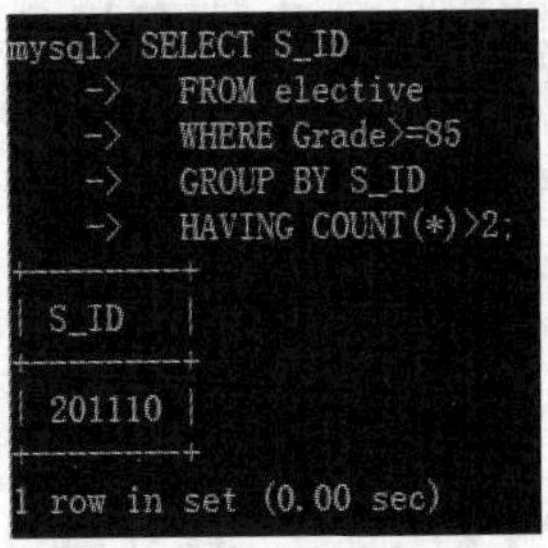

```
mysql> SELECT S_ID
    -> FROM elective
    -> WHERE Grade>=85
    -> GROUP BY S_ID
    -> HAVING COUNT(*)>2;
+--------+
| S_ID   |
+--------+
| 201110 |
+--------+
1 row in set (0.00 sec)
```

图 6-32 选修课程超过两门且成绩都在 85 分及以上的学生的学号

【例 6-34】查询软件工程专业平均成绩在 80 分以上的学生的学号和平均成绩。

```
SELECT S_ID,AVG(Grade) AS '平均成绩'
  FROM elective
  WHERE S_ID IN
    (SELECT S_ID
      FROM student
      WHERE Major='软件工程'
    )
  GROUP BY S_ID
```

```
        HAVING AVG(Grade)>80;
```

执行结果如图 6-33 所示。

先执行 WHERE 子句中的查询，得到软件工程专业所有学生的学号集；然后判断表 elective 中每条记录的 S_ID 字段值是否在求得的学号集中。若否，则跳过该记录，继续处理下一条记录；若是，则将其加入 WHERE 的结果集。对表 elective 进行筛选后，先按学号分组，再在各分组记录中选出平均成绩大于 80 分的记录，形成最后的结果集。

图 6-33　软件工程专业平均成绩在 80 分以上的学生的学号和平均成绩

## 任务 6.2.6　使用排序——ORDER BY 子句

使用 SELECT 语句查询出来的数据可能是无序的，如果不使用 ORDER BY 子句，则结果中行的顺序不一定是用户所期望的。使用 ORDER BY 子句后可以保证结果中的行按一定顺序排列。

ORDER BY 子句的语法格式如下。

```
ORDER BY { 列名1 | 表达式1 | 顺序号1 } [ASC | DESC ], { 列名2 | 表达式2 | 顺序号2 } [ASC
| DESC ]...
```

在上面的语法格式中，指定的列名 1、列名 2 等是查询结果排序的依据。在排序过程中，先按照列名 1 进行排序，如果列名 1 的值相同，则按照列名 2 进行排序。参数 ASC 表示按照升序排列，DESC 表示按照降序排列。默认情况下，按照 ASC 方式排序。

【例 6-35】将软件工程专业的学生按出生日期的先后排序。

```
SELECT S_ID,Name,Major,Birthday
  FROM student
  WHERE Major='软件工程'
  ORDER BY Birthday;
```

执行结果如图 6-34 所示。

从查询结果可以看到，返回的记录按照 ORDER BY 指定的字段 Birthday 进行排序，并且默认是按升序排列。

如果将 ORDER BY Birthday 改为 ORDER BY 4，则结果相同。因为 SELECT 后的第 4 列是 Birthday。

【例 6-36】将信息安全专业学生的高等数学课程成绩按降序排列。

```
SELECT Name,C_Name,Major,Grade
```

```
  FROM student,elective,course
  WHERE student.S_ID=elective.S_ID
 AND elective.C_ID=course.C_ID
 AND Major='信息安全'
 AND C_Name='高等数学'
  ORDER BY Grade DESC;
```

执行结果如图 6-35 所示。

```
mysql> SELECT S_ID,Name,Major,Birthday
    ->   FROM student
    ->   WHERE Major='软件工程'
    ->   ORDER BY Birthday;
+--------+--------+----------+------------+
| S_ID   | Name   | Major    | Birthday   |
+--------+--------+----------+------------+
| 201202 | 王烈鹏 | 软件工程 | 2002-01-29 |
| 201204 | 罗娇琳 | 软件工程 | 2002-02-10 |
| 201216 | 屈平   | 软件工程 | 2002-03-09 |
| 201210 | 冉镇龙 | 软件工程 | 2002-05-01 |
| 201201 | 熊毅   | 软件工程 | 2002-06-10 |
| 201206 | 李宁   | 软件工程 | 2002-09-20 |
| 201221 | 王雯雯 | 软件工程 | 2002-11-12 |
| 201241 | 郭丹   | 软件工程 | 2003-01-30 |
| 201220 | 汪柳   | 软件工程 | 2003-03-18 |
| 201218 | 陈韦继 | 软件工程 | 2003-10-09 |
+--------+--------+----------+------------+
10 rows in set (0.00 sec)
```

图 6-34　软件工程专业的学生按出生日期的先后排序

```
mysql> SELECT Name,C_Name,Major,Grade
    ->   FROM student,elective,course
    ->   WHERE student.S_ID=elective.S_ID
    ->     AND elective.C_ID=course.C_ID
    ->     AND Major='信息安全'
    ->     AND C_Name='高等数学'
    ->   ORDER BY Grade DESC;
+--------+----------+----------+-------+
| Name   | C_Name   | Major    | Grade |
+--------+----------+----------+-------+
| 吕彦眉 | 高等数学 | 信息安全 |    89 |
| 丁卓恒 | 高等数学 | 信息安全 |    87 |
| 蒋景香 | 高等数学 | 信息安全 |    81 |
| 古世瑜 | 高等数学 | 信息安全 |    80 |
| 江康   | 高等数学 | 信息安全 |    78 |
| 黄飞   | 高等数学 | 信息安全 |    76 |
| 方琦   | 高等数学 | 信息安全 |    76 |
| 钱文奇 | 高等数学 | 信息安全 |    70 |
| 谢坤   | 高等数学 | 信息安全 |    68 |
| 冯森飞 | 高等数学 | 信息安全 |    65 |
| 程凤   | 高等数学 | 信息安全 |    60 |
+--------+----------+----------+-------+
11 rows in set (0.00 sec)
```

图 6-35　信息安全专业学生高等数学课程成绩降序排列

从查询结果可以看到，在 ORDER BY 子句中使用了关键字 DESC，返回结果按 Grade 字段值降序排列。

ORDER BY 子句中还可以包含子查询。

【例 6-37】将信息安全专业学生按平均成绩升序排列。

```
SELECT S_ID,Name,Major
  FROM student
  WHERE Major='信息安全'
  Order By (SELECT AVG(Grade)
               FROM elective
               GROUP BY elective.S_ID
               HAVING student.S_ID=elective.S_ID
            );
```

执行结果如图 6-36 所示。

```
mysql> SELECT S_ID,Name,Major
    ->   FROM student
    ->   WHERE Major='信息安全'
    ->   Order By (SELECT AVG(Grade)
    ->               FROM elective
    ->               GROUP BY elective.S_ID
    ->               HAVING student.S_ID=elective.S_ID
    ->            );
+--------+--------+----------+
| S_ID   | Name   | Major    |
+--------+--------+----------+
| 201113 | 程凤   | 信息安全 |
| 201103 | 蒋景香 | 信息安全 |
| 201106 | 古世瑜 | 信息安全 |
| 201109 | 钱文奇 | 信息安全 |
| 201107 | 谢坤   | 信息安全 |
| 201101 | 黄飞   | 信息安全 |
| 201102 | 江康   | 信息安全 |
| 201108 | 丁卓恒 | 信息安全 |
| 201111 | 方琦   | 信息安全 |
| 201104 | 冯森飞 | 信息安全 |
| 201110 | 吕彦眉 | 信息安全 |
+--------+--------+----------+
11 rows in set (0.00 sec)
```

图 6-36　信息安全专业学生按平均成绩升序排列

从查询结果可以看到，在 ORDER BY 子句中使用了子查询，排序方式为按每位同学的平均成绩升序排列。

当对空值进行排序时，ORDER BY 子句会将空值作为最小值对待，故按升序排列时，将空值放在最上方，按降序排列时，将其放在最下方。

### 任务 6.2.7　使用输出行限制——LIMIT 子句

LIMIT 子句主要用于限制 SELECT 语句返回的记录数。

LIMIT 子句的语法格式如下。

```
LIMIT { [ 偏移量, ] 行数 }
```

在上面的语法格式中，LIMIT 后面可以跟两个参数。第一个参数用于表示偏移量，如果偏移量为 0，则从查询结果的第一条记录开始返回，偏移量为 1，则从查询结果的第二条记录开始返回，以此类推。如果不指定，则其默认值为 0。第二个参数“行数”表示返回查询记录的条数。

【例 6-38】查询表 student 中学号最小的前 5 位学生的信息。

```
SELECT *
  FROM student
  ORDER BY S_ID
  LIMIT 5;
```

执行结果如图 6-37 所示。

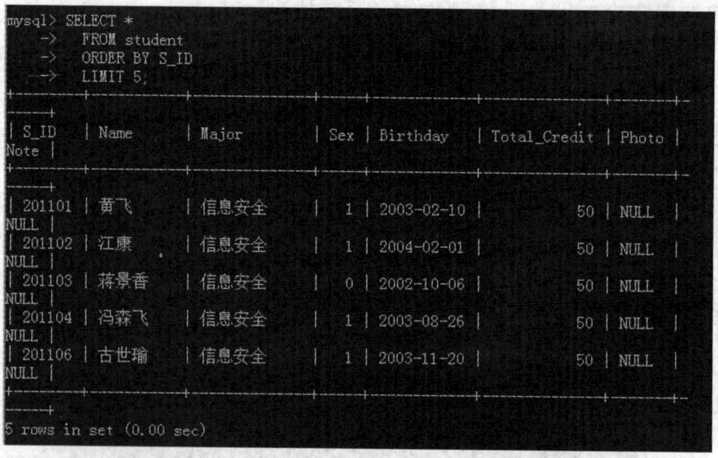

```
mysql> SELECT *
    ->   FROM student
    ->   ORDER BY S_ID
    ->   LIMIT 5;
+--------+--------+----------+-----+------------+--------------+-------+------+
| S_ID   | Name   | Major    | Sex | Birthday   | Total_Credit | Photo | Note |
+--------+--------+----------+-----+------------+--------------+-------+------+
| 201101 | 黄飞   | 信息安全 |   1 | 2003-02-10 |           50 | NULL  | NULL |
| 201102 | 江康   | 信息安全 |   1 | 2004-02-01 |           50 | NULL  | NULL |
| 201103 | 蒋景香 | 信息安全 |   0 | 2002-10-06 |           50 | NULL  | NULL |
| 201104 | 冯森飞 | 信息安全 |   1 | 2003-08-26 |           50 | NULL  | NULL |
| 201106 | 古世瑜 | 信息安全 |   1 | 2003-11-20 |           50 | NULL  | NULL |
+--------+--------+----------+-----+------------+--------------+-------+------+
5 rows in set (0.00 sec)
```

图 6-37　表 student 中学号最小的前 5 位学生的信息

从查询结果可以看到，执行语句中没有指定返回记录的偏移量，只指定了查询记录的条数为 5，因此从第一条记录开始返回，一共返回 5 条记录。

【例 6-39】查询表 student 中总学分排名第 4 至第 8 名的学生信息。

```
SELECT *
  FROM student
  ORDER BY Total_Credit DESC
  LIMIT 3,5;
```

执行结果如图 6-38 所示。

```
mysql> SELECT *
    -> FROM student
    -> ORDER BY Total_Credit DESC
    -> LIMIT 3,5;
+--------+--------+----------+-----+------------+--------------+-------+------+
| S_ID   | Name   | Major    | Sex | Birthday   | Total_Credit | Photo | Note |
+--------+--------+----------+-----+------------+--------------+-------+------+
| 201102 | 江康   | 信息安全 |   1 | 2004-02-01 |           50 | NULL  | NULL |
| 201103 | 蒋景香 | 信息安全 |   0 | 2002-10-06 |           50 | NULL  | NULL |
| 201104 | 冯森飞 | 信息安全 |   1 | 2003-08-26 |           50 | NULL  | NULL |
| 201106 | 古世瑜 | 信息安全 |   1 | 2003-11-20 |           50 | NULL  | NULL |
| 201109 | 钱文奇 | 信息安全 |   1 | 2002-08-11 |           50 | NULL  | NULL |
+--------+--------+----------+-----+------------+--------------+-------+------+
5 rows in set (0.00 sec)
```

图 6-38　表 student 中总学分排名第 4 至第 8 名的学生

从上面的执行语句可以看到，LIMIT 后面跟了两个参数，第一个参数表示偏移量为 3，即从第 4 条记录开始查询返回，第二个参数表示一共返回 5 条记录，即返回第 4 至第 8 条记录。使用 ORDER BY...DESC 使记录按照 Total_Credit 字段值从高到低的顺序排列，通过对比可以看到使用 LIMIT 查询的结果正好是总学分排名第 4 至第 8 位的学生记录。

为了与 PostgreSQL 兼容，MySQL 也支持“LIMIT 行数 OFFSET 偏移量”语法。所以如果将【例 6-39】中的 LIMIT 子句换成“limit 5 offset 3”，则得到的结果一样。

## 任务 6.3　使用多表查询实现数据查询

如果要在两个或两个以上表中查询数据，则必须在 FROM 子句中指定多个表来进行关联查询。将两个或两个以上表中不同列的数据组合到一个表中叫作表的连接。

根据查询方式的不同，关联查询可以分为多表连接查询和多表联合查询，其中多表连接查询包括交叉连接、内连接和外连接。

### 任务 6.3.1　使用交叉连接

指定了关键字 CROSS JOIN 的连接是交叉连接。交叉连接即笛卡儿乘积，是指两个表中所有元组的任意组合。

交叉连接的语法格式如下。

```
SELECT 列名 1,... FROM 表 1 CROSS JOIN 表 2;
```

在不包含连接条件时，交叉连接结果表是由第一个表的每一行与第二个表的每一行拼接后形成的，因此结果表的行数等于两个表的行数之积。例如，表 student 中有 21 条记录，表 course 中有 9 条记录，那么交叉连接的结果就有 21×9=189 条记录。

【例 6-40】列出学生所有可能的选课情况。

```
SELECT S_ID,Name,C_ID,C_Name
  FROM student CROSS JOIN course;
```

执行结果如图 6-39 所示。

```
mysql> SELECT S_ID,Name,C_ID,C_Name
    ->   FROM student CROSS JOIN course;
+--------+------+------+------------+
| S_ID   | Name | C_ID | C_Name     |
+--------+------+------+------------+
| 201101 | 黄飞 | 101  | 计算机基础 |
| 201101 | 黄飞 | 102  | C语言      |
| 201101 | 黄飞 | 206  | 高等数学   |
| 201101 | 黄飞 | 208  | 操作系统   |
| 201101 | 黄飞 | 209  | 数据库应用 |
| 201101 | 黄飞 | 210  | 网络基础   |
| 201101 | 黄飞 | 212  | 数据结构   |
| 201101 | 黄飞 | 301  | 算法分析   |
| 201101 | 黄飞 | 302  | 软件工程   |
| 201241 | 郭丹 | 212  | 数据结构   |
| 201241 | 郭丹 | 301  | 算法分析   |
| 201241 | 郭丹 | 302  | 软件工程   |
+--------+------+------+------------+
189 rows in set (0.00 sec)
```

图 6-39　学生所有可能的选课情况

从上述结果可以看出，表 student 中的每一行分别与表

course 的每一行拼接，最终结果有 189 条记录。

在 MySQL 中，CROSS JOIN 在语法上与 INNER JOIN 相同，两者可以互换。

### 任务 6.3.2 使用内连接

指定了关键字 INNER 的连接是内连接。使用内连接时，如果两个表的相关列满足连接条件，就从这两个表中提取数据并组合成新的记录。也就是在内连接查询中，只有满足条件的数据才能出现在结果关系中。

内连接的语法格式如下。

```
SELECT 列名 1,...FROM 表 1 [INNER] JOIN 表 2 ON 表 1.列名 = 表 2.列名;
```

内连接的功能是合并两个表，从表 1 中取出每一条记录，与表 2 中的所有记录进行匹配：必须满足某个条件在表 1 中的记录与表 2 中的相同，才会保留结果，否则不保留。

内连接是系统默认的，可以省略关键字 INNER。使用内连接后，FROM 子句中的 ON 条件主要用来连接表，其他并不属于连接表的条件可以使用 WHERE 子句来指定。内连接可以没有连接条件，也就是可以没有 ON 之后的内容，这时系统会保留所有结果。

【例 6-41】查询数据库 ssms 中所有学生选过的课程及其课程号。

```
SELECT DISTINCT course.C_Name,elective.C_ID
  FROM course INNER JOIN elective
  ON course.C_ID=elective.C_ID;
```

执行结果如图 6-40 所示。

从查询结果可以看出，只有 course.C_ID 与 elective.C_ID 相等的记录的课程名和课程号才会显示。

【例 6-42】查询选修了课程 206 且成绩在 80 分及以上的学生的姓名及成绩。

```
SELECT Name,Grade
  FROM student INNER JOIN elective
  ON student.S_ID=elective.S_ID
  WHERE C_ID='206' AND Grade>=80;
```

执行结果如图 6-41 所示。

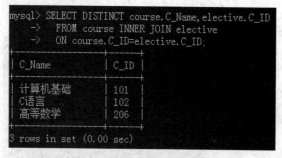

图 6-40　所有学生选过的课程及其课程号

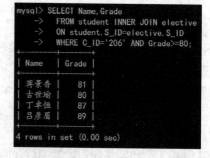

图 6-41　选修了课程 206 且成绩在 80 分及以上的学生

内连接还可用于多个表的连接。

【例 6-43】查询选修了计算机基础课程且成绩在 80 分及以上的学生的学号、姓名、课程及成绩。

```
SELECT student.S_ID,Name,C_Name,Grade
  FROM student JOIN elective ON student.S_ID=elective.S_ID
```

```
JOIN course ON elective.C_ID=course.C_ID
WHERE C_Name='计算机基础' AND Grade>=80;
```

执行结果如图 6-42 所示。

作为特例，可以将一个表与它自身进行连接，这称为自连接。若要在一个表中查找具有相同列值的行，则可以使用自连接。使用自连接时需为表指定两个别名，且对所有列的引用均要用别名进行限定。

【例 6-44】查询与黄飞同学专业相同的学生的信息。

```
SELECT a.S_ID,a.Name,a.Major
  FROM student AS a
  JOIN student AS b ON a.Major=b.Major
  WHERE b.Name='黄飞';
```

执行结果如图 6-43 所示。

图 6-42　选修了计算机基础课程且成绩在 80 分及以上的学生　　图 6-43　与黄飞同学专业相同的学生的信息

从查询结果可以看出，先将表 student（a 表和 b 表）按 Major 相同的条件做内连接，然后通过 WHERE 子句来做限制。

【例 6-45】查询数据库 ssms 中课程不同、成绩相同的学生的学号、课程号和成绩。

```
SELECT a.S_ID,a.C_ID,b.C_ID,a.Grade
  FROM elective AS a
  JOIN elective AS b ON a.S_ID=b.S_ID AND a.Grade=b.Grade AND a.C_ID!=b.C_ID;
```

执行结果如图 6-44 所示。

图 6-44　课程不同、成绩相同的学生

如果要连接的表中有相同列名，并且连接的条件就是列名相等，那么 ON 条件也可以换成 USING 子句。USING（两表中相同的列名）子句用于为一系列的列命名。

【例 6-46】查询表 course 中所有学生选过的课程。

**119**

```
SELECT DISTINCT C_Name
   FROM course INNER JOIN elective USING(C_ID);
```

执行结果如图 6-45 所示。

从查询结果可以看出，查询的结果为表 elective 中出现过的课程号对应的课程。

在 SELECT 语句中，FROM 子句将各个表用逗号分隔，结果会产生一个新表，新表是每个表的每行与其他表中的每行交叉而产生的所有可能的组合。这种连接方式可能会产生非常多的行，因为可能得到的行数为每个表行数之积。

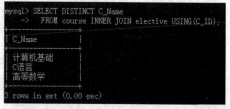

图 6-45　表 course 中所有学生选过的课程

可以使用 WHERE 子句设定条件将结果集减少，以便于管理，这样的连接即等值连接。

其语法格式如下。

```
SELECT * FROM 表1,表2,[... ] WHERE 表1.列名=表2.列名 [AND ...];
```

【例 6-47】查询数据库 ssms 中所有学生选过的课程及其课程号。

```
SELECT DISTINCT course.C_Name,elective.C_ID
   FROM course,elective
   WHERE course.C_ID=elective.C_ID;
```

本例语句完全等价于如下语句。

```
SELECT DISTINCT course.C_Name,elective.C_ID
   FROM course INNER JOIN elective
   ON course.C_ID=elective.C_ID;
```

## 任务 6.3.3　使用外连接

指定了关键字 OUTER 的连接为外连接，其中关键字 OUTER 可省略。外连接是只限制一个表中的数据必须满足连接条件，而另一个表中的数据可以不满足连接条件的连接方式。

外连接的语法格式如下。

```
SELECT 列名1,...FROM 表1 {LEFT | RIGHT | FULL} [OUTER] JOIN 表2 ON 表1.列名 = 表2.列名;
```

外连接包括以下几种。

① 左外连接（LEFT OUTER JOIN）：结果表中除了匹配行，还包括左表（表1）有，但右表（表2）中不匹配的行，对于这样的行，右表（表2）被选择的列设置为 NULL。

② 右外连接（RIGHT OUTER JOIN）：结果表中除了匹配行，还包括右表（表2）有，但左表（表1）中不匹配的行，对于这样的行，左表（表1）被选择的列设置为 NULL。

③ 全外连接（FULL OUTER JOIN）：结果表中除了匹配行，还包括左表（表1）和右表（表2）中不匹配的行，对于这样的行，两个表被选择的列设置为 NULL。

> **注意**　MySQL 是没有全外连接的（MySQL 中没有 FULL OUTER JOIN 关键字），想要得到全外连接的效果，可以使用 union 关键字连接左外连接和右外连接。

【例 6-48】查询所有学生情况及他们选修的课程号，若学生未选修任何课程，则结果中也要包括其情况。

```
SELECT student.*,C_ID,Grade
```

```
  FROM student LEFT OUTER JOIN elective ON student.S_ID=elective.S_ID;
```

执行结果如图 6-46 所示。

```
mysql> SELECT student.*,C_ID,Grade
    ->  FROM student LEFT OUTER JOIN elective ON student.S_ID=elective.S_ID;
+--------+--------+----------+-----+------------+--------------+-------+------
+------+-------+
| S_ID   | Name   | Major    | Sex | Birthday   | Total_Credit | Photo | Note
  | C_ID | Grade |
+--------+--------+----------+-----+------------+--------------+-------+------
+------+-------+
| 201101 | 黄飞   | 信息安全 |   1 | 2003-02-10 |           50 | NULL  | NULL
  | 101  |    80 |
| 201101 | 黄飞   | 信息安全 |   1 | 2003-02-10 |           50 | NULL  | NULL
  | 102  |    78 |
| 201101 | 黄飞   | 信息安全 |   1 | 2003-02-10 |           50 | NULL  | NULL
| 201221 | 王雯雯 | 软件工程 |   0 | 2002-11-12 |           42 | NULL  | NULL
  | 101  |    76 |
| 201241 | 郭丹   | 软件工程 |   0 | 2003-01-30 |           50 | NULL  | 转专业学习
  | 101  |    90 |
+--------+--------+----------+-----+------------+--------------+-------+------
+------+-------+
42 rows in set (0.00 sec)
```

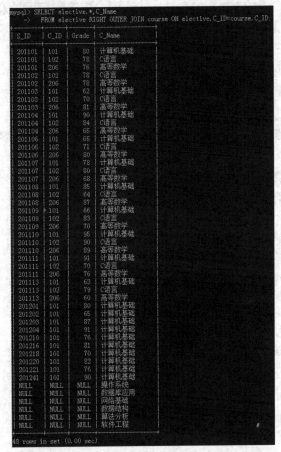

图 6-46　所有学生情况及他们选修的课程号

从结果可见，左表 student 中所有行的信息都得到了保留，返回的行中有未选任何课程的学生，相应行的课程号和成绩值为 NULL。

【例 6-49】查询被选修了的课程的情况和所有开设的课程。

```
SELECT elective.*,C_Name
  FROM elective RIGHT OUTER JOIN course ON elective.C_ID=course.C_ID;
```

执行结果如图 6-47 所示。

```
mysql> SELECT elective.*,C_Name
    ->  FROM elective RIGHT OUTER JOIN course ON elective.C_ID=course.C_ID;
+--------+------+-------+------------+
| S_ID   | C_ID | Grade | C_Name     |
+--------+------+-------+------------+
| 201101 | 101  |    80 | 计算机基础 |
| 201101 | 102  |    78 | C语言      |
| 201101 | 206  |    76 | 高等数学   |
| 201102 | 102  |    78 | C语言      |
| 201102 | 206  |    78 | 高等数学   |
| 201103 | 101  |    62 | 计算机基础 |
| 201103 | 102  |    70 | C语言      |
| 201103 | 206  |    81 | 高等数学   |
| 201104 | 101  |    90 | 计算机基础 |
| 201104 | 102  |    84 | C语言      |
| 201104 | 206  |    65 | 高等数学   |
| 201106 | 101  |    65 | 计算机基础 |
| 201106 | 102  |    71 | C语言      |
| 201106 | 206  |    80 | 高等数学   |
| 201107 | 101  |    78 | 计算机基础 |
| 201107 | 102  |    80 | C语言      |
| 201107 | 206  |    68 | 高等数学   |
| 201108 | 101  |    85 | 计算机基础 |
| 201108 | 102  |    64 | C语言      |
| 201108 | 206  |    87 | 高等数学   |
| 201109 | 101  |    66 | 计算机基础 |
| 201109 | 102  |    83 | C语言      |
| 201109 | 206  |    70 | 高等数学   |
| 201110 | 101  |    95 | 计算机基础 |
| 201110 | 102  |    90 | C语言      |
| 201110 | 206  |    89 | 高等数学   |
| 201111 | 101  |    91 | 计算机基础 |
| 201111 | 102  |    70 | C语言      |
| 201111 | 206  |    76 | 高等数学   |
| 201113 | 101  |    63 | 计算机基础 |
| 201113 | 102  |    79 | C语言      |
| 201113 | 206  |    60 | 高等数学   |
| 201201 | 101  |    80 | 计算机基础 |
| 201202 | 101  |    65 | 计算机基础 |
| 201203 | 101  |    87 | 计算机基础 |
| 201204 | 101  |    91 | 计算机基础 |
| 201210 | 101  |    76 | 计算机基础 |
| 201216 | 101  |    81 | 计算机基础 |
| 201218 | 101  |    70 | 计算机基础 |
| 201220 | 101  |    82 | 计算机基础 |
| 201221 | 101  |    76 | 计算机基础 |
| 201241 | 101  |    90 | 计算机基础 |
| NULL   | NULL |  NULL | 操作系统   |
| NULL   | NULL |  NULL | 数据库应用 |
| NULL   | NULL |  NULL | 网络基础   |
| NULL   | NULL |  NULL | 数据结构   |
| NULL   | NULL |  NULL | 算法分析   |
| NULL   | NULL |  NULL | 软件工程   |
+--------+------+-------+------------+
48 rows in set (0.00 sec)
```

图 6-47　被选修了的课程的情况和所有开设的课程

从执行结果可以看出，右表（表 course）中所有行的信息都得到了保留，而未被选修的课程对应的左表（表 elective）的列被 NULL 填充。

**注意** 外连接只能对两个表进行操作。

### 任务 6.3.4　使用联合查询

使用 UNION 语句，可以把许多 SELECT 语句返回的结果组合到一个结果集合中。例如，要查询两个学校的学生信息，就需要从甲学校查询学生信息，再从乙学校查询学生信息，然后将两次的查询结果合并。

UNION 语句的语法格式如下。

```
SELECT ...
UNION [ALL | DISTINCT] SELECT...
[UNION [ALL | DISTINCT ] SELECT...;
```

SELECT 语句为常规的选择语句，但是还必须遵守以下规则。

① 位于每个 SELECT 语句对应位置的被选择的列，应具有相同的数目和类型。例如，被第一个语句选择的第一列应当和被其他语句选择的第一列具有相同的类型。

② 只有最后一个 SELECT 语句可以使用 INTO OUTFILE。

③ HIGH PRIORITY 不能与作为 UNION 一部分的 SELECT 语句同时使用。

④ ORDER BY 和 LIMIT 子句只能在整个语句的最后指定，同时还应对单个的 SELECT 语句加上圆括号。排序和限制行数对整个最终结果起作用。

使用 UNON 时，在第一个 SELECT 语句中被使用的列名将被用作结果的列名，要求类型一致，长度可不一致。

MySQL 会自动从最终结果中去除重复行，所以附加 DISTINCT 是多余的，但根据 SQL 标准，在语法上允许采用。要得到所有匹配的行，可以指定关键字 ALL。

为了更直观地显示两个表的结果组合到一个结果集中，在运行【例 6-50】前，先将学生表 student 复制成 student_copy，然后修改学号字段长度、学号和姓名。

```
CREATE TABLE student_copy AS (SELECT * FROM student);
ALTER TABLE student_copy MODIFY COLUMN S_ID char(8);
UPDATE student_copy SET S_ID='20201101',Name='高翔' WHERE S_ID='201101';
```

【例 6-50】在表 student 中查询学号为 201101 的学生信息和在表 student_copy 中查询学号为 20201101 的学生信息。

```
SELECT S_ID,Name,Sex,Major
  FROM student
  WHERE S_ID='201101'
UNION
SELECT S_ID,Name,Sex,Major
  FROM student_copy
  WHERE S_ID='20201101';
```

执行结果如图 6-48 所示。

图 6-48　联合查询结果

## 任务 6.4　使用子查询实现数据查询

在查询条件中，可以使用另一个查询的结果作为条件的一部分。例如，判定列值是否与某个查询的结果集中的值相等。作为查询条件一部分的查询称为子查询。SQL 标准允许 SELECT 多层嵌套使用来表示复杂的查询。子查询除了可以用在 SELECT 语句中，还可以用在 INSERT、UPDATE 及 DELETE 语句中。子查询通常与 IN、EXIST 关键字及比较运算符结合使用。

### 任务 6.4.1　使用带关键字 IN 的子查询

关键字 IN 用于判断一个给定值是否在子查询结果集中，语法格式如下。

表达式 [NOT] IN(子查询)

当表达式与子查询结果表中的某个值相等时，返回 TRUE，否则返回 FALSE；若使用了 NOT，则返回的值刚好相反。

【例 6-51】在数据库 ssms 中查询选修了课程 102 的学生的学号、姓名。

```
SELECT S_ID,Name
  FROM student
  WHERE S_ID IN
    (SELECT S_ID
    FROM elective
    WHERE C_ID='102'
    );
```

执行结果如图 6-49 所示。

在执行包含子查询的 SELECT 语句时，系统先执行子查询，产生一个结果表，再执行外查询。在本例中，先执行的子查询语句如下。

```
SELECT S_ID
  FROM elective
  WHERE C_ID='102';
```

子查询执行结束后得到一个只含有学号列的表，表 elective 中的每个课程号列值为 102 的行在结果表中都对应有一行。执行外查询时，若表 student 中某行的学号列值等于子查询结果表中的任一个值，该行就被选择。

带关键字 IN 的子查询只能返回一列数据。对于较复杂的查询，可使用嵌套的子查询。

【例 6-52】查询未选修计算机基础课程的学生的学号、姓名、专业。

```
SELECT S_ID,Name,Major
 FROM student
 WHERE S_ID not IN
  (SELECT S_ID
    FROM elective
    WHERE C_ID IN
       (SELECT C_ID
         FROM course
         WHERE C_Name ='计算机基础')
  );
```

执行结果如图 6-50 所示。

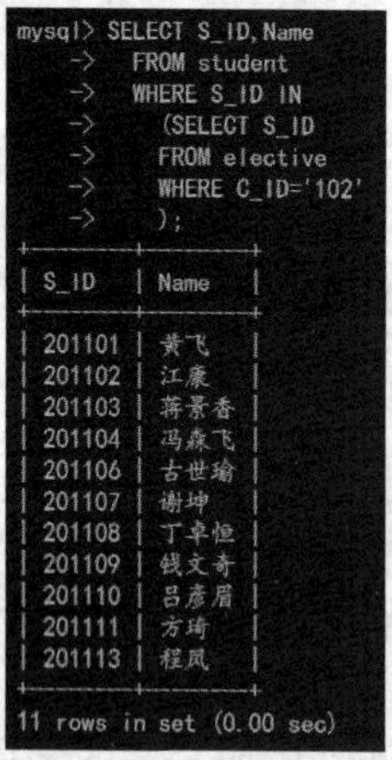

```
mysql> SELECT S_ID,Name
    -> FROM student
    -> WHERE S_ID IN
    ->   (SELECT S_ID
    ->   FROM elective
    ->   WHERE C_ID='102'
    ->   );
+--------+--------+
| S_ID   | Name   |
+--------+--------+
| 201101 | 黄飞   |
| 201102 | 江康   |
| 201103 | 蒋景香 |
| 201104 | 冯森飞 |
| 201106 | 古世瑜 |
| 201107 | 谢坤   |
| 201108 | 丁卓恒 |
| 201109 | 钱文奇 |
| 201110 | 吕彦眉 |
| 201111 | 方琦   |
| 201113 | 程凤   |
+--------+--------+
11 rows in set (0.00 sec)
```

图 6-49　选修课程 102 的学生的学号、姓名

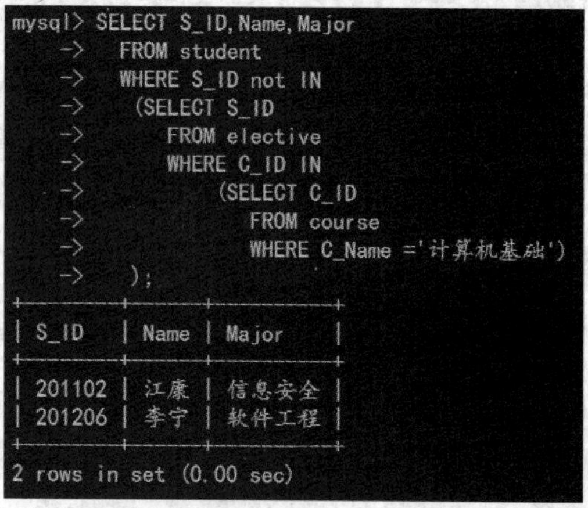

```
mysql> SELECT S_ID,Name,Major
    ->  FROM student
    ->  WHERE S_ID not IN
    ->   (SELECT S_ID
    ->     FROM elective
    ->     WHERE C_ID IN
    ->        (SELECT C_ID
    ->          FROM course
    ->          WHERE C_Name ='计算机基础')
    ->   );
+--------+------+----------+
| S_ID   | Name | Major    |
+--------+------+----------+
| 201102 | 江康 | 信息安全 |
| 201206 | 李宁 | 软件工程 |
+--------+------+----------+
2 rows in set (0.00 sec)
```

图 6-50　未选修计算机基础课程的学生的学号、姓名、专业

## 任务 6.4.2　使用带关键字 EXISTS 的子查询

关键字 EXISTS 用于测试子查询的结果集是否为空，若子查询的结果集不为空，则返回 TRUE，否则返回 FALSE。EXISTS 还可与 NOT 结合使用，即 NOT EXISTS，其返回值与 EXIST 刚好相反。

EXISTS 子查询的语法格式如下。

```
[NOT] EXISTS (subquery)
```

【例 6-53】查询选修课程 206 的学生姓名。

```
SELECT Name
FROM student
WHERE EXISTS
   (SELECT *
    FROM elective
    WHERE S_ID=student.S_ID AND C_ID='206'
    );
```

执行结果如图 6-51 所示。

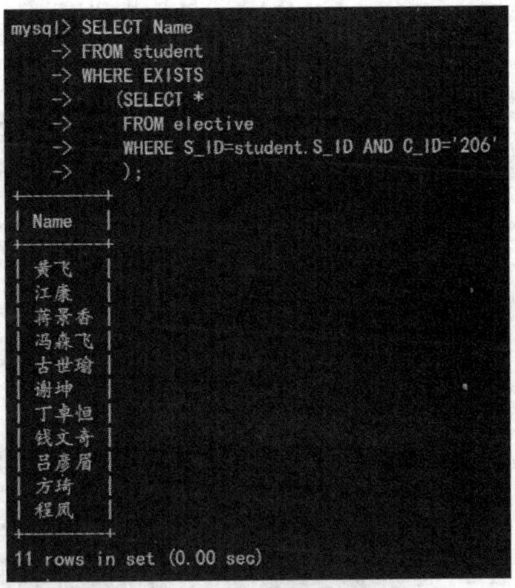

```
mysql> SELECT Name
    -> FROM student
    -> WHERE EXISTS
    ->     (SELECT *
    ->      FROM elective
    ->      WHERE S_ID=student.S_ID AND C_ID='206'
    ->      );
+--------+
| Name   |
+--------+
| 黄飞   |
| 江康   |
| 蒋景香 |
| 冯淼飞 |
| 古世瑜 |
| 谢坤   |
| 丁卓恒 |
| 钱文奇 |
| 吕彦眉 |
| 方琦   |
| 程凤   |
+--------+
11 rows in set (0.00 sec)
```

图 6-51　选修课程 206 的学生

在前面的例子中，子查询只处理一次，得到结果集后，再依次处理外层查询；而【例 6-53】的子查询要处理多次，因为子查询与 student.S_ID 有关，外层查询中表 student 的不同行有不同的学号值。

这类子查询称为相关子查询，因为子查询的条件依赖于外层查询中的某些值。其处理过程是：先找外层 SELECT 语句中表 student 的第一行，根据该行的学号列值处理内层 SELECT 语句，若结果不为空，则 WHERE 条件为真，把该行的姓名值取出作为结果集的一行；然后找表 student 的第二、第三等行，重复上述处理过程直到表 student 的所有行都查找完为止。

【例 6-54】查询选修了全部课程的学生的姓名。

```
SELECT Name
   FROM student
   WHERE NOT EXISTS
   (SELECT *
     FROM course
     WHERE NOT EXISTS
       (SELECT *
            FROM elective
            WHERE S_ID=student.S_ID AND C_ID=course.C_ID
       )
   );
```

由于没有人选了全部课程，所以查询结果为空。

MySQL 区分了 4 种类型的子查询。

① 返回一个表的子查询是表子查询。

② 返回带有一个或多个值的一行子查询是行子查询。

③ 返回一行或多行，但每行上只有一个值的是列子查询。

④ 只返回一个值的是标量子查询。从定义上讲，每个标量子查询都是一个列子查询和行子查询。前文介绍的子查询都属于列子查询。

另外，子查询还可以用在 SELECT 语句的其他子句中。子查询可以用在 FROM 子句中，但必须为子查询产生的中间表定义一个别名。

【例 6-55】从表 student 中查询总学分大于 50 分的男同学的学号和姓名。

```
SELECT S_ID,Name,Total_Credit
   FROM(SELECT *
         FROM student
         WHERE Total_Credit>50
        ) AS std
   WHERE Sex=1;
```

执行结果如图 6-52 所示。

在【例 6-55】中，首先处理 FROM 子句中的子查询，并将结果放到一个中间表中，定义名称为 std，然后根据外部查询条件从表 std 中查询出数据。另外，子查询还可以嵌套使用。

SELECT 关键字后面也可以定义子查询。

**【例 6-56】**从表 student 中查询所有女学生的学号、姓名，以及学分差（与平均学分的差距）。

```
SELECT S_ID,Name,Sex,Total_Credit-(SELECT AVG(Total_Credit)
                                   FROM student
                                   )AS 学分差
 FROM student
 WHERE Sex=0;
```

执行结果如图 6-53 所示。

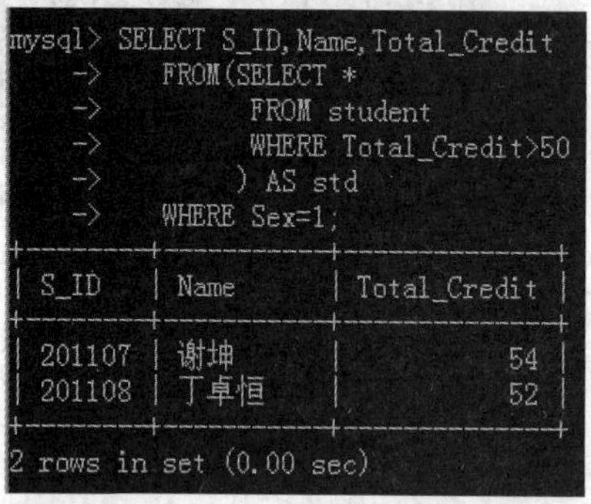

```
mysql> SELECT S_ID,Name,Total_Credit
    ->   FROM(SELECT *
    ->         FROM student
    ->         WHERE Total_Credit>50
    ->        ) AS std
    ->   WHERE Sex=1;
+--------+--------+--------------+
| S_ID   | Name   | Total_Credit |
+--------+--------+--------------+
| 201107 | 谢坤   |           54 |
| 201108 | 丁卓恒 |           52 |
+--------+--------+--------------+
2 rows in set (0.00 sec)
```

图 6-52　总学分大于 50 分的男同学的学号和姓名

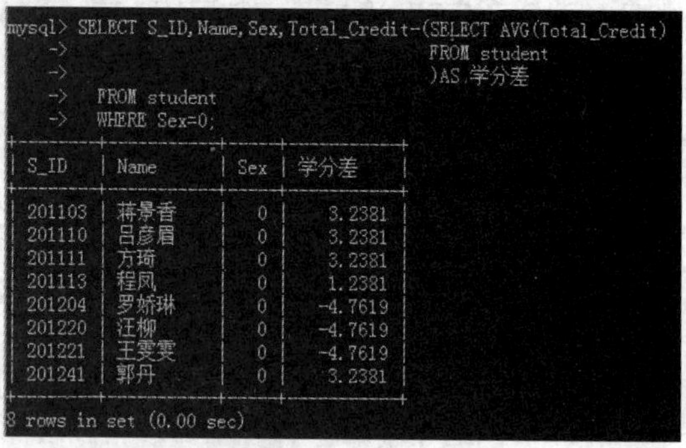

```
mysql> SELECT S_ID,Name,Sex,Total_Credit-(SELECT AVG(Total_Credit)
    ->                                     FROM student
    ->                                     )AS 学分差
    ->   FROM student
    ->   WHERE Sex=0;
+--------+--------+-----+---------+
| S_ID   | Name   | Sex | 学分差  |
+--------+--------+-----+---------+
| 201103 | 蒋景香 |   0 |  3.2381 |
| 201110 | 吕彦眉 |   0 |  3.2381 |
| 201111 | 方琦   |   0 |  3.2381 |
| 201113 | 程凤   |   0 |  1.2381 |
| 201204 | 罗娇琳 |   0 | -4.7619 |
| 201220 | 汪柳   |   0 | -4.7619 |
| 201221 | 王雯雯 |   0 | -4.7619 |
| 201241 | 郭丹   |   0 |  3.2381 |
+--------+--------+-----+---------+
8 rows in set (0.00 sec)
```

图 6-53　所有女学生的学号、姓名，以及学分差

【例 6-56】中子查询返回值只有一个值，所以这是一个标量子查询。

在 WHERE 子句中还可以将一行数据与行子查询中的结果通过比较运算符进行比较。

**【例 6-57】**查询与 201101 号学生性别相同、总学分相同的学生的学号和姓名。

```
SELECT S_ID,Name,Sex,Total_Credit
 FROM student
 WHERE(Sex,Total_Credit)=(SELECT Sex,Total_Credit
                           FROM student
                           WHERE S_ID='201101'
                           );
```

执行结果如图 6-54 所示。

【例 6-57】中子查询返回的是一行值，即满足条件的学生的学号、姓名、性别和总学分，所以这是一个行子查询。

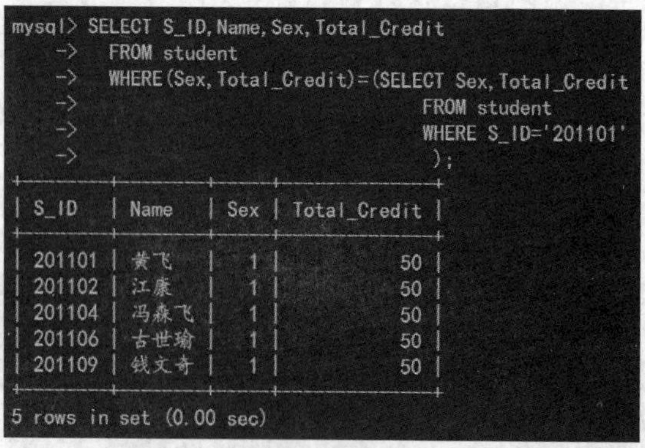

```
mysql> SELECT S_ID,Name,Sex,Total_Credit
    ->   FROM student
    ->   WHERE(Sex,Total_Credit)=(SELECT Sex,Total_Credit
    ->                             FROM student
    ->                             WHERE S_ID='201101'
    ->                             );
+--------+--------+-----+--------------+
| S_ID   | Name   | Sex | Total_Credit |
+--------+--------+-----+--------------+
| 201101 | 黄飞   |   1 |           50 |
| 201102 | 江康   |   1 |           50 |
| 201104 | 冯森飞 |   1 |           50 |
| 201106 | 古世瑜 |   1 |           50 |
| 201109 | 钱文奇 |   1 |           50 |
+--------+--------+-----+--------------+
5 rows in set (0.00 sec)
```

图 6-54　与 201101 号学生性别相同、总学分相同的学生

### 任务 6.4.3 使用带比较运算符的子查询

如果可以确认子查询返回的结果只包含一个单值，那么可以直接使用比较运算符连接子查询。这可使表达式的值与子查询的结果进行比较运算，语法格式如下。

```
表达式 { < | <= | = | > | >= | != | <> } ( 子查询 )
```

【例 6-58】查询选修了高等数学课程的学生的学号。

```
SELECT S_ID
  FROM elective
  WHERE C_ID =
          (SELECT C_ID
           FROM course
           WHERE C_Name ='高等数学'
          );
```

执行结果如图 6-55 所示。

【例 6-59】查询总学分高于平均学分的学生的学号、姓名和总学分。

```
SELECT S_ID,Name,Total_Credit
  FROM student
  WHERE Total_Credit>
    (
        SELECT AVG(Total_Credit)
          FROM student
    );
```

执行结果如图 6-56 所示。

图 6-55　选修了高等数学课程的学生　　　图 6-56　总学分高于平均学分的学生

### 任务 6.4.4 使用带关键字 ANY、SOME 的子查询

ANY 和 SOME 是同义词，表示表达式只要与子查询结果集中的某个值满足比较的关系，就返回 TRUE，否则返回 FALSE。

语法格式如下。

表达式 { < | <= | = | > | >= |!= | <> } {ANY | SOME} (子查询)

关键字 ANY 和 SOME 一般与比较运算符结合使用，如表 6-3 所示。

表 6-3　ANY、SOME 与比较运算符结合使用时的用法

| 运算符 | ANY | SOME |
|---|---|---|
| >、>= | 最小值 | 最小值 |
| <、<= | 最大值 | 最大值 |
| = | 任意值 | 任意值 |

如果子查询的结果集只返回一行数据，则可以通过比较运算符直接比较；如果返回多行数据，则必须使用关键字 ANY 或 ALL。

【例 6-60】查询表 elective 中课程 206 的成绩不低于课程 101 的最低成绩的学生的学号。

```
SELECT S_ID
 FROM elective
 WHERE C_ID='206' AND Grade >=any
  (SELECT Grade
   FROM elective
   WHERE C_ID='101'
   );
```

执行结果如图 6-57 所示。

上述语句在执行过程中，首先通过子查询查询课程 101 的所有成绩，然后在外层查询中，将课程 206 的每一行成绩与课程 101 的成绩做比较，课程 206 的成绩大于课程 101 的任意一个成绩，即不低于课程 101 的最低成绩。

【例 6-61】查询黄飞同学选修的课程。

```
SELECT C_Name
FROM course WHERE C_ID=any
        (SELECT C_ID
            FROM elective
            WHERE S_ID=
                (SELECT S_ID
                    FROM student
                    WHERE Name='黄飞'
                )
        );
```

执行结果如图 6-58 所示。

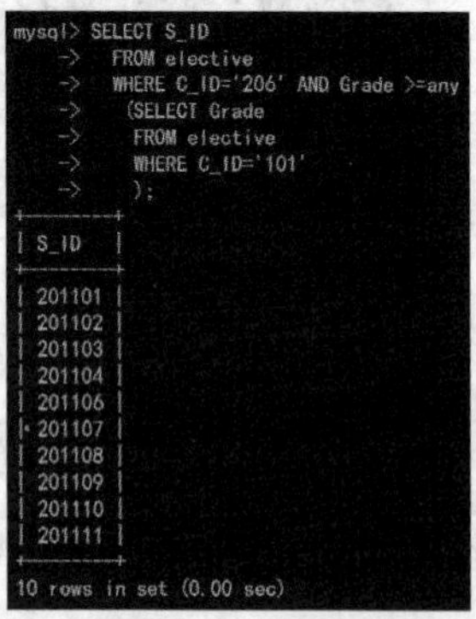

图 6-57　课程 206 的成绩不低于课程 101 的最低成绩的学生

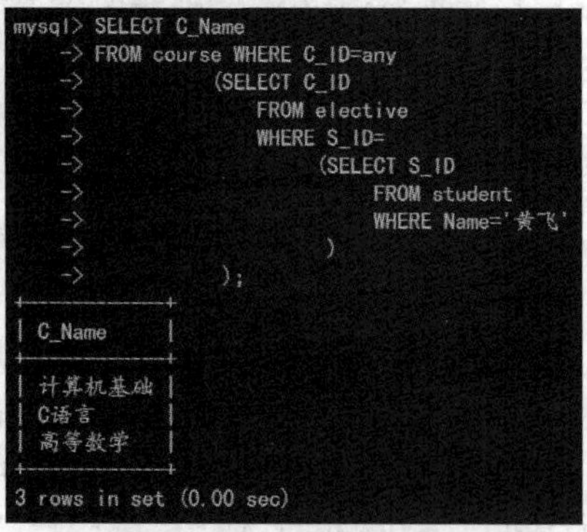

图 6-58　黄飞同学选修的课程

上述语句在执行过程中，首先在子查询中找到黄飞同学选修的课程的课程号，然后在外层查询中查询黄飞同学选修的课程的课程名。

## 任务 6.4.5　使用带关键字 ALL 的子查询

关键字 ALL 指定表达式要与子查询结果集中的每个值都进行比较，只有表达式与每个值都满足比较的关系时，才返回 TRUE，否则返回 FALSE。

其语法格式如下。

```
表达式 { < | <= | = | > | >= | != | <> } {ALL}(子查询)
```

如果子查询的结果集只返回一行数据，则可以通过比较运算符直接比较；若返回多行数据，则必须使用关键字 ALL 或 ANY。

关键字 ALL 一般也与比较运算符结合使用，如表 6-4 所示。

表 6-4　ALL 与比较运算符结合使用时的用法

| 运算符 | ALL |
| --- | --- |
| >、>= | 最大值 |
| <、<= | 最小值 |
| <>、!= | 任意值 |

【例 6-62】查询表 student 中比信息安全专业所有学生年龄都大的学生的学号、姓名、专业、出生日期。

```
SELECT S_ID,Name,Major,Birthday
  FROM student
  WHERE Birthday <ALL
    (SELECT Birthday
    FROM student
    WHERE Major='信息安全'
    );
```

执行结果如图 6-59 所示。

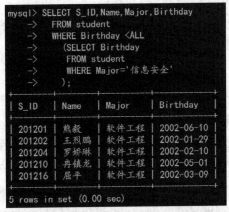

图 6-59　比信息安全专业所有学生年龄都大的学生

上述语句在执行过程中，首先在内查询中查询到信息安全专业学生的最小出生日期值，即年龄最大的信息安全学生。然后在外查询中查询所有学生的出生日期值比年龄最大的信息安全学生出生日期值小的学生信息。

> **素养**
> **小贴士** 本项目介绍了多种查询方式，在练习过程中可以使用多表查询、子查询、多条件查询等方式实现同一查询任务，尝试从不同角度解决问题，从而培养多种思路解决问题的能力。

## 【知识拓展】

### 1. 什么是文氏图？文氏图有什么作用？

文氏图（Venn diagram）是用封闭曲线表示集合及其关系的图形，主要用于描述集合间的关系及其运算，有直观、形象、信息量大且富有启发性的特点。SQL 的 JOIN 连接可以通过文氏图解释，它能很清楚地表明各种连接关系，主要有内连接、左外连接和右外连接。

假设 A 表和 B 表各有 4 条记录，其中有两条记录是相同的，如表 6-5 和表 6-6 所示。

表 6-5　A 表

| id | address |
| --- | --- |
| 1 | bj |
| 2 | sh |
| 3 | tj |
| 4 | cq |

表 6-6　B 表

| id | address |
| --- | --- |
| 1 | bj |
| 2 | sh |
| 5 | sc |
| 6 | hb |

用文氏图表示 3 种不同的连接方式，分别如图 6-60～图 6-62 所示。

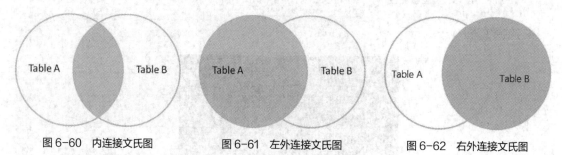

图 6-60　内连接文氏图　　　图 6-61　左外连接文氏图　　　图 6-62　右外连接文氏图

### 2. 如何优化 SELECT 语句？

在工作中往往要对十分庞大的数据库进行查询，如果语句写得不到位，则查询速度会非常慢，甚至会导致系统崩溃，因此优化语句是每一个程序员必备的技能。以下是使用得比较广泛的几种 SQL 查询语句优化方法。

（1）不要使用 SELECT * FROM A

任何地方都不要使用 SELECT * FROM A ，要用具体的字段列表代替"*"，不要返回用不到的任何字段。

（2）为每个表设置一个 ID 主键

每个表都应该设置一个 ID 主键，最好是一个 INT 型的，并且设置自动增加的 AUTO_INCREMENT 标志，这点其实应该是设计表结构要做的第一件事。

（3）避免在 WHERE 子句中用!=或<>运算符

应尽量避免在 WHERE 子句中使用!=或<>运算符，否则引擎将放弃使用索引而进行全表扫描。

（4）WHERE 子句使用 IN 或 NOT IN 的优化

SQL 语句中尽量少用 IN 或 NOT IN，使用 IN 或者 NOT IN 会丢弃索引，从而进行全盘扫描，示例如下。

```
SELECT id FROM A WHERE num IN (1,2,3);
```
对于连续的数值，可用 BETWEEN...AND 替换 IN，以优化查询。
```
SELECT id FROM A WHERE num BETWEEN 1 AND 3;
```
（5）WHERE 子句使用 OR 的优化

通常使用 UNION ALL 或 UNION 替换 OR 会得到更好的效果。WHERE 子句中使用了关键字 OR，索引将被放弃使用，示例如下。
```
SELECT id FROM A WHERE num = 10 OR num = 20;
```
可使用 UNION ALL 或 UNION 替换 OR 优化查询。
```
SELECT id FROM A WHERE num = 10 UNION ALL all SELECT id FROM A WHERE num=20;
```
（6）WHERE 子句中使用 IS NULL 或 IS NOT NULL 的优化

在 WHERE 子句中使用 IS NULL 或 IS NOT NULL，索引将被放弃使用，会进行全表查询，示例如下。
```
SELECT id FROM A WHERE num IS NULL;
```
IS NULL 在实际业务场景下使用率极高，但应注意避免全表扫描，可以优化成在 num 上设置默认值 0，确保表中 num 没有 null 值。
```
SELECT id FROM A WHERE num=0;
```
（7）使用内连接来替换子查询

子查询的性能相对比内连接低，应尽量用内连接来替换子查询。

一个字段的标签同时在主查询和 WHERE 子句中的查询中出现，那么很可能当主查询中的字段值改变之后，子查询必须重新进行一次。查询嵌套层次越多，效率越低，因此应当尽量避免使用子查询。如果子查询不可避免，那么应在子查询中过滤掉尽可能多的行。例如，应用子查询的代码如下。
```
SELECT id FROM A WHERE EXISTS(SELECT * FROM B WHERE id>=3000 AND A.id=B.id);
```
优化后的代码如下。
```
SELECT id FROM A INNER JOIN B ON A.id=B.id WHERE b.id>=3000;
```
也可以优化成如下代码。
```
SELECT id FROM A,B WHERE A.id=B.id AND b.id>=3000;
```
（8）批量插入优化

批量插入多个数据时，应尽量避免一条语句只插入一行数据，插入 3 条记录的代码如下。
```
INSERT INTO A(name,age) VALUES('A',24);
INSERT INTO A(name,age) VALUES ('B',24);
INSERT INTO A(name,age) VALUES ('C',24);
```
优化后的代码如下。
```
INSERT INTO A(name,age) VALUES ('A',24),('B',24),('C',24);
```

## 【小结】

本项目主要讲解了聚合函数、单表数据查询、多表连接查询和子查询。其中单表数据查询、多表连接查询和子查询是数据库操作中比较重要的内容，特别是多表连接查询和子查询。通过本项目的学习，希望读者能够熟练掌握相关知识，并多加练习，为以后项目的学习打下坚实基础。

## 【任务训练 6】实现图书管理系统数据库中的数据查询

**1. 实验目的**

- 掌握 SELECT 语句的基本用法。
- 掌握使用聚合函数进行数据查询的方法。
- 掌握并灵活运用子查询。
- 掌握多表查询的方法。

**2. 实验内容**

- 完成图书管理系统数据库中的数据查询。

**3. 实验步骤**

（1）运用 SELECT 语句在数据库 bms 中进行数据查询

① 查询表 bookinfo 中的所有数据。

```
USE bms;
SELECT *
  FROM bookinfo;
```

② 查询读者的借阅证号、姓名、电话。

```
SELECT card_id,name,tel
  FROM readerinfo;
```

执行结果如图 6-63 所示。

③ 查询图书编号为 20150202 的图书的书名、作者、出版社信息。

```
SELECT book_name,author,press
  FROM bookinfo
  WHERE book_id='20150202';
```

执行结果如图 6-64 所示。

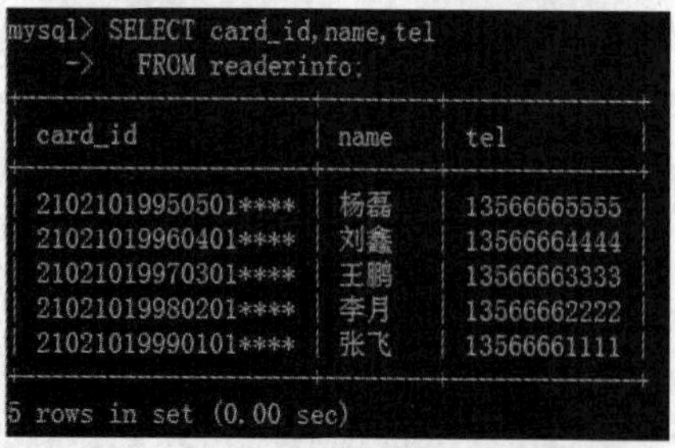

```
mysql> SELECT card_id,name,tel
    ->   FROM readerinfo;
+--------------------+------+-------------+
| card_id            | name | tel         |
+--------------------+------+-------------+
| 21021019950501**** | 杨磊 | 13566665555 |
| 21021019960401**** | 刘鑫 | 13566664444 |
| 21021019970301**** | 王鹏 | 13566663333 |
| 21021019980201**** | 李月 | 13566662222 |
| 21021019990101**** | 张飞 | 13566661111 |
+--------------------+------+-------------+
5 rows in set (0.00 sec)
```

图 6-63　读者的借阅证号、姓名、电话

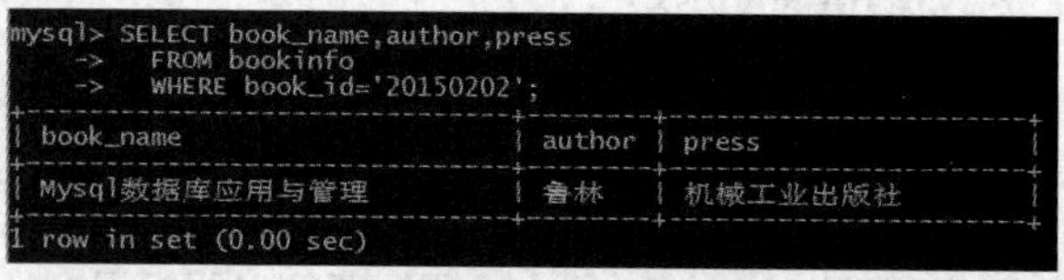

```
mysql> SELECT book_name,author,press
    ->   FROM bookinfo
    ->   WHERE book_id='20150202';
+----------------------------+--------+--------------+
| book_name                  | author | press        |
+----------------------------+--------+--------------+
| Mysql数据库应用与管理      | 鲁林   | 机械工业出版社 |
+----------------------------+--------+--------------+
1 row in set (0.00 sec)
```

图 6-64　图书编号为 20150202 的图书的信息

④ 查询表 readerinfo 中男性读者的年龄和电话，使用 AS 子句将结果中各列的标题分别指定

为"年龄"和"电话"。

```
SELECT AGE AS 年龄,tel AS 电话
  FROM readerinfo
  WHERE sex='男';
```

执行结果如图 6-65 所示。

⑤ 查询表 readerinfo 中读者的姓名和性别，要求 sex 字段值为"男"时显示"男士"，为"女"时显示"女士"。

```
SELECT name AS 姓名,
  CASE
    WHEN sex='男' THEN '男士'
    WHEN sex='女' THEN '女士'
  END AS 性别
  FROM readerinfo;
```

执行结果如图 6-66 所示。

图 6-65　男性读者的年龄和电话　　　　图 6-66　读者的姓名和性别

⑥ 计算每本书的残值（残值为书价格的 80%）。

```
SELECT book_id,book_name,price*0.8 AS 残值
  FROM bookinfo;
```

执行结果如图 6-67 所示。

⑦ 统计读者的总人数。

```
SELECT COUNT(*) AS 读者总数
  FROM readerinfo;
```

执行结果如图 6-68 所示。

 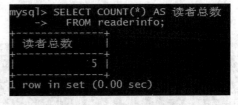

图 6-67　每本书的残值　　　　　　　图 6-68　读者的总人数

⑧ 查询表 bookinfo 中姓李的作者所编著的书的图书编号。

```
SELECT book_id
  FROM bookinfo
  WHERE author LIKE '李%';
```

执行结果如图 6-69 所示。

⑨ 查询表 readerinfo 中年龄为 19~20 岁的读者的姓名和电话。

```
SELECT name,tel
  FROM readerinfo
  WHERE age BETWEEN 19 AND 20;
```

执行结果如图 6-70 所示。

图 6-69　姓李的作者所编著的书的图书编号　　　　图 6-70　年龄为 19~20 岁的读者的姓名和电话

（2）使用子查询在数据库 bms 中进行数据查询

① 查询王鹏的借阅信息。

```
SELECT *
  FROM borrowinfo
  WHERE card_id=
  (SELECT card_id FROM readerinfo WHERE name='王鹏');
```

执行结果如图 6-71 所示。

② 查询借阅了《内科学》一书的读者的信息。

```
SELECT card_id,name
  FROM readerinfo
  WHERE card_id IN
        (SELECT card_id
            FROM borrowinfo
            WHERE book_id IN
                (SELECT book_id
                    FROM bookinfo
                    WHERE book_name='内科学'
                )
        );
```

执行结果如图 6-72 所示。

图 6-71　王鹏的借阅信息　　　　　　　　图 6-72　借阅了《内科学》一书的读
　　　　　　　　　　　　　　　　　　　　　　　　者的信息

③ 查询借阅时间在 2017 年 10 月 1 日后的读者的姓名和所借的书。

```
SELECT book_name,name
  FROM bookinfo,readerinfo,(SELECT * FROM borrowinfo WHERE borrow_date> 20171001) AS bb
  WHERE bookinfo.book_id=bb.book_id AND readerinfo.card_id=bb.card_id;
```

执行结果如图 6-73 所示。

```
mysql> SELECT book_name,name
    ->   FROM bookinfo,readerinfo,(SELECT * FROM borrowinfo WHERE borrow_date> 2
0171001) AS bb
    ->   WHERE bookinfo.book_id=bb.book_id AND readerinfo.card_id=bb.card_id;
+--------------------------+--------+
| book_name                | name   |
+--------------------------+--------+
| Mysql数据库应用与管理    | 王鹏   |
| 零基础小儿推拿           | 李月   |
+--------------------------+--------+
2 rows in set (0.00 sec)
```

图 6-73　借阅时间在 2017 年 10 月 1 日后的读者的姓名和所借的书

④ 查询李月借阅的书。

```
SELECT book_name
  FROM bookinfo WHERE book_id=ANY
   (SELECT book_id FROM borrowinfo WHERE card_id=ANY
      (SELECT card_id FROM readerinfo WHERE name='李月'));
```

执行结果如图 6-74 所示。

```
mysql> SELECT book_name
    ->   FROM bookinfo WHERE book_id=ANY
    ->    (SELECT book_id FROM borrowinfo WHERE card_id=ANY
    ->       (SELECT card_id FROM readerinfo WHERE name='李月'));
+--------------------------+
| book_name                |
+--------------------------+
| 内科学                   |
| 零基础小儿推拿           |
| Mysql数据库应用与管理    |
+--------------------------+
3 rows in set (0.00 sec)
```

图 6-74　李月借阅的书

（3）使用连接查询在数据库 bms 中进行数据查询

① 查询每本书的书名及所属类别。

```
SELECT book_name,category
  FROM bookinfo,bookcategory
  WHERE bookinfo.category_id=bookcategory.category_id;
```

执行结果如图 6-75 所示。

```
mysql> SELECT book_name,category
    ->   FROM bookinfo,bookcategory
    ->   WHERE bookinfo.category_id=bookcategory.category_id;
+--------------------------+----------+
| book_name                | category |
+--------------------------+----------+
| Python从入门到精通       | 编程语言 |
| Mysql数据库应用与管理    | 数据库   |
| Java从入门到项目实战     | 编程语言 |
| 内科学                   | 儿科学   |
| 零基础小儿推拿           | 儿科学   |
+--------------------------+----------+
5 rows in set (0.02 sec)
```

图 6-75　每本书的书名及所属类别

② 用内连接的方式查询李月的借书时间和还书时间。

```
SELECT borrow_date,return_date
```

```
  FROM borrowinfo JOIN readerinfo
    ON borrowinfo.card_id=readerinfo.card_id
  WHERE readerinfo.name='李月';
```

执行结果如图 6-76 所示。

（4）使用分组、排序和输出行在数据库 bms 中进行数据查询

① 查找表 readerinfo 中男性和女性的人数。

```
SELECT sex,count(*)
  FROM readerinfo
  GROUP BY sex;
```

执行结果如图 6-77 所示。

```
mysql> SELECT borrow_date,return_date
    ->     FROM borrowinfo JOIN readerinfo
    ->       ON borrowinfo.card_id=readerinfo.card_id
    ->     WHERE readerinfo.name='李月';
+-------------+-------------+
| borrow_date | return_date |
+-------------+-------------+
| 2017-06-05  | 2017-10-05  |
| 2017-10-18  | 2017-11-28  |
| 2017-07-14  | 2017-09-08  |
+-------------+-------------+
3 rows in set (0.00 sec)
```

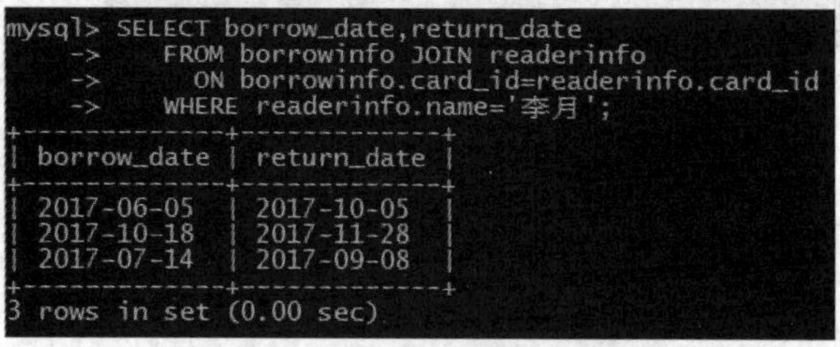

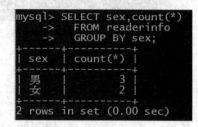

图 6-76　李月的借书时间和还书时间

```
mysql> SELECT sex,count(*)
    ->   FROM readerinfo
    ->   GROUP BY sex;
+------+----------+
| sex  | count(*) |
+------+----------+
| 男   |        3 |
| 女   |        2 |
+------+----------+
2 rows in set (0.00 sec)
```

图 6-77　男性和女性的人数

② 统计每个出版社的图书借阅量。

```
SELECT press,COUNT(*)
  FROM bookinfo,borrowinfo
  WHERE bookinfo.book_id=borrowinfo.book_id
  GROUP BY press;
```

执行结果如图 6-78 所示。

③ 查询表 bookinfo 中每本书的编号、书名和出版日期，按价格从高到低排序。

```
SELECT book_id,book_name,pubdate
  FROM bookinfo
  ORDER BY price DESC;
```

执行结果如图 6-79 所示。

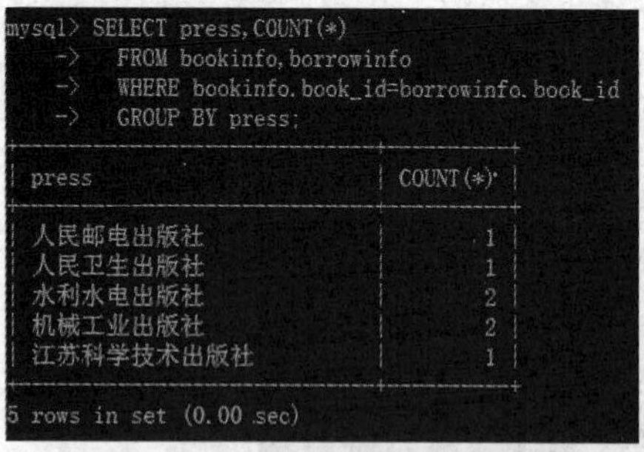

```
mysql> SELECT press,COUNT(*)
    ->   FROM bookinfo,borrowinfo
    ->   WHERE bookinfo.book_id=borrowinfo.book_id
    ->   GROUP BY press;
+--------------------+----------+
| press              | COUNT(*) |
+--------------------+----------+
| 人民邮电出版社     |        1 |
| 人民卫生出版社     |        1 |
| 水利水电出版社     |        2 |
| 机械工业出版社     |        2 |
| 江苏科学技术出版社 |        1 |
+--------------------+----------+
5 rows in set (0.00 sec)
```

图 6-78　每个出版社的图书借阅量

```
mysql> SELECT book_id,book_name,pubdate
    ->   FROM bookinfo
    ->   ORDER BY price DESC;
+----------+---------------------------+------------+
| book_id  | book_name                 | pubdate    |
+----------+---------------------------+------------+
| 20150201 | Python从入门到精通        | 2020-03-01 |
| 20160801 | 内科学                    | 2019-07-01 |
| 20150301 | Java从入门到项目实战      | 2020-03-15 |
| 20150202 | Mysql数据库应用与管理     | 2019-04-01 |
| 20170401 | 零基础小儿推拿            | 2019-04-01 |
+----------+---------------------------+------------+
5 rows in set (0.00 sec)
```

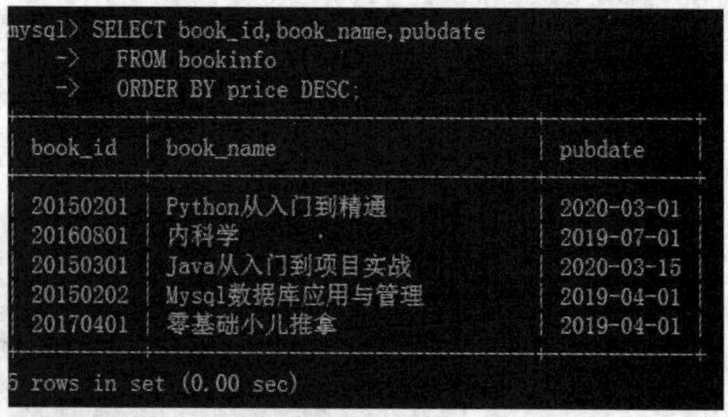

图 6-79　按价格从高到低对书进行排序

④ 查询价格最高的书。

```
SELECT book_name
  FROM bookinfo
  ORDER BY price DESC
```

```
   LIMIT 1;
```
执行结果如图 6-80 所示。

图 6-80　价格最高的书

# 【思考与练习】

## 一、填空题

1. 用 SELECT 语句进行模糊查询时可以使用通配符，但要在条件值中使用_____或%等通配符来配合查询。

2. SELECT 语句的完整语法较复杂，但至少要包括_____和_____。

3. 计算字段的总和的函数是_____。

4. 关于查询结果排序，可用关键字_____表示降序，用关键字_____表示升序。

5. 要查询出从第 6 行开始的 5 条记录，可使用语句_____。

## 二、选择题

1. 条件"年龄 BETWEEN 15 AND 35"表示年龄为 15~35 岁，且（　　）。

A. 不包括 15 岁和 35 岁
B. 包括 15 岁但不包括 35 岁
C. 包括 15 岁和 35 岁
D. 包括 35 岁但不包括 15 岁

2. 下列说法错误的是（　　）。

A. GROUP BY 子句用来分组 WHERE 子句的输出

B. WHERE 子句用来筛选 FROM 子句中指定的操作所产生的行

C. 聚合函数需要和 GROUP BY 一起使用

D. HAVING 子句用来从 FROM 的结果中筛选行

3. 有 3 个表，它们的记录行数分别是 10、2 和 6。3 个表进行交叉连接后，结果集中共有（　　）行数据。

A. 18　　　　　B. 26　　　　　C. 不确定　　　　　D. 120

# 项目7
# MySQL与SQL

07

## 【能力目标】

- 掌握 MySQL 的基础用法。
- 掌握 MySQL 中的数据类型。
- 熟悉 MySQL 中的运算符与表达式。
- 理解 MySQL 中的常见内置函数及其功能。

## 【素养目标】

培养精益求精的工匠精神，建立规范编写程序代码的意识。

## 【学习导航】

本项目将系统地介绍 MySQL 的基础内容，包括 MySQL 中的常量、变量、数据类型、运算符与表达式、常见的系统内置函数及其功能。本项目所讲内容在数据库系统开发中的位置如图 7-1 所示。

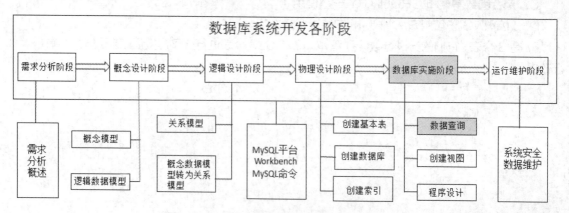

图 7-1　项目 7 所讲内容在数据库系统开发中的位置

## 任务 7.1 认识 SQL

MySQL 作为当前非常流行的 DBMS，在数据库管理中支持并使用标准结构化查询语言（Structured Query Language，SQL）。"MySQL"中的"SQL"部分代表"结构化查询语言"。SQL 是用于访问数据库的最常见的标准化语言。不仅如此，MySQL 数据库还对 SQL 进行了一定的扩展。

### 任务 7.1.1 SQL 简介

SQL 是一种由美国国家标准协会（American National Standard Institute，ANSI）规范的标准计算机语言，用于访问和处理数据库系统，它可以与数据库程序协同工作。SQL 具有面向数据库执行查询、从数据库取回数据、在数据库中插入新的记录、更新及删除数据库中的记录、创建库和表、在数据库中创建存储过程及视图、设定表及视图对象的权限等功能。不同类型的数据库使用的 SQL 语句会略有不同，但都会遵循基本的标准 SQL。例如，在 SQL Server 中的 SQL 叫作 PL-SQL，用于 Oracle 的叫作 T-SQL，以上均是 SQL 的子类，或者说是派生类。但是为了与 ANSI 标准相兼容，它们都必须以相似的方式共同支持一些主要的关键词，如 SELECT、UPDATE、DELETE、INSERT、WHERE 等。

### 任务 7.1.2 SQL 的组成

SQL 分为四大部分：数据定义语言、数据操纵语言、数据查询语言和数据控制语言。

微课 7-1

SQL 的组成

#### 1. 数据定义语言

数据定义语言（Data Definition Language，DDL）的主要操作对象为数据库、表、视图、索引和触发器等。最常用的语句如 CREATE、ALTER、DROP 等。

【例 7-1】创建数据库 userTest，并在数据库中创建数据表 user。

```
CREATE DATABASE userTest;
USE userTest;
CREATE TABLE user(
uid INT NOT NULL PRIMARY KEY,
username VARCHAR(10) NOT NULL
);
```

执行结果如图 7-2 所示。

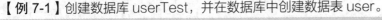

```
mysql> CREATE DATABASE userTest;
Query OK, 1 row affected (0.00 sec)

mysql> USE userTest;
Database changed
mysql> CREATE TABLE user(
    -> uid INT NOT NULL PRIMARY KEY,
    -> username VARCHAR(10) NOT NULL
    -> );
Query OK, 0 rows affected (0.35 sec)
```

图 7-2 在数据库 userTest 中创建表 user

【例 7-2】修改表 user 的表结构（增加一列）。

```
ALTER TABLE user
ADD password CHAR(8) NOT NULL;
DESC user;
```

执行结果如图 7-3 所示。

```
mysql> ALTER TABLE user
    -> ADD password CHAR(8) NOT NULL;
Query OK, 0 rows affected (0.49 sec)
Records: 0  Duplicates: 0  Warnings: 0

mysql> DESC user;
+----------+-------------+------+-----+---------+-------+
| Field    | Type        | Null | Key | Default | Extra |
+----------+-------------+------+-----+---------+-------+
| uid      | int(11)     | NO   | PRI | NULL    |       |
| username | varchar(10) | NO   |     | NULL    |       |
| password | char(8)     | NO   |     | NULL    |       |
+----------+-------------+------+-----+---------+-------+
3 rows in set (0.00 sec)
```

图 7-3  修改表结构（增加一列）

### 2. 数据操纵语言

数据操纵语言（Data Manipulation Language，DML）的主要操作对象为数据（行），常见关键字有 INSERT（插入数据）、UPDATE（更新数据）、DELETE（删除数据）。

【例 7-3】在表 user 中插入一条数据。

```
INSERT INTO user VALUES(1101,'JIM','020311');
SELECT * FROM user;
```

执行结果如图 7-4 所示。

【例 7-4】将表 user 中 uid 为 1101 的用户名改为 WangMing。

```
UPDATE user
SET username='WangMing'
WHERE uid=1101;
SELECT * FROM user;
```

执行结果如图 7-5 所示。

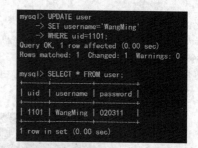

图 7-4  使用 DML 的 INSERT 语句插入数据          图 7-5  使用 DML 的 UPDATE 语句更新数据

**注意**  在开发中很少使用 DELETE 语句。删除有物理删除和逻辑删除，其中逻辑删除可以通过给表添加一个字段（isDel），值为 1，代表删除；值为 0，代表不删除。此时，对数据的删除操作就变成实现 UPDATE 操作了。

也要注意区分 DROP 和 DELETE ：DROP 是删除表，删除内容包括表结构与表中数据，属于 DDL；DELETE 是一条条地删除表中的数据，属于 DML。

### 3. 数据查询语言

数据查询语言（Data Query Language，DQL）一般指数据检索语句，用来从表中获取数据，确定数据在应用程序中的显示方式。通常使用 SELECT 语句来查询数据记录，SELECT 语句能够进行单表查询、连接查询、嵌套查询，以及集合查询等各种不同复杂程度的数据库查询。

### 4. 数据控制语言

数据控制语言（Data Control Language，DCL）主要用于控制用户的访问权限，常用的有 GRANT、REVOKE、COMMIT、ROLLBACK 等语句。

## 任务 7.2　认识常量和变量

为了保证用户编程更加方便，MySQL 在 SQL 标准的基础上增加了自身的部分语言元素，包括常量、变量、运算符、函数、流程控制语句和注释等。每条 SQL 语句都以分号结束，并且 SQL 处理器会忽略空格、制表符和回车符。

### 任务 7.2.1　认识常量

常量通常是指在程序执行过程中不变的量，分为字面常量和符号常量，其中，字面常量指的是可以直接从其字面形式判断的量。符号常量指用标识符表示一个常量，需要先定义后使用，符号常量又可分为系统内部常量和自定义常量。常量的使用格式取决于值的数据类型。根据常量的用法，可以将常量分为字符串常量、数值常量、布尔常量、日期/时间常量及 NULL 值。

微课 7-2

认识常量

### 1. 字符串常量

字符串常量通常使用英文的单引号或双引号引起来。如果字符串常量中含有换行符号、单引号、双引号、"%"或"\"，就需要在符号前面加上转义字符"\"。例如：

\n 表示一个换行符号；

\'表示一个单引号；

\"表示一个双引号；

\\表示一个\，如果没有转义字符，系统就认为\是一个转义字符；

\%表示一个%，如果没有转义字符，系统就认为这是一个通配符（匹配任意一个或多个字符）；

\_表示一个_，如果没有转义字符，系统就认为这是一个通配符（匹配任意一个字符）。

【例 7-5】字符串常量的用法举例。

```
SELECT '\"hello\"\nworld\n\\Hi!';
```

执行结果如图 7-6 所示。

### 2. 数值常量

数值常量不用添加引号，它分为整数常量（如 12、25 等十进制数）和浮点数常量（如 3.14、1.58 等带有小数点的数）。数值常量通常与算术运算符结合使用。

【例 7-6】数值常量用法举例。

```
SELECT 12+20+23.5-8.7+3;
```
执行结果如图 7-7 所示。

图 7-6　字符串常量的用法举例

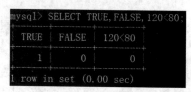

图 7-7　数值常量用法举例

### 3. 布尔常量

布尔常量的取值有 TRUE 和 FALSE，在 SQL 中使用数值 1 和 0 表示。通常布尔常量与比较运算符或逻辑运算符配合使用。

【例 7-7】布尔常量用法举例。

```
SELECT TRUE,FALSE,120<80;
```
执行结果如图 7-8 所示。

图 7-8　布尔常量用法举例

## 任务 7.2.2　认识变量

微课 7-3

认识变量

　　MySQL 本质是一种编程语言，其中需要使用变量来保存数据。MySQL 中很多属性控制是通过 MySQL 中定义的变量来实现的。

### 1. 用户自定义变量

　　用户自定义变量是由用户自己定义的变量，可以暂存值，并传递给同一连接中的下一条 SQL 语句使用的变量。当客户端连接退出时，变量会自动释放。

　　用户自定义变量的作用域为当前会话（客户端连接）。变量的声明通常以@开始，用 SET 关键字给变量赋值。变量的声明和初始化格式如下。

```
SET @变量名=值;
```
此处的变量名可以包含字母、数字及特殊字符，等号之后的值可以为常量（如数字、字符串），还可以是表达式。

> **注意**　变量名应具有一定的可读性。

　　MySQL 中的变量类似于动态语言，在赋值时，会根据具体的值来确定变量的数据类型。也就是说，int、string 类型的值都可以赋给同一个变量。MySQL 将未分配值的变量默认设为 NULL，类型为字符串。

　　对用户变量赋值的方式有两种，一种是直接用 "="，另一种是用 ":="。使用 SET 对用户变量进行赋值时，两种方式都可以使用；使用 SELECT 语句对用户变量进行赋值时，只能使用 ":="，因为在 SELECT 语句中，"=" 会被看作比较运算符。

【例 7-8】创建一个用户变量并查询其值。

```
SET @name='Kate'; SELECT @name;
```

执行结果如图 7-9 所示。

【例 7-9】将【例 7-8】中定义的用户变量插入表 user 中，并进行查询。

```
INSERT INTO user VALUES(1102,@name,'223311');
SELECT * FROM user;
```

执行结果如图 7-10 所示。

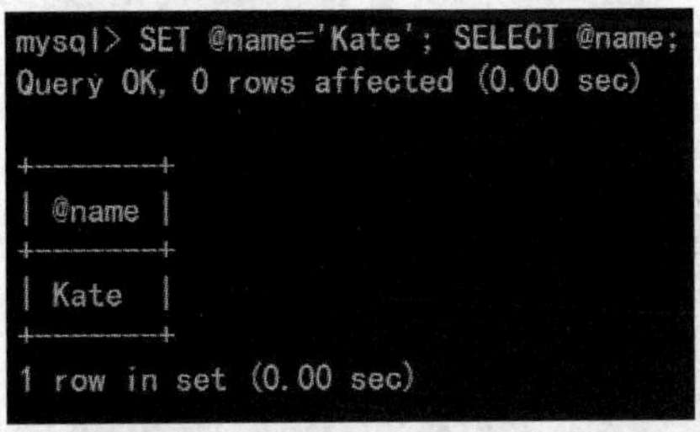

图 7-9　创建用户变量并查询其值

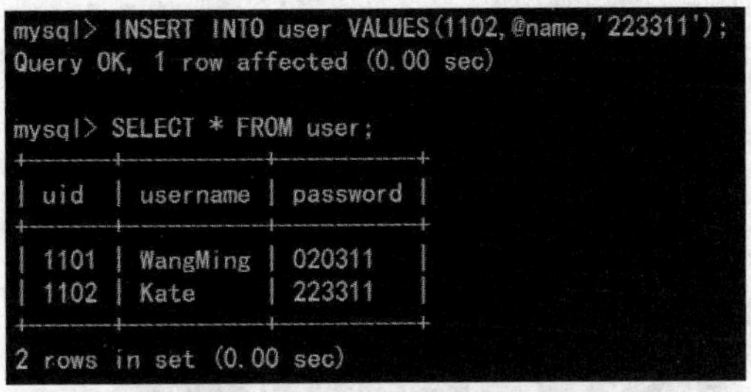

图 7-10　使用定义的用户变量

### 2. 系统变量

MySQL 可以实现访问许多系统和连接变量的操作。当服务器运行时，许多变量还可以动态修改，即允许在不需要停止并重启服务器的情况下修改服务器的操作。MySQL 服务器维护两种变量，分别是全局系统变量和会话系统变量。全局系统变量影响服务器整体操作，会话系统变量影响当前连接的客户端操作。

（1）全局系统变量

全局系统变量针对所有默认设置。全局系统变量在 MySQL 启动时，由服务器自动将它们初始化为默认值，这些默认值可以通过 my.ini 文件更改。

（2）会话系统变量

会话系统变量针对当前用户。用户登录 MySQL 会使用全局系统变量，如果会话中更改了变量值，会使用更改后的值，不过只对当前用户有效。会话系统变量在每次建立一个新的连接时，由 MySQL 初始化。MySQL 会将当前所有全局系统变量的值复制一份来作为会话系统变量的初始值。（也就是说，如果在建立会话以后，没有手动更改过会话系统变量与全局系统变量的值，那么所有这些变量的值都是一样的。）

全局系统变量与会话系统变量的区别就在于，对全局系统变量进行的修改会影响到整个服务器，但是对会话系统变量进行的修改只会影响到当前的会话（也就是当前的数据库连接）。

> **注意**　MySQL 的系统变量在 SQL 语句中使用时，变量名前面会有两个@符号，但除几个特殊系统变量外，如 CUREENT_DATE（系统日期）、CURRENT_TIME（系统时间）、CURRENT_TIMESTAMP（系统日期和时间）和 CURRENT_USER（SQL 用户的名字）。

【例 7-10】使用 SQL 语句查看当前 MySQL 客户端的字符集。

```
SELECT @@character_set_client;
```

执行结果如图 7-11 所示。

在 MySQL 中，有一部分系统变量的值是不可以修改的，如 VERSION 和系统日期。可以修改的系统变量可通过 SET 语句进行修改，语法格式如下。

```
SET @@ [GLOBAL.|SESSION.] 系统变量名=EXPR
```

如果不指定方括号中的 GLOBAL 或 SESSION，则默认修改会话系统变量。指定 GLOBAL 或@@GLOBAL.关键字修改的是全局系统变量，指定 SESSION 或@@SESSION.关键字修改的是会话系统变量。

【例 7-11】修改系统变量 character_set_client 为 gbk 字符集。

```
SET @@session.character_set_client='gbk';
SELECT @@character_set_client;
```

执行结果如图 7-12 所示。

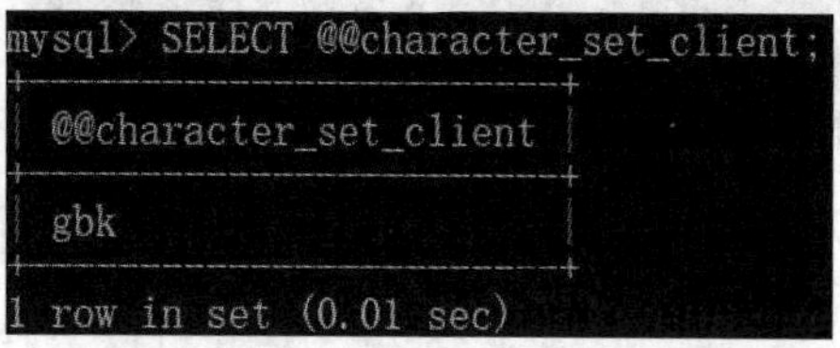

```
mysql> SELECT @@character_set_client;
+------------------------+
| @@character_set_client |
+------------------------+
| gbk                    |
+------------------------+
1 row in set (0.01 sec)
```

图 7-11　查看当前 MySQL 客户端的字符集

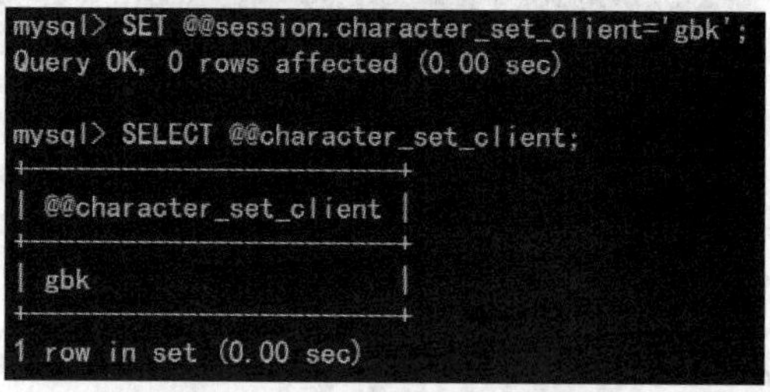

```
mysql> SET @@session.character_set_client='gbk';
Query OK, 0 rows affected (0.00 sec)

mysql> SELECT @@character_set_client;
+------------------------+
| @@character_set_client |
+------------------------+
| gbk                    |
+------------------------+
1 row in set (0.00 sec)
```

图 7-12　修改系统变量 character_set_client 为 gbk 字符集

在 MySQL 中查看系统变量最常用的方法是使用 SHOW variables 语句，使用 SHOW global variables 语句可以显示所有全局系统变量，使用 SHOW session variables 语句可以显示会话系统变量。可以运用通配符%实现系统变量的模糊查询。

【例 7-12】运用通配符查看所有以 char 开头的系统变量。

```
SHOW variables LIKE 'char%';
```

执行结果如图 7-13 所示。

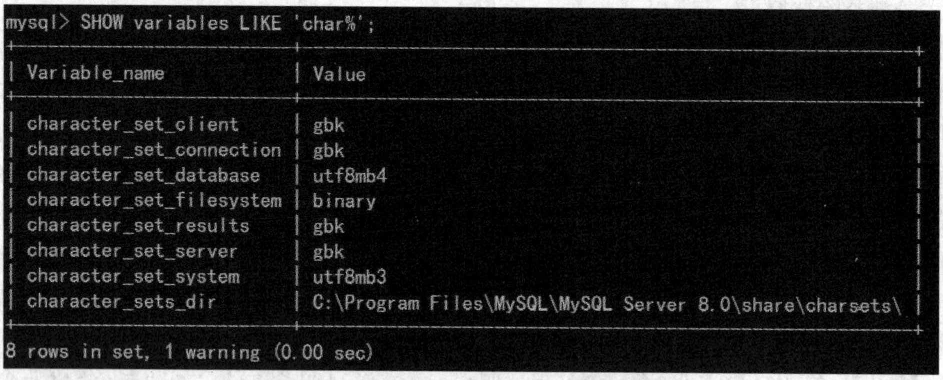

```
mysql> SHOW variables LIKE 'char%';
+--------------------------+---------------------------------------------------------+
| Variable_name            | Value                                                   |
+--------------------------+---------------------------------------------------------+
| character_set_client     | gbk                                                     |
| character_set_connection | gbk                                                     |
| character_set_database   | utf8mb4                                                 |
| character_set_filesystem | binary                                                  |
| character_set_results    | gbk                                                     |
| character_set_server     | gbk                                                     |
| character_set_system     | utf8mb3                                                 |
| character_sets_dir       | C:\Program Files\MySQL\MySQL Server 8.0\share\charsets\ |
+--------------------------+---------------------------------------------------------+
8 rows in set, 1 warning (0.00 sec)
```

图 7-13　查看所有以 char 开头的系统变量

## 任务 7.3　认识 MySQL 的数据类型

MySQL 中根据数据表示对象的不同，需要选择不同类型的数据。为保证数据对象数据类型的正确设置，MySQL 支持所有标准的 SQL 数据类型，主要有整数类型、浮点数类型、日期/时间类型和字符串类型。

微课 7-4

认识整数类型

## 任务 7.3.1 认识整数类型

MySQL 支持的 5 种整数类型按存储空间由小到大分别为：TINYINT、SAMLLINT、MEDIUMINT、INT（INTEGER）和 BIGINT，它们表示的数据范围如表 7-1 所示。

表 7-1　整数类型表示的数据范围

| 整数类型 | 字节数 | 有符号数 | 无符号数 |
|---|---|---|---|
| TINYINT | 1 | （-128,127） | （0,255） |
| SMALLINT | 2 | （-32768, 32767) | （0,65535） |
| MEDIUMINT | 3 | （-8388608, 8388607) | （0 ,16777215) |
| INT（INTEGER） | 4 | （$-2^{31},2^{31}-1$） | （$0,2^{32}-1$） |
| BIGINT | 8 | （$-2^{63},2^{63}-1$） | （$0,2^{64}-1$） |

从表 7-1 中可以看到，不同整数类型表示的数据范围按其存储空间不同而各不相同，且由于符号位的取值分有符号和无符号数，所以在进行数据定义时，可以运用 UNSIGNED 关键字表示对应字段只保存正数值。使用 UNSIGNED 表示的整数因为不需要保存数值的正、负符号，所以可以在存储数据时节约出一“位”的空间，进而扩大字段存储的数据值的范围。

【例 7-13】创建一个数据表 test_int，包括 int_i、int_u 两个字段。创建完成后插入两条记录并查看插入效果。

```
CREATE TABLE test_int
(
int_i INT(8),
int_u INT UNSIGNED
);
INSERT INTO test_int VALUES(1000,1322);
INSERT INTO test_int VALUES(-1000,-1322);
```

执行结果如图 7-14 所示。

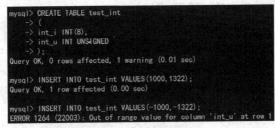

图 7-14　整数类型的应用

结合【例 7-13】和表 7-1 可知，插入第二条记录出错是因为数据-1322 超出了无符号整数类型数据表示的数据范围。

MySQL 中对 SQL 标准进行了扩展，即可以在给定数据类型后加一个可选的显示宽度指示器。

若采用此种形式对整数类型进行定义，则当从数据库检索一个值时，可以把这个值填充到指定的长度。但是应注意，在定义数据时，使用宽度指示器指定长度与字段表示值的实际大小和它可以存储的值的范围无关。

### 任务 7.3.2　认识浮点数类型

微课 7-5

认识浮点数类型

浮点数主要用于表示实数（带有小数点的数值），通常采用 $M$（尾数）× $B$（基数）的 $E$（指数）次方形式表示。浮点数所表示的数据在占位长度一定的情况下，具有数据范围大的特点，但该种表示方法对应的数据往往存在一定误差。

MySQL 中的浮点数类型主要包括 FLOAT（单精度浮点数）、DOUBLE（双精度浮点数）。在数据的正负问题上，浮点数与整数类型类似，也分为有符号数及无符号数，并使用 UNSIGNED 修饰符标识无符号浮点数（无负数）。MySQL 中浮点数类型表示的数据范围如表 7-2 所示。

表 7-2　浮点数类型表示的数据范围

| 浮点数类型 | 字节数 | 有符号数 | 无符号数 | 表示数据 |
| --- | --- | --- | --- | --- |
| FLOAT | 4 | (−3.402823466E+38,−1.175494351E−38)、0、(1.175494351E−38,3.402823466351E+38) | 0、(1.175494351E−38,3.402823466E+38) | 单精度浮点数 |
| DOUBLE | 8 | (−1.7976931348623157E+308,−2.2250738585072014E−308)、0、(2.2250738585072014E−308,1.7976931348623157E+308) | 0、(2.2250738585072014E−308,1.7976931348623157E+308) | 双精度浮点数 |

在 MySQL 中，单精度与双精度浮点数的定义形式分别表示为：FLOAT(M,D) 、DOUBLE PRECISION(M，D)。其中"(M,D)"的 $M$ 表示该值的总共位数，$D$ 表示小数点后的位数。例如，定义为 FLOAT(7,3)的某列可以显示的最大值为 9999.999，即显示数值的总位数不会超过 7 位，小数点后的数值位数为 3 位。MySQL 保存值时会自动进行四舍五入，因此，如果在 FLOAT(7,3)列内插入 3732.0009，则近似结果是 3732.001。通常在使用时，FLOAT 和 DOUBLE 中的 $M$ 和 $D$ 都默认为 0，即除了最大、最小值，不限制位数。

> **提示**　使用 FLOAT 和 DOUBLE 数据类型时，如果 $M$ 的定义值分别超出 7 和 17（即可表示位数的上限），则多出的有效数字部分的取值是不确定的，通常在数值上会发生错误。因为浮点数是不准确的，所以应用浮点数表示数据时要避免使用"="来判断两个数是否相等。

【例 7-14】创建数据表 test_float，包括 ff1 和 ff2 两个字段，然后向表中插入一条记录。

```
CREATE TABLE test_float
(
    ff1 FLOAT,
```

```
  ff2 FLOAT
);
INSERT INTO test_float VALUES(1.1111,11111159);
SELECT * FROM test_float;
```

执行结果如图 7-15 所示。通过【例 7-14】可以看出，浮点数类型的数据一旦超过规定的位数，如 FLOAT 的 7 位，则其表示的数据就是不确定的了，所以应用时需要特别注意。

```
mysql> CREATE TABLE test_float
    -> (
    ->   ff1 FLOAT,
    ->   ff2 FLOAT
    -> );
Query OK, 0 rows affected (0.42 sec)

mysql> INSERT INTO test_float VALUES(1.1111,11111159);
Query OK, 1 row affected (0.05 sec)

mysql> SELECT * FROM test_float;
+--------+----------+
| ff1    | ff2      |
+--------+----------+
| 1.1111 | 11111200 |
+--------+----------+
1 row in set (0.00 sec)
```

图 7-15　浮点数类型应用

## 任务 7.3.3　认识日期/时间类型

微课 7-6

认识日期/时间
类型

MySQL 在处理日期/时间类型的数据时提供了 3 种数据类型：日期类型、时间类型、混合日期。根据要求的日期/时间精度不同，数据类型可设置为 DATE、TIME、DATETIME、TIMESTAMP 和 YEAR 中的某一种，不同日期/时间类型能够表示的数据及字节数、日期格式、取值范围不同，如表 7-3 所示。

表 7-3　日期/时间类型的数据范围

| 类型 | 字节数 | 日期格式 | 最小值 | 最大值 | 表示数据 |
|------|--------|----------|--------|--------|----------|
| DATE | 3 | YYYY-MM-DD | 1000-01-01 | 9999-12-31 | 日期 |
| TIME | 3 | HH:MM:SS | -838:59:59 | 838:59:59 | 时间 |
| DATETIME | 8 | YYYY-MM-DD HH:MM:SS | 1000-01-01 00:00:00 | 9999-12-31 23:59:59 | 混合日期时间 |
| TIMESTAMP | 8 | YYYY-MM-DD HH:MM:SS | 1970-01-01 00:00:00 | 2037-12-31 23:59:59 | 混合日期时间 |
| YEAR | 1 | YYYY | 1901 | 2155 | 年份值 |

MySQL 可以使用 DATE 类型或 YEAR 类型存储简单的日期值，使用 TIME 类型存储时间值。日期/时间类型在表示时，既可以写成字符串，也可以写成不带分隔符的整数序列。如果将 DATE 类型描述为字符串，则日期需要使用连字号（短横线-）作为分隔符将年份、月份及日期分开。同理，将 TIME 类型的值描述为字符串时，一般使用冒号作为分隔符。在 MySQL 中会将没有使用冒号分隔符的 TIME 类型的值直接理解为持续的时间。

对于日期型数据，如果输入日期中的年份（或 SQL 语句中的 YEAR 类型）的值为两个数字，则 MySQL 会对其进行最大限度的通译，因为所有年份的值均以 4 位数字表示，MySQL 会试图将给定为两位数字的年份通译为 4 位数字对应的年份值。一般将 00~69 通译为 2000~2069,将 70~99 通译为 1970~1999，所以为保证更好地实现具体应用，最好输入 4 位数字的年份。

除了常见的日期/时间数据类型，MySQL 还提供了 DATETIME 和 TIMESTAMP 混合类型，可以把日期和时间作为单个值进行存储。混合类型通常应用于自动存储包含当前日期和时间的时间戳，并可以在执行大量数据库事务和需要建立一个调试和审查用途的审计跟踪的应用程序中起到作用。如果对 TIMESTAMP 类型的字段没有进行明确赋值，或是赋予 NULL 值，则 MySQL 会自动使用系统当前的日期/时间来填充。DATETIME 与 TIMESTAMP 的区别是，前者不受时区影响，后者受时区影响。

【例 7-15】创建数据表 test_Date，包括 d、t、y、dt、ts 共 5 个字段，然后插入两条记录。

```
CREATE TABLE test_Date(
  d DATE,
  t TIME,
  y YEAR,
  dt DATETIME,
  ts TIMESTAMP
);
INSERT INTO test_Date VALUES('2020-02-05','15:48:34','2020','2020-02-05 1
5:48:34','2020-02-05 15:48:34');
INSERT INTO test_Date VALUES('202002-05','15:78:34','20','2020-02-05 1548
34','2020-02-05 15:48:34');
```

执行结果如图 7-16 所示。

```
mysql> CREATE TABLE test_Date(
    ->   d DATE,
    ->   t TIME,
    ->   y YEAR,
    ->   dt DATETIME,
    ->   ts TIMESTAMP
    -> );
Query OK, 0 rows affected (0.26 sec)

mysql> INSERT INTO test_Date VALUES('2020-02-05','15:48:34','2020','2020-02-05 1
    > 5:48:34','2020-02-05 15:48:34');
ERROR 1292 (22007): Incorrect datetime value: '2020-02-05 1
5:48:34' for column 'dt' at row 1
mysql> INSERT INTO test_Date VALUES('202002-05','15:78:34','20','2020-02-05 1548
    > 34','2020-02-05 15:48:34');
ERROR 1292 (22007): Incorrect date value: '202002-05' for column 'd' at row 1
```

图 7-16　日期/时间类型应用

通过【例 7-15】可以看出，第一条插入语句采用标准日期/时间格式，可以成功实现操作。第二条记录中的日期格式不符合要求，所以出现了语法错误。

微课 7-7

认识字符串和
二进制类型

### 任务 7.3.4　认识字符串和二进制类型

MySQL 提供多种不同的字符串数据类型，如 CHAR 和 VARCHAR 类型、BLOB 和 TEXT 类型等。运用它们可以使存储的数据范围从简单的一个字符扩大到巨大的文本块或二进制字符串,具体的数据表示情况如表 7-4 所示。由于 TINY、

MEDIUM 和 LONG 前缀表示的数据类型除长度不同外，对应的数据类型及用法均与表格前 4 行相同，所以后续不再详细说明。

表 7-4　字符串和二进制数据表示情况

| 类型 | 字节数 | 表示数据 |
|---|---|---|
| CHAR | 0~255 字节 | 定长字符串 |
| VARCHAR | 0~65 535 字节 | 变长字符串 |
| BLOB | 0~65 535 字节 | 二进制形式的长文本数据 |
| TEXT | 0~65 535 字节 | 长文本数据 |
| TINYBLOB | 0~255 字符 | 不超过 255 个字符的二进制字符串 |
| TINYTEXT | 0~255 字节 | 短文本字符串 |
| MEDIUMBLOB | 0~16 777 215 字节 | 二进制形式的中等长度文本数据 |
| MEDIUMTEXT | 0~16 777 215 字节 | 中等长度文本数据 |
| LONGBLOB | 0~4 294 967 295 字节 | 二进制形式的极大文本数据 |
| LONGTEXT | 0~4 294 967 295 字节 | 极大文本数据 |

### 1. CHAR 和 VARCHAR 类型

CHAR 类型用于定义定长字符串，使用时必须在其后加上圆括号，且括号内用一个大小修饰符来指定字符串长度，其中大小修饰符的取值范围是 0~255。比指定长度长的字符串将被截短，比指定长度短的字符串将会用空格填补。CHAR 类型可以使用修饰符 BINARY，使用修饰符 BINARY 修饰的 CHAR 在进行比较运算时，CHAR 将以二进制形式参与比较，而不再使用传统区分大小写的形式进行运算。

VARCHAR 类型是 CHAR 类型的一个变体，被称为可变长度的字符串类型。VARCHAR 类型的用法与 CHAR 相同，但表示的数据长度为 0~65 535 字节。另外，CHAR 和 VARCHAR 类型最大的不同之处在于 MySQL 数据库处理长度指示器的方法：CHAR 类型把长度指示器的值直接视为字符串的长度大小，在长度不足的情况下用空格补足；而 VARCHAR 类型则将长度指示器的值看作可表示字符串的最大长度值，并且只使用存储字符串实际需要的长度来存储对应值。为了表示存储字符串，本身的长度，通常会增加一个额外字节，对于短于长度指示器值的字符串，VARCHAR 类型不会使用空格填补，但长于长度指示器值的字符串仍会被截短。

【例 7-16】创建数据表 test_char，包含 c 和 vc 两个字段，这两个字段均定义长度为 4 个字符，在该表中插入一条记录并查看两个字段值的长度。

```
CREATE TABLE test_char
(
c CHAR(4),
vc VARCHAR(4)
);
INSERT INTO test_char VALUES('ab ','AA ');
SELECT LENGTH(c),LENGTH(vc) FROM test_char;
```

执行结果如图 7-17 所示。

图 7-17　CHAR 与 VARCHAR 类型应用

　　【例 7-16】中的 LENGTH() 函数为返回字符串长度的函数，通过【例 7-16】可以看到，虽然在插入记录时，c 和 vc 字段都使用了空格，但 CHAR 类型的数据会自动忽略"空格"来统计数据长度。

　　因为 VARCHAR 类型可以根据实际内容动态改变存储值的长度，所以在不能确定字段需要多少字符时，使用 VARCHAR 类型可以大大节约磁盘空间，提高存储效率。VARCHAR 类型在使用修饰符 BINARY 时与 CHAR 类型的用法完全相同。

### 2. BLOB 和 TEXT 类型

　　为了保存大文本数据块或二进制的大对象，MySQL 提供了 TEXT 和 BLOB 两种类型。根据存储数据内容的大小不同，二者都设置有不同的子类型。大型的数据用于存储文本块、图像和声音文件等二进制数据类型。

　　BLOB 是一个二进制大对象，可以容纳可变数量的数据。BLOB 类型有 4 种子类型——TINYBLOB、BLOB、MEDIUMBLOB 和 LONGBLOB，分别对应不同最大长度的值。

　　TEXT 类型的子类型也有 4 种——TINYTEXT、TEXT、MEDIUMTEXT 和 LONGTEXT，也分别对应不同的最大长度和存储需求。

　　BLOB 被视为二进制字符串。TEXT 被视为字符字符串，类似于 CHAR 和 VARCHAR。TEXT 和 BLOB 类型在分类和比较上存在区别。BLOB 类型区分大小写，而 TEXT 类型不区分大小写。大小修饰符不用于各种 BLOB 和 TEXT 的子类型，但是如果插入比指定类型支持的最大值还大的值，数据将被自动截短。

---

**素养
小贴士**　在对数据对象进行数据类型设置时一定要考虑周全。1998 年 12 月 11 日，美国发射的火星气候探测器在飞行 286 天后起火燃烧。美国国家航空航天局（National Aeronautics and Space Administration，NASA）分析，美国洛克希德·马丁公司的探测器团队在传递导航数据时使用公制单位，与其合作的另一个工程队来自英国，他们使用英制单位，这导致飞行测距时厘米和英寸不匹配，轨道高度比计划距离近约 100 公里，过于靠近火星表面，温度过高而起火。

　　这起严重的事故告诉我们，在进行数据对象数据类型设置时，数据的比对非常重要，这也要求设计中有精益求精的工匠精神，任何一个细小的疏忽都会导致惨痛的失败。

## 任务 7.4    认识运算符与表达式

在 MySQL 数据库中通常会用到各类运算符及表达式来共同描述结果数据。因此，MySQL 支持多种类型的运算符。这些运算符主要有算术运算符、比较运算符、逻辑运算符和位运算符。运算符通常用于连接表达式中的数据项（操作数）。当运算符的多个操作数类型不同时，会进行隐式转换，如在 MySQL 中可以根据需要将字符串自动转换为数字参与算术运算。

### 任务 7.4.1    认识算术运算符

在 MySQL 中，算术运算符是最常见、最简单易用的一种运算符。它主要面向数值类型数据的计算。算术运算符包括加（+）、减（–）、乘（*）、除（/）、取模（%），如表 7-5 所示。

微课 7-8

认识算术运算符

表 7-5    常见的算术运算符

| 运算符 | 描述 |
| --- | --- |
| + | 加法运算符 |
| – | 减法运算符 |
| * | 乘法运算符 |
| / | 除法运算符 |
| % | 模运算符 |

#### 1.    加法运算

加法运算符（+）用于求两个或多个数值之和。运算数的类型可以为整数类型、浮点类型。如果整数数据与浮点数数据进行运算，则结果将自动转换为浮点数数据。

【例 7-17】计算 24+3.14+2 和 18+22 的结果。

```
SELECT 24+3.14+2,18+22;
```
执行结果如图 7-18 所示。

#### 2.    减法运算

减法运算符（–）用于求一个值与另一个值的差，运算后可能会改变操作数的符号。减法运算符作为一元运算符时，用于更改操作数的符号（即取负值）。

【例 7-18】计算 4.7-5.2、7.15-3.14 和 26-18 的结果。

```
SELECT 4.7-5.2,7.15-3.14,26-18;
```
执行结果如图 7-19 所示。

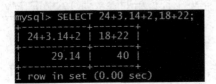

图 7-18    加法运算的结果

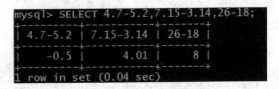

图 7-19    减法运算的结果

**注意** 对于加、减法运算，如果执行的是无符号数据的运算，则结果默认为无符号数，此时若运算结果出现负值，就会报错。可采用格式转换函数将无符号数强制转换为有符号数。

【例 7-19】运用【例 7-13】数据表 test_int 中的无符号数 int_u 参与减法运算。

```
SELECT int_u-1000
FROM test_int;
SELECT int_u-1350
FROM test_int;
```

执行结果如图 7-20 所示。

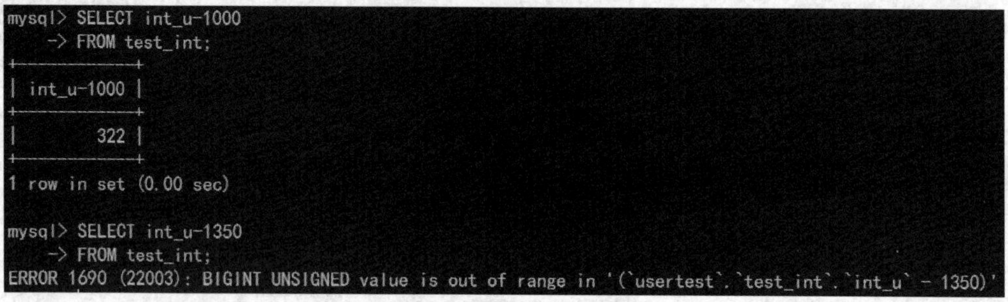

```
mysql> SELECT int_u-1000
    -> FROM test_int;
+------------+
| int_u-1000 |
+------------+
|        322 |
+------------+
1 row in set (0.00 sec)

mysql> SELECT int_u-1350
    -> FROM test_int;
ERROR 1690 (22003): BIGINT UNSIGNED value is out of range in '(`usertest`.`test_int`.`int_u` - 1350)'
```

图 7-20　无符号数参与减法运算的结果

### 3. 乘法运算

乘法运算符（*）用于获得两个数值的乘积。运算结果的符号与参与运算的所有操作数符号相关。

【例 7-20】计算 3*10、0.6*15 和-12.5*2 的结果。

```
SELECT 3*10,0.6*15,-12.5*2;
```

执行结果如图 7-21 所示。

### 4. 除法运算

除法运算符（/）用于计算一个值除以另一个值的商。除法运算的结果使用浮点数表示。

【例 7-21】计算 18/3、21.0/7 和 5/0 的结果。

```
SELECT 18/3,21.0/7,5/0;
```

执行结果如图 7-22 所示。

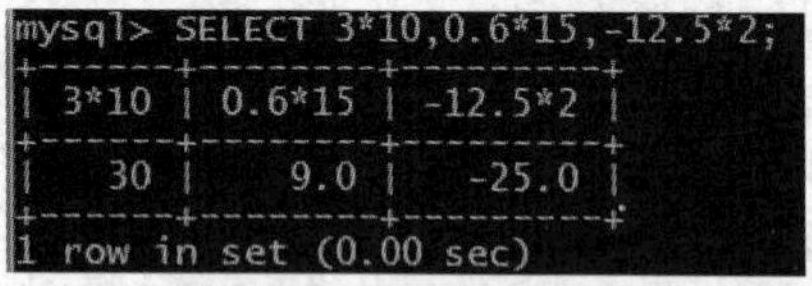

```
mysql> SELECT 3*10,0.6*15,-12.5*2;
+------+--------+---------+
| 3*10 | 0.6*15 | -12.5*2 |
+------+--------+---------+
|   30 |    9.0 |   -25.0 |
+------+--------+---------+
1 row in set (0.00 sec)
```

图 7-21　乘法运算的结果

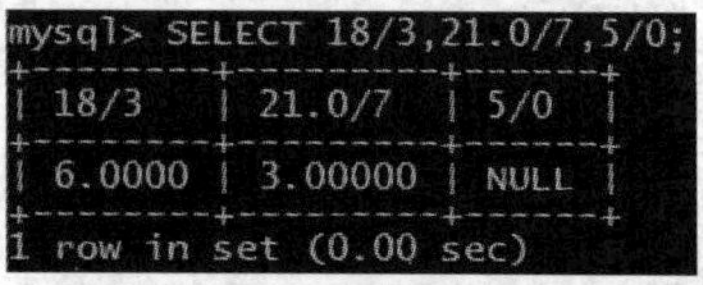

```
mysql> SELECT 18/3,21.0/7,5/0;
+--------+---------+------+
| 18/3   | 21.0/7  | 5/0  |
+--------+---------+------+
| 6.0000 | 3.00000 | NULL |
+--------+---------+------+
1 row in set (0.00 sec)
```

图 7-22　除法运算的结果

因为按照数学中的要求，在除法运算中 0 是不能作为除数的，所以针对除数为 0 的情况，MySQL 会返回结果 NULL。

### 5. 模运算

模运算符（%）用于计算一个值除以另一个值的余数。模运算符的功能与 MOD()函数相同。

【例 7-22】计算 17%5、10%3、5%-3 和-2%4 的结果。

```
SELECT 17%5,10%3,5%-3,-2%4;
```

执行结果如图 7-23 所示。

 **注意** 在算术运算的模运算中，余数的符号取决于被除数（%左边的操作数）的符号，如果被除数为负数，则模运算得到的余数也为负数。

在算术运算中，如果出现字符串参与运算的情况，则字符串表示的数字会自动转换为数字。在转换过程中，如果字符串的第一个字符是数字，那么它转换为这个数字的值，否则字符串将被转换为零。

【例 7-23】计算'91BQ'+'5'、'BQ91'+2 和'8y'*5*'wxz'的结果。

```
SELECT '91BQ'+'5','BQ91'+2,'8y'*5*'wxz';
```

执行结果如图 7-24 所示。

图 7-23　模运算的结果　　　　图 7-24　字符串参与算术运算的结果

通过【例 7-23】可以看到，以数字开头的字符串可以直接转换为数字，否则转换为零。

## 任务 7.4.2　认识比较运算符

在 MySQL 中，运用 SELECT 语句进行查询时，允许用户对表达式的左边操作数与右边操作数进行比较运算，如果比较运算结果为真，则返回 1，否则返回 0。当比较运算的结果不确定时，返回 NULL。MySQL 中对 NULL 值的条件判断使用 IS NULL（为空）与 IS NOT NULL（不为空）专用运算符表示。

比较运算符主要包括等于( = )、全等于( <=> )、不等于( !=或<> )、小于( < )、小于等于( <= )、大于( > )、大于等于( >= )，还包括 BETWEEN...AND、LIKE，如表 7-6 所示。

微课 7-9

认识比较运算符

表 7-6　常见的比较运算符

| 运算符 | 描述 |
|---|---|
| =、<=> | 等于、全等于（可比较 NULL 值） |
| !=、<> | 不等于 |
| <、<= | 小于、小于等于 |
| >、>= | 大于、大于等于 |
| BETWEEN...AND | 范围比较运算符 |
| LIKE | 模糊匹配运算符 |

### 1. "=" 和 "<=>" 运算符

"=" 运算符用于比较运算符左、右两侧的操作数是否相等。如果运算符两侧的操作数相等，则返回 1，否则返回 0。需要注意的是，NULL 不能用 "=" 运算符进行比较。"<=>" 和 "=" 运算符类似，当运算符两侧的操作数相同时返回 1，"<=>" 运算符可以用来比较 NULL。

【例 7-24】求 'AA'='aa'、5.12=4 和'5q'=5 的比较结果。

```
SELECT 'AA'='aa',5.12=4,'5q'=5;
```

执行结果如图 7-25 所示。

通过【例 7-24】可以看到，在 MySQL 中如果无特别说明，则字符串的比较是不区分大小写的，所以 "AA" 与 "aa" 是相等的。同时在比较运算中，与数值进行比较的字符串会自动转换为数字。

### 2. "<>" 与 "!=" 运算符

"<>" 与 "!=" 运算符都表示不等于，即如果运算符两侧的操作数不等，则返回 1，否则返回 0。NULL 也不能使用 "<>" 运算符来比较。

【例 7-25】求't'<> 'L'、15<>20 和 1<>1.0 的结果。

```
SELECT 't'<>'L',15<>20,1<>1.0;
```

执行结果如图 7-26 所示。

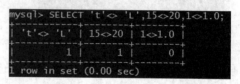

图 7-25 "=" 比较运算的结果            图 7-26 "<>" 比较运算的结果

### 3. "<" 与 "<=" 运算符

当运算符 "<" 左侧的操作数小于右侧的操作数时返回 1，否则返回 0。当运算符 "<=" 左侧的操作数小于等于右侧的操作数时返回 1，否则返回 0。

【例 7-26】计算'APPLE'< 'PEAR'、15<10、-1<1.6 和 14<=14.0 的结果。运算符按照 ASCⅡ 码值比较字符串。

```
SELECT 'APPLE'<'PEAR',15<10,-1<1.6,14<=14.0;
```

执行结果如图 7-27 所示。

```
mysql> SELECT 'APPLE'< 'PEAR',15< 10,-1<1.6,14<=14.0;
+----------------+--------+--------+---------+
| 'APPLE'< 'PEAR' | 15< 10 | -1<1.6 | 14<=14.0 |
+----------------+--------+--------+---------+
|              1 |      0 |      1 |       1 |
+----------------+--------+--------+---------+
1 row in set (0.00 sec)
```

图 7-27 "<" 与 "<=" 比较运算的结果

### 4. ">" 与 ">=" 运算符

当运算符 ">" 左侧的操作数大于右侧的操作数时返回 1，否则返回 0。当运算符 ">=" 左侧的操作数大于等于右侧的操作数时返回 1，否则返回 0。

【例 7-27】计算'TEA'> 'PEAR'、18>10、-1>1.6 和 3.14>=1.40 的结果。运算符按照 ASCⅡ 码值比较字符串。

```
SELECT 'TEA'>'PEAR',18>10,-1>1.6,3.14>=1.40;
```

执行结果如图 7-28 所示。

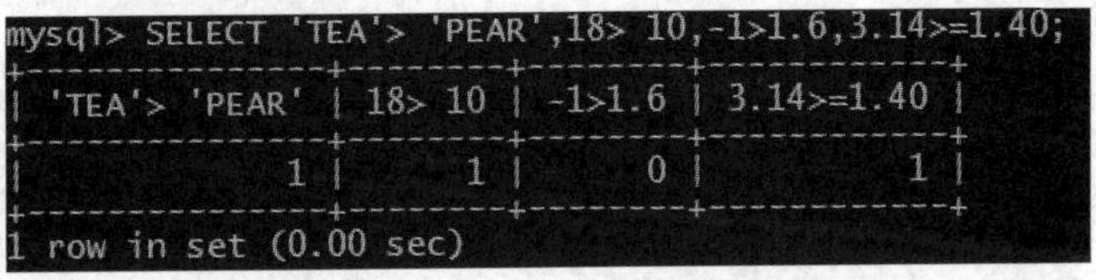

图 7-28 ">"与">="比较运算的结果

### 5. "BETWEEN...AND"运算符

"BETWEEN...AND"运算符用于范围查询，需要设置"条件 1"和"条件 2"两个参数，即范围的起始值和终止值。其基本语法格式如下。

```
BETWEEN 条件1 AND 条件2
```

需要注意，条件 1 对应的值要小于等于条件 2 的值。如果表示数据不在某个范围内，则可以使用 NOT BETWEEN...AND。

【例 7-28】在数据库 ssms 中查询表 elective 中成绩在 60~70 分的学生的学号。

```
USE ssms;
SELECT S_ID
FROM elective
WHERE Grade BETWEEN 60 AND 70;
```

执行结果如图 7-29 所示。

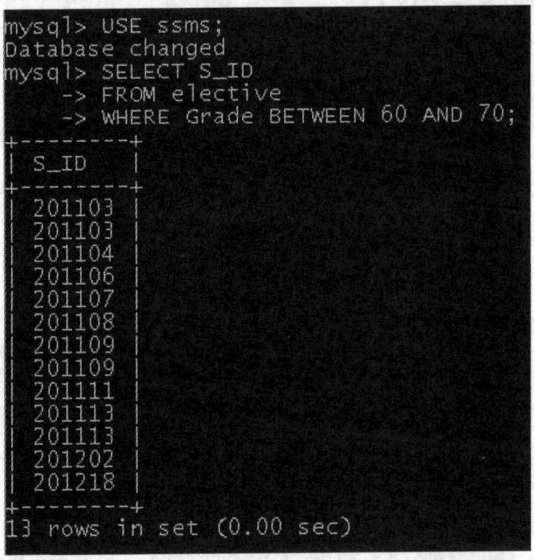

图 7-29 "BETWEEN...AND"运算符的应用

### 6. "LIKE"运算符模糊匹配

根据 SQL 标准，"LIKE"运算符在每个字符的基础上执行匹配，一般会与通配符 "%"（匹配 0 个或多个字符）和 "_"（匹配任意单个字符）搭配使用。还可以使用 NOT LIKE 运算符来表示不匹配。

【例 7-29】在数据库 ssms 中查询表 student 中姓王的学生的信息。

```
SELECT S_ID,Name,Major,Sex
```

```
FROM student
WHERE Name LIKE '王%';
```
执行结果如图 7-30 所示。

【例 7-30】在数据库 ssms 中查询表 student 中学号倒数第二位为"4"的学生的信息。

```
SELECT S_ID,Name,Major,Sex
FROM student
WHERE S_ID LIKE '%4_';
```
执行结果如图 7-31 所示。

图 7-30 "LIKE"运算符的应用 1

图 7-31 "LIKE"运算符的应用 2

---

**注意** 运用"LIKE"运算符时，如果要查询的内容中包含通配符"%"或"_"，则需要使用转义字符进行匹配查询，"\%"表示匹配一个"%"，"\_"表示匹配一个"_"。

---

## 任务 7.4.3 认识逻辑运算符

微课 7-10

认识逻辑运算符

逻辑运算符也称为布尔运算符，用来确认条件表达式逻辑结果的真（TRUE）或假（FALSE）。MySQL 支持 4 种类型的逻辑运算符，如表 7-7 所示，包括逻辑与运算符（AND 或&&）、逻辑或运算符（OR 或||）、逻辑非运算符（NOT 或!）、逻辑异或运算符（XOR 或^）。

表 7-7 逻辑运算符

| 运算符 | 描述 |
| --- | --- |
| AND（&&） | 逻辑与运算符 |
| OR（\|\|） | 逻辑或运算符 |
| NOT（!） | 逻辑非运算符 |
| XOR （^） | 逻辑异或运算符 |

### 1. 逻辑与运算

逻辑与运算的语法规则为当所有操作数均为非零值并且不为 NULL 时，计算所得结果为 1；当一个或多个操作数为 0 时，所得结果为 0；操作数中有一个操作数为 NULL，则返回结果为 NULL。

【例 7-31】查询数据表 student 中姓王且性别为男的学生的信息。

```
SELECT S_ID,Name,Major,Sex
FROM student
WHERE Name LIKE '王%' AND Sex=1;
```

执行结果如图 7-32 所示。

## 2. 逻辑或运算

逻辑或运算的语法规则为当两个操作数均为 NOT NULL 时，如果有任意一个操作数为非零值，则结果为 1，否则为 0；当操作数有一个为 NULL 时，如果另一个操作数为非 0 值，则结果为 1，否则为 NULL；如果两个操作数均为 NULL，那么所得结果也为 NULL。

【例 7-32】查询数据表 student 中姓王的学生或总学分在 50 分以上的学生的信息。

```
SELECT S_ID,Name,Major,Sex,Total_Credit
FROM student
WHERE Name LIKE '王%' OR Total_Credit>50;
```

执行结果如图 7-33 所示。

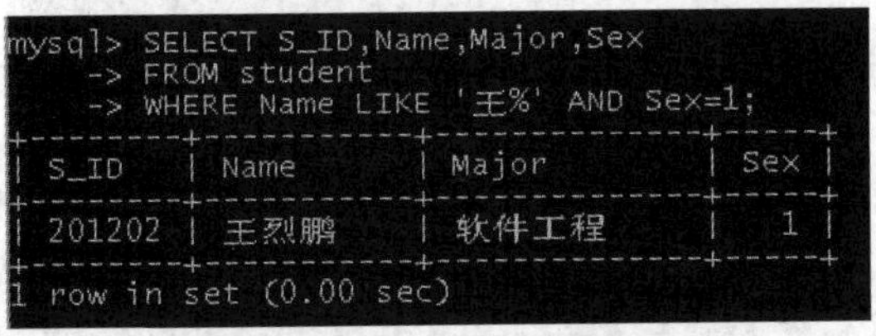

图 7-32 "AND" 运算符的应用

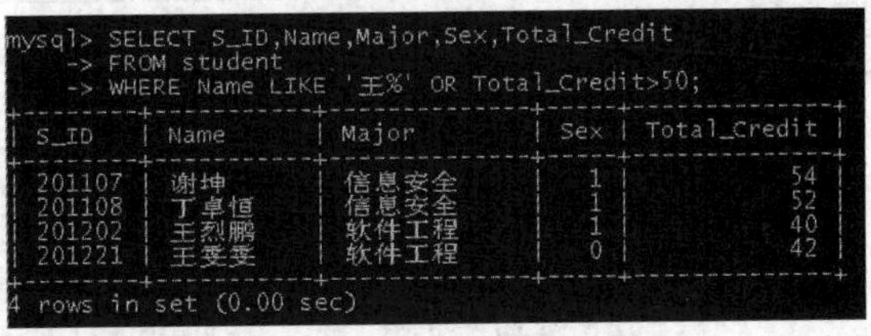

图 7-33 "OR" 运算符的应用

## 3. 逻辑非运算

逻辑非运算的语法规则为返回与操作数相反的结果。当操作数为 0 时，结果为 1，否则结果为 0。注意，进行非运算的操作数如果为 NOT NULL，则返回值为 NULL。

【例 7-33】计算!(35<20) and (15>10)的结果。

```
SELECT !(35<20) and (15>10);
```

执行结果如图 7-34 所示。

## 4. 逻辑异或运算

逻辑异或运算的语法规则为当任意一个操作数为 NULL 时，返回值为 NULL。对于为 NOT NULL 的操作数，如果两者的逻辑值相异，即其中一个逻辑值为真且不为 NULL，另一个逻辑值为假，则返回结果为 1，否则返回结果为 0。

【例 7-34】计算 (3<5) XOR (2>6)的结果。

```
SELECT (3<5) XOR (2>6);
```

执行结果如图 7-35 所示。

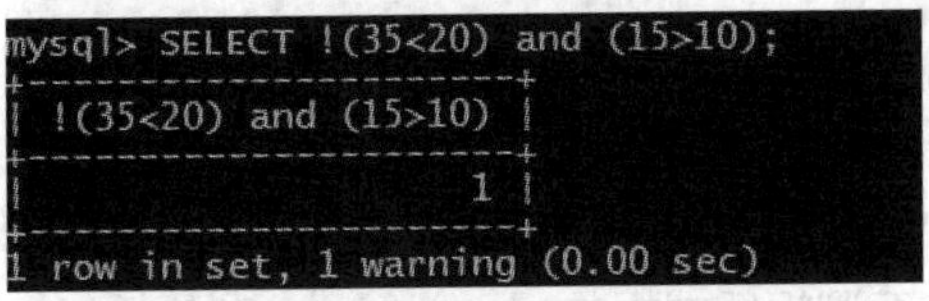

图 7-34 "!" 运算符的应用

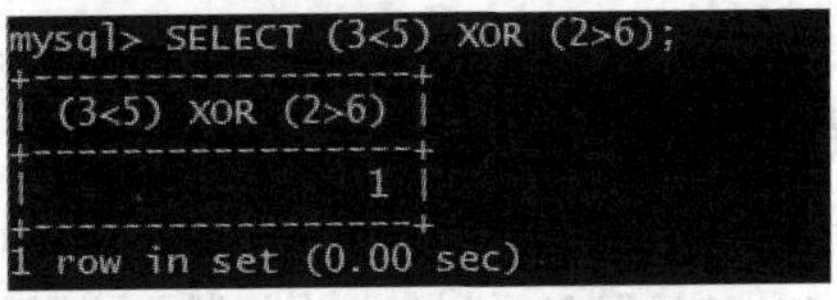

图 7-35 "XOR" 运算符的应用

## 任务 7.4.4　认识位运算符

位运算符主要是指对二进制位的逻辑运算。位运算通常将给定参与运算的操作数转化为二进制数后，对各个操作数的每一位（bit）进行指定的逻辑运算，最后将所得的二进制结果转换为十进制

MySQL 数据库应用与维护项目式教程
（微课版）

数作为最终结果。位运算符主要包括按位与（&）、按位或（|）、按位异或（^）、按位取反（~）、按位移位（">>"按位右移和 "<<" 按位左移）运算，如表 7-8 所示。

表 7-8　位运算符

| 运算符 | 描述 |
| --- | --- |
| & | 按位与运算符 |
| \| | 按位或运算符 |
| ^ | 按位异或运算符 |
| ~ | 按位取反运算符 |
| >> 、<< | 按位右移、按位左移 |

### 1. 按位与运算（&）

按位与运算表示对多个操作数的二进制数进行按位逻辑与操作。

【例 7-35】计算 5&6 的结果。

```
SELECT 5&6;
```

执行结果如图 7-36 所示。

因为 5 的二进制数为 101，6 的二进制数为 110，所以 101&110 的结果为 100，转换为十进制数，结果为 4。

### 2. 按位或运算（|）

按位或运算表示对多个操作数的二进制数进行按位逻辑或操作。

【例 7-36】计算 25|32 的结果。

```
SELECT 25|32;
```

执行结果如图 7-37 所示。

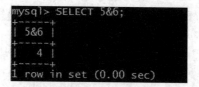

图 7-36　"&"运算符的应用

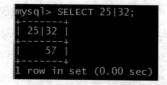

图 7-37　"|"运算符的应用

在【例 7-36】中，25 转换为二进制数 011001，32 转换为二进制数 100000，所以 011001 | 100000 的结果为 111001，转换为十进制数，结果为 57。

### 3. 按位异或运算（^）

按位异或运算表示对多个操作数的二进制数按位进行逻辑异或操作。

【例 7-37】计算 7^9 的结果。

```
SELECT 7^9;
```

执行结果如图 7-38 所示。

【例 7-37】中 7 与 9 进行按位异或运算，即 0111^1001，结果是 1110，转换为十进制数，结果是 14。

#### 4. 按位取反运算（~）

按位取反运算表示对操作数对应的二进制数进行按位取反操作。注意，一般默认的整数类型在系统中的存放位数为 8 字节，即以 64 位二进制数表示。注意按位取反中原来存放 0 的位，取反后取值均变为 1。

【例 7-38】计算~16 的结果。

```
SELECT ~16;
```

执行结果如图 7-39 所示。

图 7-38　"^"运算符的应用　　　　　图 7-39　"~"运算符的应用

【例 7-38】中~16 的运算是将 000...010000（共 64 位）按位取反，结果是 111...101111（共 64 位），转换为十进制数是 $2^{64}-16$，即图 7-39 中的值。

#### 5. 移位运算

移位运算符 ">>" 表示按位右移，即将左操作数向右移动右操作数指定的位数。

【例 7-39】计算 4>>2 的结果。

```
SELECT 4>>2;
```

执行结果如图 7-40 所示。

在进行移位操作时，需要考虑整数类型数据的存放问题， 4>>2 实际上是将 4 对应的二进制 100 向右移两位，得到的数据为二进制 1，对应的十进制数也为 1。

"<<" 表示按位左移，即将左操作数向左移动右操作数指定的位数。

【例 7-40】计算 7<<2 的结果。

```
SELECT 7<<2;
```

执行结果如图 7-41 所示。

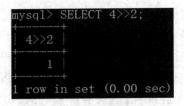
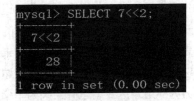

图 7-40　">>"运算符的应用　　　　　图 7-41　"<<"运算符的应用

【例 7-40】中的左移操作同右移操作类似，将 7 转换为二进制数，得到 000...0111（共 64 位），然后将数据左移两位，得到 000...11100（共 64 位），其对应的十进制数为 28。

### 任务 7.4.5　认识运算符优先级

如果表达式中包含了多个运算符，则数据的运算顺序及结果将直接与运算符的优先级相关。一般情况下，优先级高的运算符先运算，如果运算符的优先级相同，则 MySQL 通常会按照表达式中运算符出现的顺序，从左到右依次进行运算（赋值运算符除外）。前面介绍的几类运算符的优先级由低到高的顺序如表 7-9 所示。

**表 7-9　运算符的优先级（由低到高）**

| 优先级(由低到高) | 运算符 |
|---|---|
| 1 | =（赋值）、:= |
| 2 | \|\|、OR、XOR |
| 3 | &&、AND |
| 4 | NOT |
| 5 | BETWEEN、CASE、WHEN、THEN 和 ELSE |
| 6 | =、<=>、>=、>、<=、<、<>、!=、IS、LIKE、REGEXP 和 IN |
| 7 | \| |
| 8 | & |
| 9 | << 和 >> |
| 10 | – 和 + |
| 11 | *、/、% |
| 12 | ^（按位异或） |
| 13 | ~（一元，取负）和 ~（按位取反） |
| 14 | ! |
| 15 | () |

表达式中如果需要改变运算符的优先级，则可以使用圆括号"()"，括号内的运算符具有最高的运算优先级。表达式先执行括号内的运算，然后对括号外的运算符进行运算。如果存在括号的多层嵌套，则优先执行最内层括号的运算。

## 任务 7.4.6　认识表达式

表达式通常是由常量、变量、列名、运算符和函数组合而成的。通过运算，一个表达式最终都可以得到一个确定的运算结果值。表达式的结果值取决于参与运算的相关数据的数据类型。

根据表达式的组成与表达式的运算结果可以对表达式进行分类。根据表达式值的不同数据类型，可以将表达式分类为字符表达式、数值表达式或者日期表达式。根据表达式运算结果的不同，可以将表达式分为标量表达式（运算结果为单个值）、行表达式（运算结果为表的一行）、表表达式（结果为一个或多个行表达式）。

## 任务 7.5　认识系统内置函数

MySQL 内部提供了丰富的内置函数库，在完成 MySQL 数据库中的数据操纵或实现数据库程序时，常常需要调用系统提供的内置函数。函数的存在可以保证用户使用尽可能少的数据完成复杂的数据操作。根据功能的不同，内置函数可以大致分为：数学函数、字符串函数、日期/时间函数、聚合函数。

### 任务 7.5.1　使用数学函数

数学函数用于完成复杂的算术操作及专门的数学运算，数学函数应用中一旦出现错误操作，其返回值通常为 NULL。表 7-10 所示是一些常见的数学函数。

表 7-10　常见的数学函数

| 函数名称 | 描述 |
| --- | --- |
| ABS() | 返回绝对值 |
| ROUND() | 返回整数部分或保留部分小数位 |
| TRUNCATE() | 截断为指定的小数位数 |
| RAND() | 返回一个随机浮点值 |
| SIGN() | 返回参数的符号 |
| SQRT() | 返回参数的平方根 |
| PI() | 返回圆周率 |
| POW() | 将参数提高到指定的幂 |

### 1. ABS(x)

ABS(x)的作用是返回某数的绝对值，可用于二者间差距的计算。

【例 7-41】在数据库 ssms 的表 elective 中查询与学号为 201101 的学生的课程 101 成绩相差不超过 5 分的学生的学号。

```
SELECT S_ID
FROM elective
WHERE ABS(Grade-(SELECT Grade
                 FROM elective
WHERE S_ID='201101' AND C_ID='101' )
)<=5;
```

执行结果如图 7-42 所示。

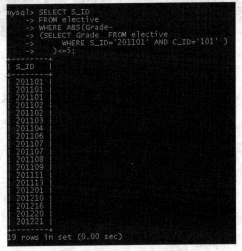

图 7-42　ABS()函数的应用

## 2. ROUND(x,d)

ROUND(x,d)的返回值为离 x 最近的整数（四舍五入）并保留 d 位小数，如果不指定 d 的值，则 d 默认为 0，即 ROUND(x)返回的是一个整数。

> **注意** 返回值与它的第一个参数类型相同（假设它是整数，双精度或十进制）。如果第一个参数为整数，则无论第二个参数取值为多少，结果都是整数（无小数位）。

【例 7-42】计算 ROUND(150.157,2)、ROUND(150,2)和 ROUND(3.52)的结果。

```
SELECT ROUND(150.157,2),ROUND(150,2),ROUND(3.52);
```

执行结果如图 7-43 所示。

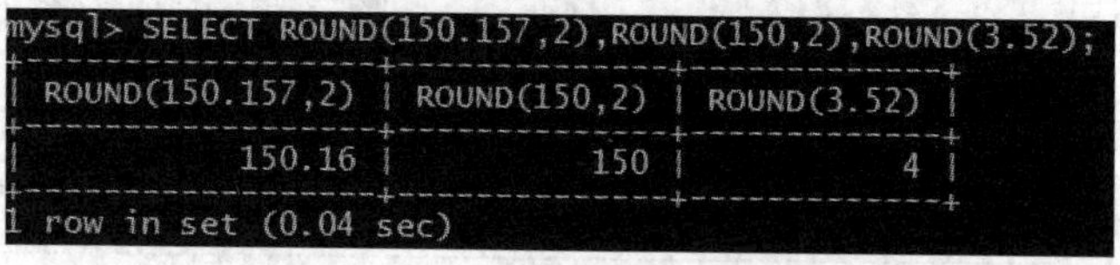

图 7-43　ROUND()函数的应用

## 3. TRUNCATE(x,d)

TRUNCATE(x,d)的返回值为 x 并保留 d 位小数。如果函数中 d 的取值为 0，则返回结果为整数。d 可以取负值，此时返回结果中数值 x 小数点左边 d 位对应的数值为零。与 ROUND()函数不同的是，TRUNCATE()函数不采用四舍五入的形式保留小数，而是直接截取保留 d 位小数且 d 这个参数不可以省略。

【例 7-43】计算 TRUNCATE(76.28,1)、TRUNCATE(26.79,-2)和 TRUNCATE(3.14,0)的结果。

```
SELECT TRUNCATE(76.28,1),TRUNCATE(26.79,-2),TRUNCATE(3.14,0);
```

执行结果如图 7-44 所示。

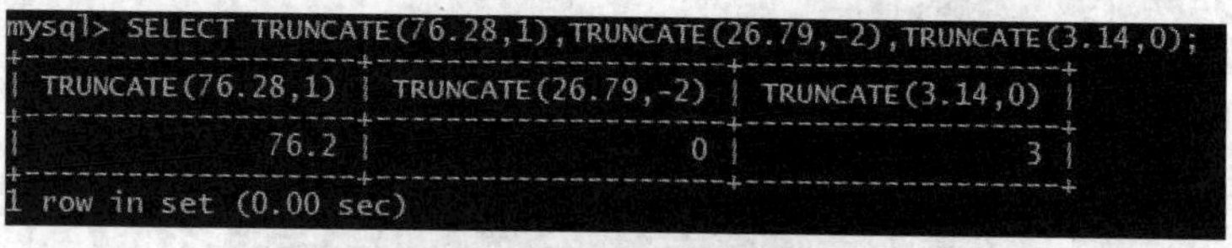

图 7-44　TRUNCATE()函数的应用

## 4. RAND()

RAND()函数返回的结果为 0~1 的随机浮点数。要取得某个范围内的随机数可以使用表达式实现。

【例 7-44】运用 RAND()函数产生一个 0~100 的随机数。

```
SELECT RAND()*100;
```

执行结果如图 7-45 所示。

## 5. SIGN(x)

SIGN(x)的作用是返回参数 x 的符号标识。当 x 为负数时，返回值为-1；当 x 为正数时，返回值为 1；当 x 取值为 0 时，返回值为 0。

【例 7-45】求 SIGN(13)、SIGN(-212)和 SIGN(0)的返回结果。

```
SELECT SIGN(13),SIGN(-212),SIGN(0);
```

执行结果如图 7-46 所示。

图 7-45　RAND()函数的应用

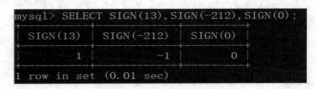

图 7-46　SIGN()函数的应用

### 6. SQRT(x)

SQRT(x)的作用是返回 x 的平方根，用于数学中开平方的求值运算。

【例 7-46】计算 SQRT(144)的结果。

```
SELECT SQRT(144);
```

执行结果如图 7-47 所示。

### 7. PI()

PI()函数用于返回圆周率，返回结果默认显示的小数位数为 6 位，但实际在 MySQL 内部使用的是完整的双精度值。

【例 7-47】计算半径为 10 的圆的面积。

```
SELECT PI()*10*10;
```

执行结果如图 7-48 所示。

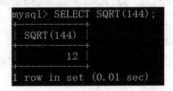

图 7-47　SQRT()函数的应用

图 7-48　PI()函数的应用

### 8. POW(x,y)

POW(x,y)用于返回 x 的 y 次方，其功能与 POWER(x,y)相同。

【例 7-48】计算 2 的 10 次方。

```
SELECT POW(2,10);
```

执行结果如图 7-49 所示。

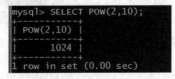

图 7-49　POW()函数的应用

## 任务 7.5.2　使用字符串函数

MySQL 为便于完成字符串的相关操作，提供了多种字符串函数，包括获取

微课 7-12

使用字符串函数

字符串长度的函数、大小写转换的函数、连接字符串的函数、删除空格的函数等。本任务介绍几个常见的字符串函数，如表 7-11 所示。

表 7-11　常见的字符串函数

| 函数名称 | 描述 |
| --- | --- |
| CHAR_LENGTH() | 返回参数中的字符数 |
| CONCAT() | 返回串联的字符串 |
| UPPER() | 转换为大写 |
| LOWER() | 转换为小写 |
| LPAD()、RPAD() | 返回字符串参数，用指定的字符串左填充或右填充 |
| LEFT()、RIGHT() | 返回指定的最左边的或最右边的字符 |
| LTRIM()、RTRIM()、TRIM() | 删除前导、尾部、首尾空格 |
| REPLACE() | 替换出现的指定字符串 |
| STRCMP() | 比较两个字符串 |
| SUBSTRING()、MID() | 返回指定的子字符串 |

### 1. CHAR_LENGTH(str)

CHAR_LENGTH(str)的作用为返回字符串 str 包含的字符数，注意与 LENGTH()函数区分。LENGTH()的作用为返回字符串 str 占用的空间大小，多字节字符算作单个字符。也就是说，对于包含 5 个双字节字符的字符串，CHAR_LENGTH()函数的返回值为 5，而 LENGTH()函数的返回值却为 10。

【例 7-49】查看字符串"I LOVE CHINA!"包含的字符数。

```
SELECT CHAR_LENGTH('I LOVE CHINA!');
```
执行结果如图 7-50 所示。

### 2. CONCAT(str1,str2,… )

CONCAT()函数返回参数列表中的字符串连接产生的新字符串，该函数中的参数可能有一个或多个。如果所有参数的值都为非二进制字符串，则结果为非二进制字符串。如果参数包含任何二进制字符串，则结果为二进制字符串。数字参数会被转化为与之相等的二进制字符串格式。如果 CONCAT()函数的返回值为 NULL，则表示参数列表包含 NULL。

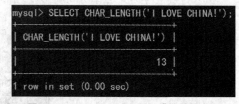

图 7-50　CHAR_LENGTH()函数的应用

【例 7-50】在数据库 ssms 的表 student 中查询学号为 201101 的学生的学号、姓名、性别，并将这些信息连接成一个字符串显示。

```
USE ssms;
SELECT CONCAT('学号: ',S_ID,', 姓名: ',Name,', 性别: ',Sex)
  FROM student
  WHERE S_ID='201101';
```
执行结果如图 7-51 所示。

图 7-51　CONCAT()函数的应用

### 3. UPPER(str)

UPPER(str)的作用是返回 str 根据当前字符集映射将所有字符更改为大写的字符串，在 MySQL 8.0 中函数默认的字符集为 utf8mb4。

【例 7-51】将字符串"character_set"中的字母变为大写。

```
SELECT UPPER('character_set');
```

执行结果如图 7-52 所示。

图 7-52　UPPER()函数的应用

### 4. LOWER(str)

LOWER(str)的作用是返回 str 根据当前字符集映射将所有字符更改为小写的字符串，同 UPPER()一样，其默认字符集也为 utf8mb4。

【例 7-52】将字符串"Let's Learn MySQL8.0"中的字母转换为小写。

```
SELECT LOWER('Let\'s Learn MySQL8.0');
```

执行结果如图 7-53 所示。

图 7-53　LOWER()函数的应用

### 5. LPAD(str,len,padstr)与 RPAD(str,len,padstr)

LPAD(str,len,padstr)返回的字符串为在原字符串 str 的左边填充 padstr，直到字符长度达到 len。与 LPAD(str,len,padstr)相对应的是，RPAD(str,len,padstr)返回的字符串为在原字符串 str 的右边填充字符 padstr 直到字符串长度为 len。

但无论是 LPAD()还是 RPAD()函数，如果参数列表中的 len 取值小于 str 对应的长度，则返回值输出的结果为 str 的前 len 个字符。

【例 7-53】应用 LPAD()与 RPAD()函数进行字符串的左填充和右填充。

```
SELECT LPAD('version',9,'@'),RPAD('1',4,'0');
```
执行结果如图 7-54 所示。

```
mysql> SELECT LPAD('version',9,'@'),RPAD('1',4,'0');
+-----------------------+------------------+
| LPAD('version',9,'@') | RPAD('1',4,'0')  |
+-----------------------+------------------+
| @@@version            | 1000             |
+-----------------------+------------------+
1 row in set (0.02 sec)
```
图 7-54　LPAD()与 RPAD()函数的应用

### 6. LEFT(str,len) 与 RIGHT(str,len)

LEFT(str,len)函数的返回值为字符串 str 最左边的长度为 len 的子字符串，RIGHT(str,len)函数的返回值为 str 字符串最右边的长度为 len 的子字符串。

【例 7-54】在数据库 ssms 中运用 LEFT()与 RIGHT()函数将表 student 中王姓学生的姓氏与名字分开显示。

```
SELECT LEFT(Name,1) AS 姓氏,RIGHT(Name,CHAR_LENGTH(Name)-1) AS 名字
FROM student
WHERE Name like '王%';
```
执行结果如图 7-55 所示。

```
mysql> SELECT LEFT(Name,1) AS 姓氏,RIGHT(Name,CHAR_LENGTH(Name)-1) AS 名字
    -> FROM student
    -> WHERE Name like '王%';
+--------+--------+
| 姓氏   | 名字   |
+--------+--------+
| 王     | 烈鹏   |
| 王     | 雯雯   |
+--------+--------+
2 rows in set (0.00 sec)
```
图 7-55　LEFT()与 RIGHT()函数的应用

### 7. LTRIM(str)、RTRIM(str)与 TRIM(str)

LTRIM(str)可以删除字符串 str 开始处的空格字符。RTRIM(str)删除的是 str 结尾处的空格。TRIM(str)既可以删除字符串 str 开始处的空格字符，也可以删除结尾处的空格字符。但是需要注意，以上 3 个函数都无法删除字符串 str 中间的空格。

【例 7-55】运用 LTRIM()、TRIM()、RTRIM()函数删除字符串的空格。

```
SELECT LTRIM(' Susan,see you! ') AS L,
  RTRIM(' Susan,see you! ') AS R,
  TRIM(' Susan,see you! ') AS LR;
```
执行结果如图 7-56 所示。

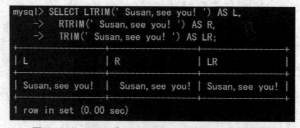

```
mysql> SELECT LTRIM(' Susan,see you! ') AS L,
    ->    RTRIM(' Susan,see you! ') AS R,
    ->    TRIM(' Susan,see you! ') AS LR;
+----------------+----------------+----------------+
| L              | R              | LR             |
+----------------+----------------+----------------+
| Susan,see you! | Susan,see you! | Susan,see you! |
+----------------+----------------+----------------+
1 row in set (0.00 sec)
```
图 7-56　LTRIM()、TRIM()、RTRIM()函数的应用

## 8. REPLACE(str,from_str,to_str)

REPLACE（str,from_str,to_str）的作用是将字符串 str 中所有出现的 from_str 字符串替换为字符串 to_str。需要注意，搜索匹配 from_str 时会区分大小写。

【例 7-56】运用 REPLACE()函数将字符串中的空格替换为"_"。

```
SELECT REPLACE('HAN Mei Mei',' ','_');
```

执行结果如图 7-57 所示。

```
mysql> SELECT REPLACE('HAN Mei Mei',' ','_');
+--------------------------------+
| REPLACE('HAN Mei Mei',' ','_') |
+--------------------------------+
| HAN_Mei_Mei                    |
+--------------------------------+
1 row in set (0.00 sec)
```

图 7-57　REPLACE()函数的应用

## 9. STRCMP(str1,str2)

STRCMP(str1,str2)的返回结果为整数值。其中，如果两个字符串相同，则函数返回结果为整数 0；如果参数 str1 小于 str2，则返回结果为-1；如果 str1 大于 str2，则返回结果为 1。参数列表中 str1 与 str2 的比较按照先字母后数字的顺序进行。

【例 7-57】运用 STRCMP()函数比较字符串"aPPLE"与"BANANA"。

```
SELECT STRCMP('aPPLE','BANANA');
```

执行结果如图 7-58 所示。

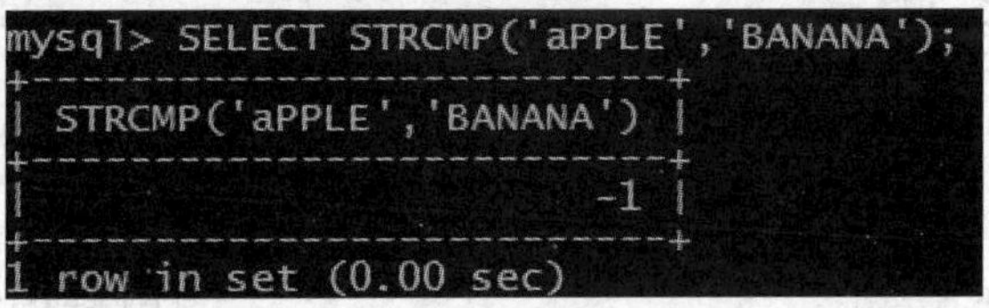

```
mysql> SELECT STRCMP('aPPLE','BANANA');
+--------------------------+
| STRCMP('aPPLE','BANANA') |
+--------------------------+
|                       -1 |
+--------------------------+
1 row in set (0.00 sec)
```

图 7-58　STRCMP()函数的应用

## 10. SUBSTRING(str,pos)、SUBSTRING(str,pos,len)与 MID(str,pos,len)

SUBSTRING(str,pos)返回一个从字符串 str 的 pos 位置开始的子字符串。带 len 参数的 SUBSTRING(str,pos,len)表示从字符串 str 的 pos 位置开始，返回一个长度为 len 的子字符串。在参数列表中，如果 pos 的值为 0，则表示返回空字符串；若 pos 取负值，则表示从 str 的尾部开始取字符。

MID(str,pos,len)的功能与用法和 SUBSTRING(str,pos,len)完全相同。

【例 7-58】运用 SUBSTRING()函数将给定字符串包含的邮箱服务器地址截取出来。

```
SELECT SUBSTRING('wangxiaom*** @qq.com',13,7);
```

执行结果如图 7-59 所示。

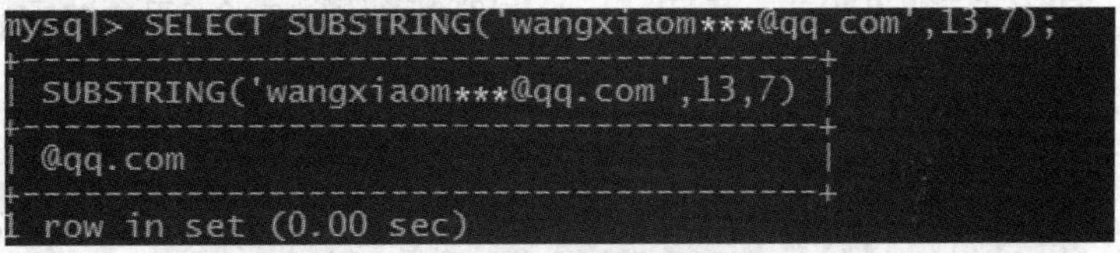

```
mysql> SELECT SUBSTRING('wangxiaom***@qq.com',13,7);
| SUBSTRING('wangxiaom***@qq.com',13,7) |
| @qq.com                               |
1 row in set (0.00 sec)
```

图 7-59　SUBSTRING()函数的应用

**167**

微课 7-13

使用日期/时间
函数

### 任务 7.5.3　使用日期/时间函数

在 MySQL 中为了更好地实现日期与时间的表示、处理以及相关的转换操作，系统提供了丰富的日期/时间函数。常见的日期/时间函数如表 7-12 所示。

表 7-12　常见的日期/时间函数

| 名称 | 描述 |
| --- | --- |
| NOW()、CURRENT_TIMESTAMP() | 返回当前系统日期和时间 |
| CURDATE()、CURRENT_DATE() | 返回当前系统日期 |
| CURTIME()、CURRENT_TIME() | 返回当前系统时间 |
| DATE() | 提取日期或日期/时间表达式的日期部分 |
| TIME() | 提取传递的表达式的时间部分 |
| YEAR() | 返回年份 |
| MONTH()、MONTHNAME() | 返回日期的月份，返回月份名称 |
| DAY()、DAYOFMONTH() | 返回月份中的一天（0~31） |
| DAYNAME() | 返回工作日的名称 |
| HOUR() | 返回小时 |
| MINUTE() | 返回分钟 |
| SECOND() | 返回秒（0~59） |
| WEEKDAY() | 返回工作日索引 |
| DAYOFYEAR() | 返回一年中的某天（1~366） |
| WEEKOFYEAR() | 返回日期的日历周（1~53） |
| YEARWEEK() | 返回年和周 |
| DATE_ADD() | 将时间值（间隔）添加到日期值 |
| DATE_SUB() | 从日期中减去时间值（间隔） |

**1. 用于获取当前系统日期/时间的函数**

用于获取当前系统日期/时间的函数有 NOW()、CURDATE()、CURRENT_DATE()、CURTIME()、CURRENT_TIME()。

（1）NOW()函数与 CURRENT_TIMESTAMP()函数

NOW()函数返回当前日期和时间，返回值的具体形式或格式取决于该函数是在字符串环境中还是在数字环境中使用，返回值以会话时区表示。NOW()函数的作用与日期/时间函数CURRENT_TIMESTAMP()完全相同，一般这两个函数会被当作无参数函数使用。

（2）CURDATE()与 CURRENT_DATE()函数

相 对 于 NOW() 函 数 和 CURRENT_TIMESTAMP() 函 数，CURDATE() 与CURRENT_DATE()函数为同义函数，返回值的结果中只有当前日期而无时间表示，形式为"yyyy-mm-dd"或"yyyymmdd"，具体结果显示形式与 NOW()函数相同。

（3）CURTIME()与 CURRENT_TIME()函数

CURTIME()与 CURRENT_TIME()函数的含义相同，返回结果仅包含当前时间，返回值形式为“hh:mm:ss”或“hhmmss”，具体取决于函数是在字符串环境中还是在数字环境中使用。

【例 7-59】运用 NOW()和 CURTIME()函数分别获取当前的日期/时间及时间。

```
SELECT NOW(),CURTIME();
```

执行结果如图 7-60 所示。

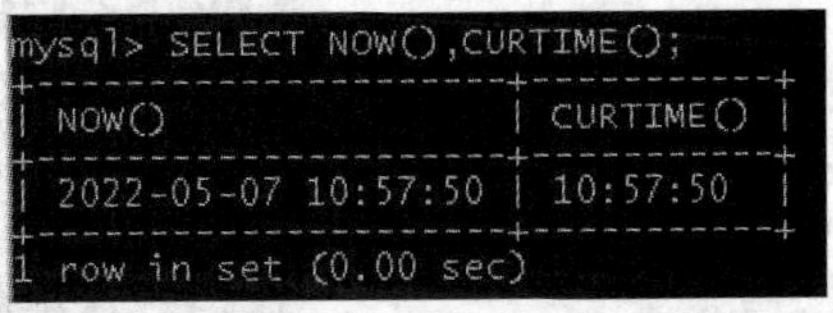

```
mysql> SELECT NOW(),CURTIME();
+---------------------+-----------+
| NOW()               | CURTIME() |
+---------------------+-----------+
| 2022-05-07 10:57:50 | 10:57:50  |
+---------------------+-----------+
1 row in set (0.00 sec)
```

图 7-60　NOW()与 CURTIME()函数的应用

**2. 用于获得对应日期/时间中的年、月、日及时间的函数**

用于获得对应日期/时间中的年、月、日及时间的函数有 DATE()、TIME()、YEAR()、MONTH()、MONTHNAME()、DAY()、DAYOFMONTH()、DAYNAME()、HOUR()、MINUTE()、SECOND()。

（1）DATE()函数

DATE(expr)的作用是提取日期或日期/时间表达式 expr 的日期部分。

（2）TIME()函数

TIME(expr)的作用是提取时间或日期/时间表达式 expr 的时间部分，并将其作为字符串返回。

（3）YEAR()函数

YEAR(date)的作用是返回 date（参数为日期）的年份，返回值的取值范围为 1000~9999。

（4）MONTH()与 MONTHNAME()函数

MONTH(date)返回的结果为 date 对应的月份，返回值的取值范围为 0~12（表示 1 月至 12 月）。MONTHNAME(date)返回 date 中对应月份的全名。名称使用的语言由系统变量 lc_time_names 的值控制。

（5）DAY()、DAYOFMONTH()与 DAYNAME()函数

DAY(date)与 DAYOFMONTH(date)函数的含义相同，表示返回 date 对应的天为月份中的某天，返回值的取值范围为 1~31。DAYNAME(date)返回 date 中对应天的工作日名称，返回值中的名称使用的语言由系统变量 lc_time_names 的值控制。

（6）HOUR()函数

HOUR(time)返回 time 对应的小时。返回值的范围理论上应该是 0~23。但是，具体取值与 time 的范围相关，因此 HOUR()返回的值有可能会大于 23。

（7）MINUTE()函数

MINUTE(time)返回 time 对应的分钟，取值范围为 0~59。

（8）SECOND()函数

SECOND(time)返回 time 对应的秒，取值范围为 0~59。

【例 7-60】在数据库 ssms 中查询与学号为 201101 的学生同年同月出生的学生的信息。

```
USE ssms;
SELECT S_ID,Name,Sex,Birthday
FROM student
WHERE (YEAR(Birthday),MONTH(Birthday))=(
SELECT YEAR(Birthday),MONTH(Birthday)
```

```
FROM student WHERE S_ID='201101');
```

执行结果如图 7-61 所示。

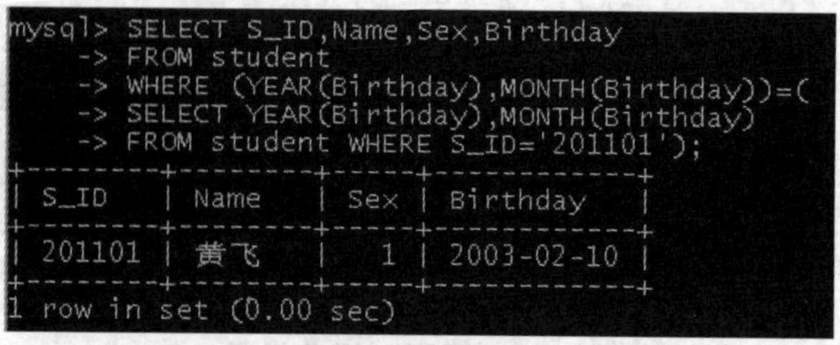

```
mysql> SELECT S_ID,Name,Sex,Birthday
    -> FROM student
    -> WHERE (YEAR(Birthday),MONTH(Birthday))=(
    -> SELECT YEAR(Birthday),MONTH(Birthday)
    -> FROM student WHERE S_ID='201101');
+--------+--------+-----+------------+
| S_ID   | Name   | Sex | Birthday   |
+--------+--------+-----+------------+
| 201101 | 黄飞   |   1 | 2003-02-10 |
+--------+--------+-----+------------+
1 row in set (0.00 sec)
```

图 7-61　YEAR()与 MONTH()函数的应用

### 3. 获得给定日期年份与周、年份与天等信息的函数

用于获得给定日期年份与周、年份与天等信息的函数有 WEEKDAY()、DAYOFYEAR()、WEEKOFYEAR()、YEARWEEK()。

（1）WEEKDAY()函数

WEEKDAY(date)的返回值为 date 中日期对应的工作日索引，需要注意对应关系为 0 表示星期一，1 表示星期二，以此类推。

（2）DAYOFYEAR()函数

DAYOFYEAR(date)返回 date 中的日期为年份中的哪一天，对应值的范围为 1~366。

（3）WEEKOFYEAR()函数

WEEKOFYEAR(date)返回 date 的日历周，返回值范围为 1~53。

（4）YEARWEEK()函数

YEARWEEK(date)返回 date 中的年份和日历周。

**【例 7-61】** 运用 DAYOFYEAR()与 WEEKOFYEAR()函数返回数据表 student 中学号为 201101 的学生的出生日期及对应的日历周。

```
SELECT DAYOFYEAR(Birthday),WEEKOFYEAR(Birthday)
FROM student
WHERE S_ID='201101';
```

执行结果如图 7-62 所示。

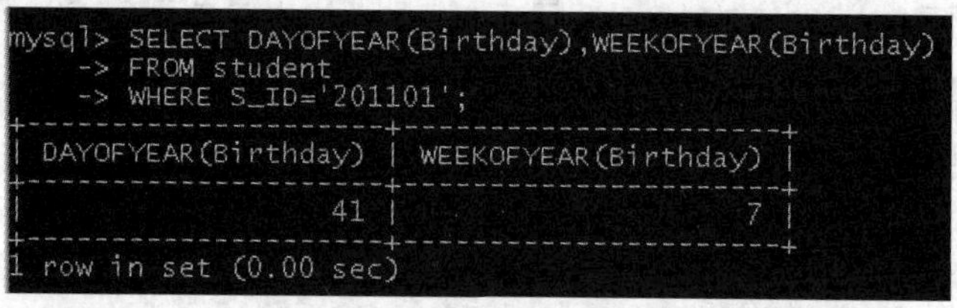

```
mysql> SELECT DAYOFYEAR(Birthday),WEEKOFYEAR(Birthday)
    -> FROM student
    -> WHERE S_ID='201101';
+---------------------+----------------------+
| DAYOFYEAR(Birthday) | WEEKOFYEAR(Birthday) |
+---------------------+----------------------+
|                  41 |                    7 |
+---------------------+----------------------+
1 row in set (0.00 sec)
```

图 7-62　DAYOFYEAR()与 WEEKOFYEAR()函数的应用

### 4. 日期的计算函数

DATE_ADD(date,interval expr unit)与 DATE_SUB(date,interval expr unit)函数用于执行日期算术。在参数列表中，date 指定开始日期或日期/时间值，expr 是一个表达式，用于指定要从开始日期添加或减去的间隔值，通常 expr 被看作字符串。unit 是一个关键字，用于指定表达式的单位。

函数的返回值类型取决于参数 date 的值，如果 date 参数是一个 DATE 类型的值，函数计算中只涉及 YEAR、MONTH 或 DAY 部分（即没有时间部分），那么结果仍为 DATE 类型。如果第一个参数是一个 DATETIME（或 TIMESTAMP）类型的值，或者第一个参数 date 为 DATE 类型的值，而 unit 关键字的单位为 HOURS、MINUTES 或 SECONDS，则返回值的类型为 DATETIME 型。

【例 7-62】运用 DATE_SUB()函数与 DATE_ADD()函数计算 2020 年 2 月 10 日前 45 天和 2023 年 2 月 10 日后 45 天的日期。

```
SELECT DATE_SUB('2020-02-10',INTERVAL 45 day) AS before_45,
DATE_ADD('2023-02-10',INTERVAL 45 day) AS after_45;
```

执行结果如图 7-63 所示。

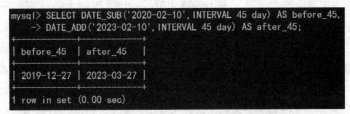

图 7-63　DATE_SUB()与 DATE_ADD()函数的应用

## 任务 7.5.4　使用聚合函数

在 MySQL 中，聚合函数也称为聚集函数，是一种对一组值进行操作的组（汇总）函数，返回结果通常为一个值。它在大多数情况下会与查询语句的分组（GROUP BY 子句）结合运用，统计学生人数，获取每个学生各门课程的总成绩、平均成绩、最高分、最低分等操作都需要使用聚合函数。表 7-13 所示为常用的聚合函数。聚合函数的内容在前面的查询项目中已经展开介绍，此处不再详细举例说明。

表 7-13　常用的聚合函数

| 函数名称 | 描述 |
| --- | --- |
| COUNT()、COUNT(DISTINCT) | 返回计数返回的行数 |
| SUM() | 返回总和 |
| AVG() | 返回参数的平均值 |
| MAX() | 返回最大值 |
| MIN() | 返回最小值 |
| GROUP_CONCAT() | 返回串联的字符串 |
| BIT_AND() | 返回按位与 |
| BIT_OR() | 返回按位或 |
| BIT_XOR() | 返回按位异或 |

## 【知识拓展】

### 1. 在 MySQL 数据库设计中，如何选择最恰当的数据类型？

（1）表示数值类型时选择整数类型或者浮点数类型

如果要表示的数据需要包含小数部分，则只能选用浮点数类型，整数类型无法表示小数。在浮点数类型中，DOUBLE 的精度比 FLOAT 的高，如果数据需要精确到 10 位以上，则应该选择 DOUBLE 类型。对于整数类型的数据，选取类型时要根据需要的范围来决定，其中 INT 类型可满足大部分需求。

（2）表示文本类型时选择 CHAR 类型、VARCHAR 类型或 TEXT 类型

CHAR 类型定义的是定长字符串，占用的存储空间确定（可能会存在空间浪费），执行速度快。VARCHAR 类型定义的是变长字符串，占用的存储空间根据实际需求确定，执行速度比 CHAR 类型慢。TEXT 类型是一种特殊的字符串类型,它只能保存字符数据，而且不能有默认值。3 种字符串类型在存储和检索数据的方式上都不一样。在执行数据检索的效率上,CHAR>VARCHAR>TEXT。CHAR 类型在保存时，长度未达到指定长度的字符串后面会用空格填充到指定的长度，在检索时后面的空格会被去掉。VARCHAR 类型在保存时不会进行填充，但在保存和检索时，字符串尾部的空格仍然会保留。

（3）表示日期/时间时选择日期/时间类型

YEAR 类型只保存年份，占用空间小。其他和日期/时间有关的数据可以通过整数类型保存为时间戳，以方便计算。

### 2. 如果函数应用中需要根据条件选择返回特定结果应如何实现？

IF(expr1,expr2,expr3)可以根据条件返回特定结果。该函数的返回值为 expr2 或 expr3 表达式的运算结果。如果 expr1 的运算结果为真且 expr1 的值不为空，则 IF()函数返回 expr2，否则返回 expr3。如果要控制输出的条件有多个值，则可以对 IF()函数进行嵌套运用，即将 expr2 表达式再设计为一个 IF()函数，运用此种 IF()函数嵌套的方式可以实现多条件判断，但 IF()函数在多数情况下应用于结果为二选一的判断。

## 【小结】

本项目对 MySQL 的组成、数据常量和变量、常见数据类型、运算符表达式及系统内置函数进行了系统阐述，同时以案例形式介绍了相关操作及用法。其中，MySQL 中的数据类型、运算符及内置函数是本项目的重点内容，这些内容在查询及数据库编程中会有所应用。

## 【任务训练 7】编写 MySQL 语句

### 1. 实验目的

- 掌握 MySQL 中常量及变量的应用。
- 掌握并灵活运用运算符与表达式。
- 运用系统内置函数完成数据库中的运算及查询操作。

**2. 实验内容**

- 运用常量及运算符进行表达式的操作。
- 灵活使用范围比较及模糊匹配运算符。
- 查看并运用变量及系统内置函数完成数据库 bms 的查询。

**3. 实验步骤**

（1）运用常量及运算符进行表达式的操作

① 计算 18+2.75、25/3、34%7 的结果。

```
SELECT 18+2.75,25/3,34%7;
```

执行结果如图 7-64 所示。

② 计算'0q'=0、'0'!=NULL、37<=(25+18)的结果。

```
SELECT '0q'=0,'0'!=NULL,37<=(25+18);
```

执行结果如图 7-65 所示。

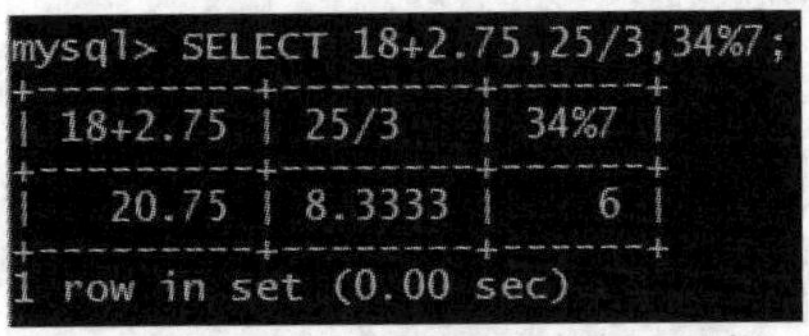

图 7-64　计算结果①　　　　　　　　图 7-65　计算结果②

③ 计算 (15=12) AND (29<35)、('APPLE'='apple') AND ('B'<'d')的结果。

```
SELECT (15=12) AND (29<35),('APPLE'='apple') AND ('B'<'d');
```

执行结果如图 7-66 所示。

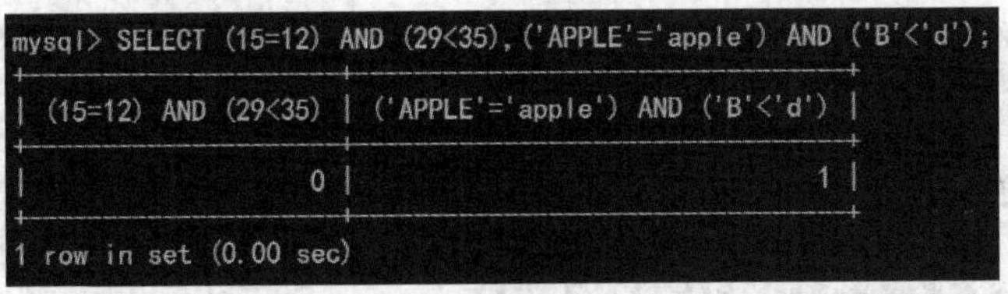

图 7-66　计算结果③

④ 计算 (1<2) XOR (7>5)、(15<8) XOR (9<10 OR 3>5)的结果。

```
SELECT (1<2) XOR (7>5), (15<8) XOR (9<10 OR 3>5);
```

执行结果如图 7-67 所示。

⑤ 计算 12&8、23|5、11^7、32>>3、12<<2 的结果。

```
SELECT 12&8,23|5,11^7,32>>3,12<<2;
```

执行结果如图 7-68 所示。

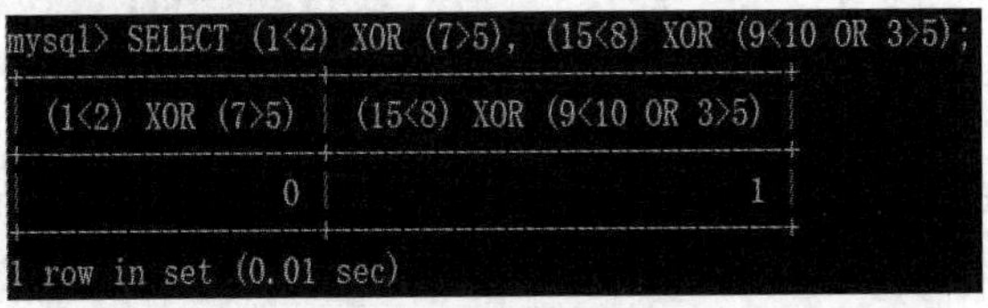

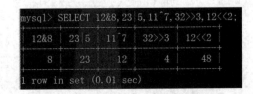

图 7-67　计算结果④　　　　　　　　图 7-68　计算结果⑤

（2）在数据库 bms 中运用范围比较运算符及模糊匹配运算符

① 查询表 readerinfo 中年龄为 18~20 岁的学生的信息。

```
SELECT * FROM readerinfo
  WHERE age BETWEEN 18 AND 20;
```

执行结果如图 7-69 所示。

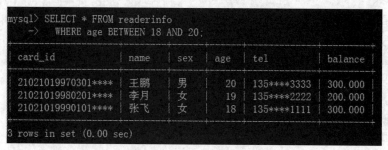

图 7-69　年龄为 18~20 岁的学生的信息

② 查询表 bookinfo 中 2019 年出版的书。

```
SELECT book_id,book_name,author,pubdate FROM bookinfo
WHERE pubdate BETWEEN '2019-1-1' AND '2019-12-31';
```

执行结果如图 7-70 所示。

③ 查询表 bookinfo 中书名包含"入门"的书的图书编号及书名。

```
SELECT book_id,book_name
FROM bookinfo
WHERE book_name LIKE '%入门%';
```

执行结果如图 7-71 所示。

图 7-70　2018 年出版的书　　　　　图 7-71　书名包含"入门"的书的图书编号及书名

④ 查询表 borrowinfo 中归还日期在 2017 年 9 月且 book_id 字段值倒数第三位为 3 的图书编号及其书名和归还日期。

```
SELECT bookinfo.book_id,book_name,return_date
FROM bookinfo JOIN borrowinfo USING(book_id)
WHERE return_date BETWEEN '2017-09-01' AND '2017-09-30' AND book_id LIKE '%3__';
```

执行结果如图 7-72 所示。

（3）查看并运用变量及系统内置函数完成数据库 bms 的查询

① 运用定义用户变量的方法查询借阅了图书编号为 20150201 的书的读者的姓名。

```
SET @C_Id=(SELECT card_id FROM borrowinfo WHERE book_id='20150201' );
SELECT name FROM readerinfo WHERE card_id=@C_Id;
```

执行结果如图 7-73 所示。

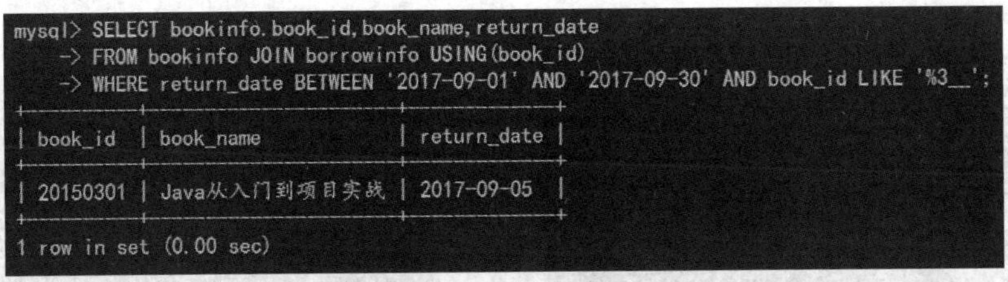

图 7-72　执行结果

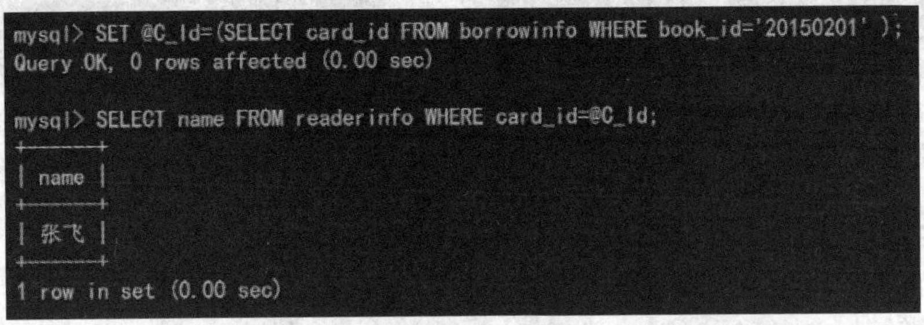

图 7-73　借阅了图书编号为 20150201 的书的读者的姓名

② 运用日期/时间函数计算表 readerinfo 中姓名为张飞的学生的出生年份。

```
SELECT name,YEAR(NOW())-age AS birthyear
FROM readerinfo
WHERE name='张飞';
```

执行结果如图 7-74 所示。

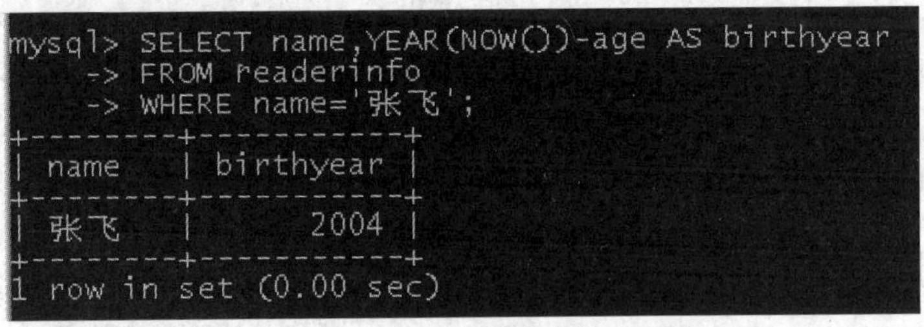

图 7-74　姓名为张飞的学生的出生年份

③ 查看表 borrowinfo 中各位读者借阅书的数量。

```
SELECT card_id,COUNT(*) AS borrow_num
FROM borrowinfo
GROUP BY card_id;
```

执行结果如图 7-75 所示。

④ 查看数据库 bms 表 bookinfo 中属于儿科学类别的书的图书编号、书名及类别。

```
SELECT book_id,book_name,category_id
FROM bookinfo
WHERE category_id=(
SELECT category_id
FROM bookcategory
WHERE category='儿科学');
```

执行结果如图 7-76 所示。

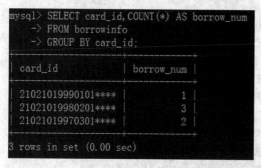

| card_id | borrow_num |
|---|---|
| 21021019990101**** | 1 |
| 21021019980201**** | 3 |
| 21021019970301**** | 2 |

图 7-75　各位读者借阅书的数量

| book_id | book_name | category_id |
|---|---|---|
| 20160801 | 内科学 | 5 |
| 20170401 | 零基础小儿推拿 | 5 |

图 7-76　属于儿科学类别的书的信息

## 【思考与练习】

### 一、填空题

1. SQL 一共分为四大部分：_____、数据操纵语言 DML、_____、数据控制语言 DCL。

2. 字符串常量通常使用英文的_____引起来。

3. 用户自定义变量的作用域为当前会话（客户端连接）。变量的声明通常以_____开始，用关键字_____给变量赋值。

4. MySQL 支持所有标准的 SQL 数据类型，主要有整数类型、浮点数类型、_____类型、_____类型。

5. MySQL 中对 NULL 值的条件判断使用_____（为空）与_____（不为空）专用运算符表示。

6. 系统内置函数中可以运用_____函数返回给定日期的年份。

### 二、选择题

1. 下列关于聚合函数的叙述错误的是（　　　）。

A. 聚合函数通常是对一组值执行运算且返回值为单个值

B. COUNT()函数可以用于计算一组数据的总和

C. 聚合函数一般与查询的 GROUP BY 子句配合运用

D. 聚合函数不可以在 WHERE 子句中出现

2. 模糊匹配运算符 LIKE 在每个字符的基础上执行匹配，一般会使用通配符（　　　）匹配 0 个或多个字符。

A. %　　　　　　　　B. _　　　　　　　　C. *　　　　　　　　D. @

# 模块三
# MySQL 数据库的高级应用及安全维护

## 项目8
## MySQL索引与视图

### 【能力目标】

- 掌握 MySQL 索引的概念及作用。
- 熟悉 MySQL 索引的创建、删除操作。
- 掌握 MySQL 中视图的定义及功能。
- 掌握 MySQL 视图的各种操作

### 【素养目标】

引导学生建立使用正确、先进的方法解决问题的意识，培养遵守规则的职业素养。

## 【学习导航】

本项目将详细介绍 MySQL 中的索引及视图的概念、作用，以项目案例的形式讲解创建索引、创建视图的各类相关操作。本项目所讲内容在数据库系统开发中的位置如图 8-1 所示。

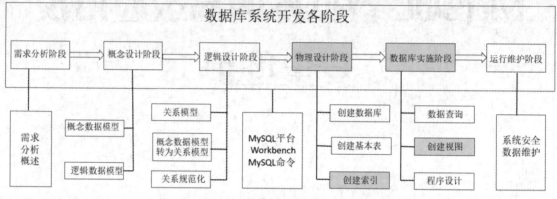

图 8-1　项目 8 所讲内容在数据库系统开发中的位置

## 任务 8.1　认识索引

数据库及数据库对象创建完成后，还必须考虑其性能问题，需要根据实际开发需求，合理分配资源。数据库性能取决于数据库级别，如表、查询和配置设置等相关因素。数据库的软件结构设计会直接影响在硬件级别执行的 CPU 和 I/O 操作，所以必须将相关操作最简化，并使其尽可能高效。在 MySQL 中改善操作性能的一种重要方法是在查询的一个或多个列上创建索引。索引的作用类似于指向表行的指针，它可以使查询快速确定表中与 WHERE 子句中条件相匹配的行，并检索这些行的其他列值。

### 任务 8.1.1　理解索引的概念

为了方便查找数据或记录，在日常生活中书通常会带有目录，读者可以根据目录快速定位知识内容。图书馆一般会设置图书编号帮助用户查找对应图书。索引用于快速查找具有特定列值的行。如果不设置索引，那么查询数据时必须从数据表中的第一行开始查找，然后搜索整个表以便查找到相关的行。

索引是将数据表中的某列或某些列与记录的位置建立一个对应关系，在查找内容之前可以先在目录中查找索引位置，从而运用索引快速定位查询数据。MySQL 中的索引会保存在额外的文件中。索引类似于字典中的目录，查找字典内容时可以根据目录查找到记录所在位置。

例如，有一张个人信息表，其中有两万条记录，记录着两万个人的信息。表中 Phone 列记录了每个人的电话号码，现在想要查询出电话号码 xxxx 对应的个人信息。如果没有索引，那么将从数据表的第一条记录一条条往下查找，直到找到该条信息为止。有了索引，Phone 字段将会通过一定的方法存储，以便在查询该字段的信息时，快速找到对应的数据，而不必从头遍历数据。但是需要注意的是，MySQL 的索引单独存放在文件中会产生额外的开销。

### 任务 8.1.2　了解索引的分类

根据索引定义的语法格式不同，可以将索引大致分为普通索引、唯一索引、主键索引、全文索引和空间索引 5 类。

#### 1．普通索引

普通索引是 MySQL 中最基本、最常用的索引类型。索引的建立没有限制条件，可以实现加速查询。一般可以使用 INDEX 直接表示普通索引。

#### 2．唯一索引

与普通索引不同，唯一索引对建立索引的列有唯一性要求，即列值必须唯一，但建立唯一索引的列值可以取空值（NULL）。唯一索引使用 UNIQUE INDEX 定义。

#### 3．主键索引

主键索引可以看作一种特殊的唯一索引，用于根据主键的唯一性标识数据表中的每条记录。主键索引的建立要求对应列的取值必须唯一且不能为 NULL。主键索引在建立主键时自动建立且默认名为 PRIMARY，可以根据一个或多个主键列进行超快速查找和排序。

#### 4．全文索引

全文索引用于实现记录的全文搜索。只有 InnoDB、MyISAM 存储引擎支持全文索引，而且全文索引仅适用于 CHAR、VARCHAR 和 TEXT 数据类型的列。

#### 5．空间索引

空间索引是基于空间数据类型的字段建立的索引，MySQL 允许使用 SPATIAL INDEX 在非空的几何值列上创建索引。

在数据表中，针对以上 5 类索引还可以进一步通过其创建索引中使用的字段数量确定是单列索引（引用单字段创建索引）还是组合索引（也称复合索引）。在 MySQL 中，对于组合索引，只有在查询条件中使用了这些字段的左边字段时，才会使用索引。使用组合索引时遵循最左前缀集合规则。

索引创建时，数据表的索引查找主要包括 B_Tree（二叉树）和 Hash（哈希）两种类型。具体的类型与数据表的存储引擎相关，用户可以使用 "SHOW CREATE TABLE 数据表名" 语句查看数据表的存储引擎。

MyISAM 和 InnoDB 存储引擎仅支持建立 B_Tree 索引，即默认使用 B_Tree。MEMORY/HEAP 存储引擎支持 Hash 和 B_Tree 索引。对于 MySQL5.5 后的版本，创建数据表默认使用 InnoDB 存储引擎，其索引默认类型为 B_Tree。

## 任务 8.2　管理索引

索引的常见操作主要包括创建索引和删除索引等。其中，创建索引又可以根据索引的具体应用情况进行划分，主要包括直接创建、创建表时创建及修改表时创建等不同创建形式。删除索引通常可以直接使用 DROP 语句完成。

### 任务 8.2.1　创建索引

微课 8-1

创建索引

在 MySQL 中创建索引的常见方法有：直接使用 CREATE INDEX 语句创建、在创建数据表（CREATE TABLE）语句中创建或对已经创建的数据表添加索引（ALTER TABLE）。注意主键索引不能通过直接创建（CREATE INDEX）建立。

#### 1. 直接创建索引

使用 CREATE INDEX 语句是建立索引最直接、最简单快捷的方式，但该语句不能创建主键。其语法格式如下。

```
CREATE INDEX 索引名 ON 数据表名（列名 [, ...] [ ASC|DESC] ）
```

其中，各参数的含义如下。

① 索引名：要创建的索引的名字。一个表可以创建多个索引，但每个索引在该表中的名字是唯一的。

② 数据表名：指定要创建索引的数据表名。

③ 列名：指定要创建索引的列名。

④ ASC|DESC：可选项，指定索引按照升序或降序排列。

【例 8-1】在数据表 student 中的列 S_ID 上创建一个降序索引 xh_stu。

```
USE ssms;
CREATE INDEX xh_stu ON student(S_ID(5) DESC);
```

【例 8-2】在数据表 course 中创建 C_ID 和 C_Name 两个字段的组合索引 c_info。

```
CREATE INDEX c_info ON course(C_ID,C_name);
```

#### 2. 在创建表时创建索引

在创建数据表时建立索引的语法格式如下。

```
CREATE TABLE 数据表名(
  列定义,
  ...
  PRIMARY KEY  [索引类型] (字段列表),
  [UNIQUE| FULLTEXT|SPATIAL]{INDEX|KEY} [索引名] [索引类型] (字段列表),
  ...
) [表选项];
```

其中，索引类型通常表示为 USING{BTREE| HASH}，字段列表指代字段名[(长度)[ASC|DESC]]。

【例 8-3】在数据库 ssms 中创建表 user_info，在列 username 上建立索引，并在列 u_card 上建立唯一索引。

```
CREATE TABLE user_info(
user_id char(6) not null,
username char(8) not null,
u_card char(12) null,
INDEX(username),
UNIQUE INDEX(u_card)
);
```

#### 3. 在修改表时创建索引

针对已经存在的数据表，要为表添加索引，可以使用直接创建索引的方法，但是直接创建索引的方法不能向数据表中添加主键索引；此外可以使用 ALTER TABLE 语句实现，其基本语法格式如下。

```
ALTER TABLE 数据表名
ADD [UNIQUE|FULLTEXT|SPATIAL]{INDEX|KEY} [索引类型] (字段列表);
```

索引类型及字段列表的含义与在创建表时建立索引方法中的含义相同，此处不再赘述。

【例 8-4】在数据表 user_info 的列 user_id 上创建主键索引。

```
ALTER TABLE user_info
ADD PRIMARY KEY(user_id);
```

【例 8-5】在数据表 elective 的 S_ID 与 C_ID 两列上创建唯一索引。

```
ALTER TABLE elective
ADD UNIQUE KEY(S_ID,C_ID);
```

用户一旦在数据表上完成索引的创建，通常会查看数据表中已有索引的情况，在 MySQL 中查看索引最简单的方法是使用 SHOW INDEX FROM 数据表名。

【例 8-6】查看数据表 user_info 中已经创建的索引的情况。

```
SHOW INDEX FROM user_info;
```

执行结果如图 8-2 所示。

| Table | Non_unique | Key_name | Seq_in_index | Column_name | Collation | Cardinality | Sub_part | Packed | Null | Index_type | Comment | Index_comment |
| Visible | Expression | | | | | | | | | | | |
| --- | --- | --- | --- | --- | --- | --- | --- | --- | --- | --- | --- | --- |
| user_info | 0 | PRIMARY | 1 | user_id | A | 0 | NULL | NULL | | BTREE | | |
| YES | NULL | | | | | | | | | | | |
| user_info | 0 | u_card | 1 | u_card | A | 0 | NULL | NULL | YES | BTREE | | |
| YES | NULL | | | | | | | | | | | |
| user_info | 1 | username | 1 | username | A | 0 | NULL | NULL | | BTREE | | |
| YES | NULL | | | | | | | | | | | |

3 rows in set (0.03 sec)

图 8-2 表 user_info 中的索引

## 任务 8.2.2 删除索引

如果用户不再需要数据表中的索引，则应及时将其删除，以免占用系统资源，影响数据库自身性能。MySQL 提供了两种方法用于删除索引。与创建索引相对应的是可以直接使用 DROP 语句删除，也可以使用 ALTER TABLE 语句删除索引。相较于前者，后者可以用于删除主键索引。

微课 8-2

删除索引

### 1. 直接删除索引

可以直接对数据表使用 DROP 语句来删除索引，其语法格式如下。

```
DROP INDEX 索引名 ON 数据表名;
```

【例 8-7】删除数据表 student 中的索引 xh_stu。

```
DROP INDEX xh_stu ON student;
```

### 2. 使用修改表语句删除索引

使用 ALTER TABLE 语句中的 DROP 子句也可以删除索引，相较于直接删除，该方法实现起来稍复杂，但功能更强大。其语法格式如下。

```
ALTER TABLE 数据表名
```

```
DROP INDEX 索引名,
|DROP PRIMARY KEY,
|DROP FOREIGN KEY 外键约束名 ;
```

使用修改表的方法，不仅可以删除索引，还可以删除主键（主键索引）及外键约束。

**【例 8-8】** 删除数据表 elective 中 S_ID 与 C_ID 两列的唯一索引。

```
ALTER TABLE elective
DROP index S_ID;
```

**注意** 在【例 8-8】中，由于在创建唯一索引时并未指定索引名，使用命令 SHOW INDEX FROM elective 查看表 elective 中的索引情况，发现索引默认采用字段 S_ID 作为索引名。所以删除索引时指定的索引名为 S_ID。

删除后再次查看数据表中的索引情况。

```
SHOW INDEX FROM elective;
```

执行结果如图 8-3 所示。

图 8-3　删除表 elective 中的唯一索引

**【例 8-9】** 删除数据表 user_info 中的主键及主键索引。

```
ALTER TABLE user_info
DROP primary key;
```

使用命令 SHOW INDEX FROM user_info 查看表 user_info 中的索引情况，执行结果如图 8-4 所示。

图 8-4　删除表 user_info 的主键及索引后的结果

## 任务 8.2.3　索引的优缺点及使用原则

图书中的索引可以让用户不必翻阅整本书就能迅速找到所需要的信息。在数据库中，索引也可以让数据库程序迅速找到数据表中的数据，而不必扫描整个数据库。索引有什么优缺点？在使用索引时需要遵循什么原则呢？接下来将进行详细分析。

#### 1. 索引的优缺点

（1）索引的优点

书中案例所涉及数据表的数据量都不大，最多只有几十行。对于这样的数据表来说，所以有没有创建索引，其查询速度差异不大。但当数据表中有成千上万条数据时，差异就会非常明显。

索引的优点如下。

① 创建索引能大大提高数据的检索速度。

② 创建唯一索引，能够保证数据库表中每一行记录的唯一性。

③ 通过使用索引，可以在查询的过程中使用优化隐藏器，提高系统的性能。

（2）索引的缺点

虽然索引有许多优点，但其也有缺点，这是因为索引并不是适用于任何场景的。

① 创建索引和维护索引都要耗费时间，并且随着数据量的增大所耗费的时间也会增加。

② 索引需要占用空间。因为数据表中的数据也会有上限设置，如果大量创建索引，则索引文件可能会比数据文件更快达到上限值。

③ 当对数据表中的数据进行增加、删除、修改时，索引也需要动态维护，这降低了数据的维护速度。

#### 2. 索引的使用原则

索引建立在数据库表中的某些字段上。因此，在创建索引时，应该仔细考虑在哪些字段上可以创建索引，在哪些字段上不能创建索引。

① 通过对索引优点和缺点的分析可知，并不是每个字段都设置索引才好，也不是索引越多越好，而是要根据需要合理使用。

② 对于需要经常更新的数据表，应避免对其设置过多的索引，对于经常用于查询的字段，则应该创建索引。

③ 数据量小的数据表最好不要使用索引，因为数据较少，可能查询全部数据花费的时间比遍历索引的时间还要短，此时索引不会产生优化效果。

④ 不同值少的列（字段上）不要建立索引，例如，学生表的"性别"字段只有"男""女"两个不同值。相反，一个字段有较多不同值时可以建立索引。

> **素养小贴士** 在很多大型应用场景中，如搜索引擎、大型购物网站、银行等，数据存储量都非常大，而且对查询速度的要求非常高。例如，在百度搜索引擎中输入关键字"二十大"进行搜索，马上可以找到7860多万个相关结果，想要实现数据库的快速查询，需要采用多种技术手段，索引便是其中不可或缺的技术之一，只有遵守索引的使用原则，才能保证快速地查询结果。

## 任务 8.3 认识视图

视图是一个存在于数据库中的虚拟表，它本身并不存储数据。一般执行相应的 SELECT 语句后，视图才会获得相应的数据，所以视图可以看成 SELECT 语句的别名。

### 任务 8.3.1　理解视图的概念

视图是虚拟表或逻辑表，它被定义为具有连接的 SELECT 查询语句。视图是一个基于一个表或多个表的逻辑表，它只是一个查询语句的结果，本身并不包含任何数据，它的数据最终是从表中获取的，这些表通常称为源表或基表。当基表的数据发生变化时，视图里的数据同样会发生变化。

**1. 视图的概念说明**

① 视图仅仅是表的结构，没有表的数据。

② 视图的结构和数据都是建立在已有数据表的基础上的。

③ 视图中的数据可以来自一个表或者多个表。

④ 视图中数据的添加、更新和删除都会影响到其对应的数据表。

**2. 视图与数据表的区别与联系**

与数据库中数据表的静态存储不同，视图是动态的且与物理模式无关。数据库系统将视图存储为具有连接的 SELECT 语句。当表的数据发生变化时，视图也会反映这些数据的变化。

视图可以看作数据库数据的特定子集。运用视图可以实现所有用户不直接访问数据库的数据表，而要求用户只能通过视图操作数据的目的。运用这种方法可以保护用户和应用程序不受某些数据库修改的影响。

> **素养小贴士**　对于数据库的三级模式和二级映像来说，视图属于外模式的范畴，也就是说，视图保证了数据库的逻辑独立性，对于同一个数据库，可以针对不同用户的应用需求建立不同的视图。同时，在当今开放的网络环境下，视图作为虚拟表，可以屏蔽底层数据保护数据安全，对于用户来说这个简单而又不易实现的需求通过视图就可以实现，所以，对的技术只有用在对的场景里才能达到最佳效果。

### 任务 8.3.2　了解视图的优点

视图的建立取决于对应查询的数据表，它的表结构和数据依赖于基表。与直接操作基表相比，视图具有明显的优势，主要表现在以下 5 个方面。

① 视图可以简化用户的数据操作过程。

使用视图机制，用户可以将注意力集中在所关心的数据上。如果这些数据不是直接来自某个基表，则可以通过定义视图，使数据看起来结构简单、清晰，从而有效简化用户的数据查询操作。

② 视图可以实现用户根据相同的数据集进行多角度查看所需数据的目的。

对于数据库中的基表，可以根据不同用户建立不同需求的视图，从而实现用户根据不同需要查看数据库中的数据信息。

③ 视图对重构数据库提供了一定程度的逻辑功能。

例如，原来的 A 表被分割成了 B 表和 C 表，可以在 B 表和 C 表的基础上构建一个视图 A，从而方便使用原数据表。在这一过程中，A 的程序不必发生变化。

④ 视图能够对机密数据提供安全保护。

运用视图可以针对不同权限用户提供特定的可访问数据内容，而不必将所涉及数据表的所有内容呈现给用户，从而达到数据保护的目的。

⑤ 适当利用视图可以更加清晰地表达查询。

使用现有视图进行查询操作，可以在一定程度上降低查询语句的复杂程度。

## 任务 8.4　管理视图

视图是对数据库中数据表的引用，其本质为一张虚拟表，用来查询语句执行的结果，不存储具体的数据。在 MySQL 中，视图同数据表一样，可以进行创建、查询、修改、删除等操作，但操作时需要注意权限限制。

### 任务 8.4.1　创建视图

视图就是一条 SELECT 语句执行后返回的结果集。所以创建视图的主要工作是创建这条 SQL 查询语句。

创建视图的语法格式如下。

```
CREATE [OR REPLACE]VIEW <视图名>[(<列名>[,<列名>]...)]
  AS SELECT 语句
  [WITH  CHECK  OPTION];
```

该语句能创建新的视图，如果指定了 OR REPLACE 子句，则表示如果已存在同名视图就替换已有视图。

其中 AS 后面的子查询可以为任意复杂的 SELECT 语句，但通常不允许包含 ORDER BY 子句和 DISTINCT 子句。

组成视图的列名可以全部省略或全部指定，如果省略列名，则视图的列名由子查询中的 SELECT 目标列组成。

**1. 不能省略指定视图列名的情况**

在创建视图时，以下几种情况不能省略指定视图的列名。

① 某个目标列名为聚合函数、列表达式或目标列名为*的这类列名。

② 多表连接时选出了几个同名列作为视图的列名。

③ 需要在视图中为某个列重新使用新定义的列名。

MySQL 在执行 CREATE VIEW 语句时只是把视图的定义存入数据字典，而并未执行其中的 SELECT 语句。在对视图进行查询时，按视图的定义从基表中查询数据。

**2. 视图的分类**

创建视图时应根据数据表及查询建立 4 种视图。

（1）行列子集视图

若一个视图是从单数据表中导出的，仅选取了基表的部分行或列，并保留了主键，则将这类视图称为行列子集视图。

【例 8-10】在数据表 student 中创建软件工程专业学生的视图 sw_stu。

```
CREATE VIEW sw_stu
AS SELECT S_ID, Name, Birthday FROM student WHERE Major= '软件工程';
```

语法格式中的 WITH CHECK OPTION 表示在对视图执行 UPDATE、INSERT 和 DELETE 操作时，要保证进行更新、插入或删除的行必须满足视图定义中的谓词条件（即子查询中的条件表达式）。

【例 8-11】建立信息安全专业学生的视图 is_stu，并要求后续的更新等操作仅作用于信息安全专业的学生。

```
CREATE VIEW is_stu
AS SELECT S_ID, Name, Major,Sex,Birthday FROM student WHERE Major= '信息安全'
WITH CHECK OPTION;
```

由于在定义视图 is_stu 时增加了 WITH CHECK OPTION 子句，所以后续在对该视图进行相关操作（如插入、修改和删除）时，MySQL 会默认增加"Major='信息安全'"的条件。

（2）多表视图

创建视图不仅可以基于单个数据表，还可以基于多个数据表，甚至可以在已有的视图基础上再创建视图，这类视图称为多表视图。

【例 8-12】创建选修了课程 101 的软件工程专业的学生视图。

```
CREATE VIEW sw_101
AS SELECT student.S_ID,Name,Grade FROM student,elective
WHERE Major='软件工程' AND C_ID='101' AND student.S_ID=elective.S_ID;
```

【例 8-13】创建软件工程专业选修了课程 101，且课程成绩在 90 分以上的学生视图。

```
CREATE VIEW sw_101_90
AS SELECT S_ID,Name,Grade FROM sw_101
WHERE Grade>=90;
```

（3）带表达式的视图

MySQL 的数据表为降低数据库中数据的冗余度，在表中仅存放基础数据，而可经过运算所得的数据列一般不存储在数据表中。

MySQL 的视图并不在数据库中进行物理存储，所以在创建视图时可以根据应用需要计算得到派生属性列。

由于计算所得派生列在数据库的数据表中并不存在，所以也称为虚拟列，带虚拟列的视图称为带表达式的视图。

【例 8-14】创建包含学生年龄列的视图。

```
CREATE VIEW age_stu
AS SELECT S_ID,Name,YEAR(NOW())-YEAR(Birthday) AS age FROM student;
```

（4）分组视图

如果在视图创建过程中运用到了聚合函数或带有 GROUP BY 子句的查询，则创建的视图称为分组视图。

【例 8-15】创建一个视图显示学生学号及平均成绩。

```
CREATE VIEW stu_avg(学号, 平均成绩)
AS SELECT S_ID,AVG(Grade) FROM elective GROUP BY S_ID;
```

【例 8-15】中 AS 子句中的 SELECT 语句的目标列平均成绩需要通过 AVG()聚合函数得到，因此 CREATE VIEW 语句中必须明确定义组成视图 stu_avg 的所有属性列名。最终得到的视图 stu_avg 是一个分组视图。

**注意** 如果 AS 子句中的 SELECT 语句是由 "SELECT *" 建立的，那么在定义视图时也必须明确定义组成相应视图的每个属性列名。

## 任务 8.4.2 查询视图

微课 8-4

查询视图

一旦定义好了视图，就可以像查询数据表中的数据那样查询视图了。因此，从用户的角度而言，查询视图和查询数据表的操作是相同的。同时，对于 DBMS 来说，所有对视图的查询都会解释为对数据表的查询，因为视图本质上是基于数据表抽象出来的。

查询视图的语法格式与查询数据表的语法格式类似，只需将数据表名修改为视图名即可。

```
SELECT 视图列名 1，视图列名 2，...
FROM 视图名
WHERE 条件定义语句
```

【例 8-16】在软件工程专业的学生视图 sw_stu 中查找出 2002 年出生的学生的姓名及出生日期。

```
SELECT Name, Birthday
FROM sw_stu
WHERE YEAR(Birthday)='2002';
```

执行结果如图 8-5 所示。

图 8-5　查询视图

## 任务 8.4.3 修改视图

微课 8-5

修改视图

修改视图是指修改数据库中已经存在的视图的定义。例如，当数据表中的某些字段发生变化时，可以通过修改视图的方式来保证视图与数据表中字段的一致性。

在 MySQL 中，修改视图有两种方式：第一种是使用 CREATE OR REPLACE VIEW 语句；第二种是使用 ALTER VIEW 语句。

### 1. 使用 CREATE OR REPLACE VIEW 语句修改视图

使用 CREATE OR REPLACE VIEW 语句修改视图时，如果修改的视图已经存在，则将修改已有视图，如果操作对象不存在，那么将创建一个视图。

语法格式如下。

```
CREATE [OR REPLACE] [ALGORITHM={UNDEFINED | MERGE | TEMPTABLE}] VIEW 视图名 [(视图列名 1，视图列名 2...)]
AS SELECT 语句
[WITH [CASCADED | LOCAL] CHECK OPTION]
```

其中，各参数的含义如下。

① CREATE OR REPLACE：创建或替换已有的视图。

② ALGORITHM：视图算法。UNDEFINED 表示系统自动选择算法，MERGE 表示将引用视图语句的文本与视图定义合并，TEMPTABLE 表示将结果存入临时表，然后用临时表的执行语句。

③ [WITH [CASCADED | LOCAL] CHECK OPTION]：视图在更新时需满足的条件。其中 CASCADED 表示默认值，更新视图时要满足所有相关视图和表的条件；LOCAL 表示更新视图时满足该视图本身的定义条件即可。

【例 8-17】使用 CREATE OR REPLACE VIEW 语句修改视图 sw_stu。

```
CREATE OR REPLACE VIEW sw_stu
AS SELECT * FROM student WHERE Major='软件工程';
```

【例 8-17】中的视图 sw_stu 是在【例 8-10】中已经建立完成的，所以为已存在的视图。此处使用 REPLACE 修改了原有视图的定义。

使用 SELECT 语句查询视图，结果如图 8-6 所示，其中包括软件工程专业学生的所有字段内容。

```
mysql> select * from sw_stu;
+--------+--------+----------+-----+------------+--------------+-------+--------------------------+
| S_ID   | Name   | Major    | Sex | Birthday   | Total_Credit | Photo | Note                     |
+--------+--------+----------+-----+------------+--------------+-------+--------------------------+
| 201201 | 熊毅   | 软件工程 |   1 | 2002-06-10 |           42 | NULL  | NULL                     |
| 201202 | 王烈鹏 | 软件工程 |   1 | 2002-01-29 |           40 | NULL  | 有一门不及格，待补考     |
| 201204 | 罗娇琳 | 软件工程 |   0 | 2002-02-10 |           42 | NULL  | NULL                     |
| 201206 | 李宁   | 软件工程 |   1 | 2002-09-20 |           42 | NULL  | NULL                     |
| 201210 | 冉镇龙 | 软件工程 |   1 | 2002-05-01 |           44 | NULL  | 已提前修完一门课，并获学分 |
| 201216 | 屈平   | 软件工程 |   1 | 2002-03-09 |           42 | NULL  | NULL                     |
| 201218 | 陈韦继 | 软件工程 |   1 | 2003-10-09 |           42 | NULL  | NULL                     |
| 201220 | 汪柳   | 软件工程 |   0 | 2003-03-18 |           42 | NULL  | NULL                     |
| 201221 | 王雯雯 | 软件工程 |   0 | 2002-11-12 |           42 | NULL  | NULL                     |
| 201241 | 郭丹   | 软件工程 |   0 | 2003-01-30 |           50 | NULL  | 转专业学习               |
+--------+--------+----------+-----+------------+--------------+-------+--------------------------+
10 rows in set (0.00 sec)
```

图 8-6 使用 CREATE OR RPLACE VIEW 语句修改后的视图

### 2. 使用 ALTER VIEW 语句修改视图

ALTER VIEW 语句是 MySQL 提供的另一种修改视图的方法，其语法格式如下。

```
ALTER [ALGORITHM={UNDEFINED | MERGE | TEMPTABLE}] VIEW 视图名 [(视图列名 1,视图列名 2...)]
AS SELECT 语句
[WITH [CASCADED | LOCAL] CHECK OPTION]
```

参数说明参见第一种方式中的说明。

【例 8-18】使用 ALTER VIEW 语句修改视图 sw_stu。

```
ALTER VIEW  sw_stu
AS SELECT S_ID,Name,Major,Birthday FROM student
WHERE Major='软件工程';
```

从查询视图的结果可知，视图已经被修改，如图 8-7 所示。

```
mysql> SELECT * FROM sw_stu;
+--------+--------+----------+------------+
| S_ID   | Name   | Major    | Birthday   |
+--------+--------+----------+------------+
| 201201 | 熊毅   | 软件工程 | 2002-06-10 |
| 201202 | 王烈鹏 | 软件工程 | 2002-01-29 |
| 201204 | 罗娇琳 | 软件工程 | 2002-02-10 |
| 201206 | 李宁   | 软件工程 | 2002-09-20 |
| 201210 | 冉镇龙 | 软件工程 | 2002-05-01 |
| 201216 | 屈平   | 软件工程 | 2002-03-09 |
| 201218 | 陈韦继 | 软件工程 | 2003-10-09 |
| 201220 | 汪柳   | 软件工程 | 2003-03-18 |
| 201221 | 王雯雯 | 软件工程 | 2002-11-12 |
| 201241 | 郭丹   | 软件工程 | 2003-01-30 |
+--------+--------+----------+------------+
10 rows in set (0.00 sec)
```

图 8-7 使用 ALTER VIEW 语句修改视图

### 任务 8.4.4 更新视图

MySQL 中的更新视图是指通过视图插入、删除和更新数据。由于视图是 MySQL 中并未实际存储数据的虚拟表，因此更新视图在本质上更改的是数据表中的数据。但从用户角度来看，更新视图与更新数据表的操作结果是完全相同的，在关系 DBMS 中对视图的更新操作实际也是对数据表的更新操作。

#### 1. 使用 INSERT 语句通过视图插入数据

在更新视图的过程中，可以对视图使用 INSERT 语句向源数据表中插入数据。

【例 8-19】利用视图 is_stu 插入一条数据（'201112','王小明','信息安全',1,'2003-06-18'）。

```
INSERT INTO is_stu VALUES('201112','王小明','信息安全',1,'2003-06-18');
```

然后查询视图 is_stu，结果如图 8-8 所示，可见源数据表中也插入了本条数据。

```
mysql> SELECT * FROM is_stu;
+--------+-----------+-----------+-----+------------+
| S_ID   | Name      | Major     | Sex | Birthday   |
+--------+-----------+-----------+-----+------------+
| 201101 | 黄飞      | 信息安全  |   1 | 2003-02-10 |
| 201102 | 江康      | 信息安全  |   1 | 2004-02-01 |
| 201103 | 蒋景香    | 信息安全  |   0 | 2002-10-06 |
| 201104 | 冯淼飞    | 信息安全  |   1 | 2003-08-26 |
| 201106 | 古世瑜    | 信息安全  |   1 | 2003-11-20 |
| 201107 | 谢坤      | 信息安全  |   1 | 2003-05-01 |
| 201108 | 丁卓恒    | 信息安全  |   1 | 2002-08-05 |
| 201109 | 钱文奇    | 信息安全  |   1 | 2002-08-11 |
| 201110 | 吕彦眉    | 信息安全  |   0 | 2004-07-22 |
| 201111 | 方琦      | 信息安全  |   0 | 2003-03-18 |
| 201112 | 王小明    | 信息安全  |   1 | 2003-06-18 |
| 201113 | 程凤      | 信息安全  |   0 | 2002-08-11 |
+--------+-----------+-----------+-----+------------+
12 rows in set (0.00 sec)
```

图 8-8　使用 INSERT 语句更新视图

通常，在 MySQL 中，为了防止用户通过视图对数据进行更新时无意中更改不在视图范围内的源数据表中的数据内容，可以在定义视图时加上 WITH CHECK OPTION 子句。对带有 WITH CHECK OPTION 子句的视图进行增、删、改数据的操作时，MySQL 会检查视图定义中的条件，若不满足条件，则拒绝执行该操作。例如，在【例 8-11】中定义视图 is_stu 时，就带有 WITH CHECK OPTION 子句，如果在【例 8-19】中将插入数据中的专业修改为"软件工程"，则会出现图 8-9 所示的错误。

```
mysql> INSERT INTO is_stu VALUES('201114','王小明','软件工程',1,'2003-06-18');
ERROR 1369 (HY000): CHECK OPTION failed 'ssme.is_stu'
```

图 8-9　WITH CHECK OPTION 的限制

#### 2. 使用 UPDATE 语句通过视图更新数据

可以使用 UPDATE 语句操作视图更新源数据表中的数据，操作语句与更新表数据的操作相同。

【例 8-20】更新信息安全专业学生视图 is_stu，将学号为 201112 的学生的姓名修改为"王森"。

```
UPDATE is_stu
SET Name='王森'
WHERE S_ID='201112';
```

查询视图 is_stu，结果如图 8-10 所示，可以看到，学号为 201112 的学生姓名已由原来的"王小明"更新为"王森"。

图 8-10　UPDATE 更新数据

### 3. 使用 DELETE 语句通过视图删除数据

可以使用 DELETE 语句通过视图删除源数据表中的数据。

【例 8-21】利用视图 is_stu 删除学号为 201112 的学生的数据。

```
DELETE FROM is_stu WHERE S_ID='201112';
```

执行查询视图操作，结果如图 8-11 所示，可以看到源数据表中学号为 201112 的学生记录已经被删除。

图 8-11　DELETE 删除数据

### 4. 更新视图时需要注意的问题

更新视图时需要注意两个问题：第一，更新的数据均为源数据表中的数据（视图是虚拟表，无数据存储）；第二，并不是所有的视图都是可更新的，以下视图为不可更新视图。

① 视图定义中含有 COUNT()、SUM()、MAX()和 MIN()等聚合函数。

② 视图定义中包含 UNION、UNION ALL、DISTINCT、GROUP BY 及 HAVING 等谓词。

③ 定义为常量的视图。

④ 定义视图时 SELECT 语句中包含子查询。

⑤ 由原本是不可更新的视图生成的视图。

⑥ 创建视图时，ALGORITHM 选项定义为 TEMPTABLE 类型的视图。

虽然在 MySQL 的视图中可以实现更新数据的功能，但是存在一定的限制条件。所以，一般情况下，可以将视图作为查询数据的虚拟存储设计，但最好不要通过视图更新数据。因为使用视图更新数据时，如果没有充分考虑到相关限制条件，则可能会更新失败。

### 任务 8.4.5　删除视图

删除视图是指删除数据库中已存在的视图。由于视图本身并没有实际的物理存储，所以删除视图时只是删除视图的定义，并不会删除数据本身，即对生成视图的源数据表没有任何影响。

删除视图的语法格式如下。

```
DROP VIEW [IF EXISTS] 视图名 1[,视图名 2,...];
```

其中，IF EXISTS 用于判断视图是否已经存在，若视图存在，则执行删除操作；若不存在，则不执行。如果需要同时删除多个视图，则视图名之间使用逗号分隔。

 **提示** 删除源数据表时，由该数据表生成的所有视图，即使本身没有被删除，也将无法使用，此时必须使用 DROP VIEW 显式删除视图。

【例 8-22】删除【例 8-14】中创建的包含学生年龄列的视图 age_stu。

```
DROP VIEW age_stu;
```

## 【知识拓展】

**1. 在 MySQl 中使用索引的原则有哪些？**

索引之于数据表如同目录之于图书，它可以加快用户查找所需数据内容的速度。但是对于数据表来说，索引的创建和维护需要时间，所以索引的缺点是索引虽然可以加快查询速度，但也会减慢写入速度，并且需要额外的存储空间。不是所有的数据表都需要建立索引，建立索引的原则如下。

（1）不宜建立索引的情况

并不是所有的数据表都适合建立索引，以下几种情况不适合建立索引。

① 数据表中的数据较少时。一般数据在 300 条以内的数据表不需要建立索引，此时建立索引不会有明显的数据查询效率的提升。

② 数据值很少的列。例如，性别列只有"男"和"女"两种值，在查询的结果集中，索引结果的数据行占了表中数据行的很大一部分，即需要在表中搜索的数据行的比例很高。在这种情况下增加索引并不能明显加快检索速度。

③ 一般不应选择在不会出现在 WHERE 条件中的字段上建立索引。

④ 应尽量避免选择带有 NULL 值的列作为索引列。在 MySQL 中，含有空值的列很难进行查询优化，因为它们使得索引、索引的统计信息，以及比较运算更加复杂。

（2）建立达到较好检索效率的索引注意事项

如果希望建立索引能达到较好的检索效率，在建立索引时就要注意以下几事项。

① 通常可以选择数据表的主键、外键建立索引。外键是唯一的，而且经常用于查询。

② 对于数据量大的表，可以选择经常出现在 WHERE 子句中的字段建立索引，从而加快判断速度。需要注意的是，一般对于 SELECT...WHERE f1 AND f2 的情况，需要在 f1 和 f2 两个字段上建立组合索引才可以达到较好的检索效果。

③ 一个表的索引最好不要超过 6 个，若太多，则应考虑在一些不常使用的列上建立索引是否有必要。

对于数据表来说，索引并不是越多越好。适当建立索引固然可以提高数据表的查询效率，但同时也会降低数据表插入和更新的效率，因为在使用 INSERT 或 UPDATE 语句时有可能会重建索引，所以建立索引时要慎重考虑，需要视具体情况而定。

**2. 如何查看 MySQL 中的视图信息？**

在 MySQL 中，创建视图后可以查看视图的定义、结构等信息。需要注意区分查询视图与查看视图两个操作：查询视图使用 SELECT 语句实现，查看视图的用户必须有 SHOW VIEW 权限。MySQL 中提供了多种查看视图信息的方法。

（1）用 DESCRIBE 语句查看视图的基本信息

基本语法格式如下。

```
DESCRIBE 视图名;
```

此处的 DESCRIBE 关键字可以缩写为"DESC"。查看到的结果是视图中包含的列定义情况。

（2）使用 SHOW TABLE STATUS 语句查看视图的基本信息

基本语法格式如下。

```
SHOW TABLE STATUS LIKE '视图名';
```

（3）用 SHOW CREATE VIEW 语句查看视图的详细信息

基本语法格式如下。

```
SHOW CREATE VIEW 视图名;
```

## 【小结】

本项目重点讲解了 MySQL 数据库中索引与视图的概念及作用，并对索引的创建、删除及视图的创建、查询、修改、删除等操作进行了介绍。其中索引的作用与操作、视图的创建及查询是本项目的重点内容，在实际应用中会经常使用到，并在安全层面保证了数据表的使用安全，避免用户直接修改数据表本身。

## 【任务训练 8】图书管理系统数据库中索引与视图的操作

**1. 实验目的**

* 掌握运用 MySQL 中索引与视图的操作方法。
* 掌握索引的创建、查看和删除的方法。
* 掌握创建、修改、更新和删除视图的操作。

**2. 实验内容**

* 在 bms 数据库的表中执行索引的创建、查看、删除操作。
* 在 bms 数据库中按照要求完成视图的创建、修改、更新及删除操作。

**3. 实验步骤**

（1）执行索引的创建、查看、删除操作

在数据库 bms 中执行索引的创建、查看、删除操作。

① 在表 readerinfo 的列 card_id 的前 8 个字符建立前缀索引 cid_rd。

```
CREATE INDEX cid_rd ON readerinfo(card_id(8));
```

② 在表 bookinfo 的 book_id 及 category_id 两列上建立组合索引 bk_ic。

```
CREATE INDEX bk_ic ON bookinfo(book_id,category_id);
```

③ 在数据库 bms 中创建表 book_reader，定义主键为 br_id，建立列 c_id 并将其作为唯一索引 uc_id。

```
CREATE TABLE book_reader
(
br_id char(10) not null primary key,
c_id char(12) null,
readerName varchar(8) not null,
unique key uc_id(c_id)
);
```

④ 运用 ALTER 语句，将表 borrowinfo 的 book_id 与 card_id 两列创建为组合索引 bc_borrow。

```
ALTER TABLE borrowinfo
ADD INDEX bc_borrow(book_id,card_id);
```

⑤ 查看表 borrowinfo 中索引的建立情况。

```
SHOW INDEX FROM borrowinfo;
```

执行结果如图 8-12 所示。

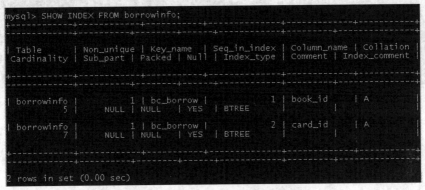

图 8-12　borrowinfo 表中索引的建立情况

⑥ 删除表 book_reader 中的所有索引并查看结果。

```
ALTER TABLE book_reader
DROP primary key,
DROP index uc_id;
SHOW INDEX FROM book_reader;
```

执行结果如图 8-13 所示。

```
mysql> SHOW INDEX FROM book_reader;
Empty set (0.00 sec)
```

图 8-13　删除后表 book_reader 的索引情况

（2）建立、修改、更新及删除视图

在数据库 bms 中建立、修改、更新及删除视图。

① 创建男性读者的视图 m_reader。

```
CREATE VIEW m_reader
AS SELECT * FROM readerinfo WHERE sex='男';
```

② 创建视图 reader_2017，内容为需要在 2017 年 11 月前还书的读者的信息。

```
CREATE VIEW reader_2017
AS SELECT readerinfo.card_id,name,tel FROM readerinfo jOIN borrowinfo USING (card_id)
WHERE return_date BETWEEN '2017-11-1' AND '2017-11-30';
```

③ 修改视图 reader_2017，内容为从 2017 年 7 月开始需要还书的读者的信息。

```
ALTER VIEW reader_2017
AS SELECT readerinfo.card_id,name,tel FROM readerinfo JOIn borrowinfo USING (card_id)
WHERE return_date >='2017-7-1';
```

④ 更新视图 m_reader，插入一条数据（'20120199802013****', '胡鹏', '男', '19', '153***92133', '200.000',null）。

```
INSERT INTO m_reader VALUES ('20120199802013****','胡鹏','男','19',
'153***92133','200.000',null);
```

执行结果如图 8-14 所示。

```
mysql> select * from m_reader;
+--------------------+--------+------+------+-------------+---------+
| card_id            | name   | sex  | age  | tel         | balance |
+--------------------+--------+------+------+-------------+---------+
| 20120199802013**** | 胡鹏   | 男   |   19 | 153***92133 | 200.000 |
| 21021019950501**** | 杨磊   | 男   |   22 | 135****5555 | 500.000 |
| 21021019960401**** | 刘鑫   | 男   |   21 | 135****4444 | 400.000 |
| 21021019970301**** | 王鹏   | 男   |   20 | 135****3333 | 300.000 |
+--------------------+--------+------+------+-------------+---------+
4 rows in set (0.02 sec)
```

图 8-14　更新视图插入数据

⑤ 更新视图 m_reader，将姓名为胡鹏的读者的可借数量增加 100。

```
UPDATE m_reader
SET balance=balance+100 WHERE name='胡鹏';
```

执行结果如图 8-15 所示。

```
mysql> select * from m_reader;
+--------------------+--------+------+------+-------------+---------+
| card_id            | name   | sex  | age  | tel         | balance |
+--------------------+--------+------+------+-------------+---------+
| 20120199802013**** | 胡鹏   | 男   |   19 | 153***92133 | 300.000 |
| 21021019950501**** | 杨磊   | 男   |   22 | 135****5555 | 500.000 |
| 21021019960401**** | 刘鑫   | 男   |   21 | 135****4444 | 400.000 |
| 21021019970301**** | 王鹏   | 男   |   20 | 135****3333 | 300.000 |
+--------------------+--------+------+------+-------------+---------+
4 rows in set (0.00 sec)
```

图 8-15　更新视图修改记录

⑥ 删除视图 reader_2017 与 m_reader。

```
DROP VIEW reader_2017,m_reader;
```

# 【思考与练习】

## 一、填空题

1. 索引是在数据表中的_____与_____之间建立一个对应关系，建立索引的作用是_____。

2. 在 MySQL 中视图可以和数据表一样做相同的操作，可以进行_____、查询、_____、删除等操作，但操作时需要注意权限限制。

3. 索引的常见操作主要包括：_____、_____、删除索引等。

4. 创建视图时使用 WITH CHECK OPTION 子句表示对视图执行更新、插入或删除的行必须满足视图定义中的_____条件。

5. 在 MySQL 中，修改视图有两种方式：第一种是使用_____语句；第二种是使用_____语句。

6. 删除视图并不会删除数据本身，即对_____没有任何影响。

## 二、选择题

1. 下列关于索引的说法正确的是（    ）。

A. 任何数据表都可以建立索引，以加快数据查询速度

B. 索引会占用系统空间

C. 主键索引是无法删除的

D. 唯一索引与主键索引对列的数据要求相同

2. 下列关于数据库的视图叙述错误的是（    ）。

A. 视图仅是表的结构，没有表的数据

B. 视图中的数据可以来自一个表或者多个表

C. 视图创建可以运用聚合函数或带有 GROUP BY 子句的查询

D. 删除视图时会将其中的数据也删除

# 项目9
# MySQL用户权限

## 【能力目标】

- 掌握 MySQL 中的用户管理方法。
- 掌握用户权限的授予和回收。

## 【素养目标】

引导学生树立对数据库进行安全管理的意识，加强学生职业道德教育，培养从业规矩意识和法治观念。

## 【学习导航】

本项目介绍用户的创建和删除、用户密码的基本管理、MySQL 中权限的概念，以及如何对用户进行权限的授予和回收。本项目内容涉及数据库的安全管理，是数据库应用中非常重要的一部分内容，本项目所讲内容在数据库系统开发中的位置如图 9-1 所示。

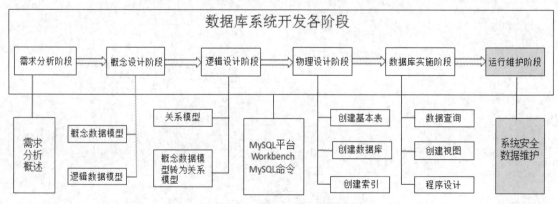

图 9-1　项目 9 所讲内容在数据库系统开发中的位置

## 任务 9.1　管理用户

要访问 MySQL 数据库，必须使用已有的用户名和密码登录。之前都是以 root 用户进行登录的，因为 root 用户具有所有权限。但若任何访问者都以 root 用户的身份登录，则会给数据库带来极大的安全隐患。为了避免这种情况发生，可以创建不同的用户，给不同的用户赋予不同的权限，从而最大限度地保证数据安全。本任务将介绍在 MySQL 数据库中如何创建新用户和管理用户账号、密码。

### 任务 9.1.1　创建、删除用户

MySQL 的安全系统很灵活，允许给不同的用户设置不同的权限。管理员可以根据需要对用户进行创建和删除。

微课 9-1

创建和删除用户

**1. 创建用户**

MySQL 默认有一个 root 用户，但是这个用户权限太大，一般只在管理数据库时才使用。如果在项目中要连接 MySQL 数据库，则建议新建一个权限较小的用户。

在 MySQL 中有一个内置且名为 mysql 的数据库，这个数据库中存储的是 MySQL 的一些数据，我们可以通过相关语句对表 user 进行查询，显示所有用户。

执行如下查询命令，查询结果如图 9-2 所示。

```
SELECT user,host FROM mysql.user;
```

图 9-2　查询系统用户的结果

创建一个新用户可以使用 CREATE USER 命令，也可以直接在表 user 中添加用户，当然不推荐使用直接操作表来添加用户的方法。要使用 CREATE USER，就必须具有全局 CREATE USER 权限或 MySQL 系统架构的 INSERT 权限。使用 CREATE USER 语句创建新的 MySQL 账户时，它允许为新账户添加身份验证、角色、SSL/TLS、资源限制和密码管理属性。

CREATE USER 的语法格式如下。

```
CREATE USER [IF NOT EXISTS]
账户名 [AUTH_OPTION] [, USER [AUTH_OPTION]] ...
[PASSWORD_OPTION | LOCK_OPTION] ...
```

其中，各参数的含义如下。

① IF NOT EXISTS：使用该语句后，如果创建的用户已存在，只会生成警告，而不会发生错误。

② 账户名：MySQL 账户名由用户名和主机名组成，格式为'用户名'@'主机名'，可以为从不同主机连接的具有相同用户名的用户创建不同的账户。

③ AUTH_OPTION：账户进行身份验证的设置，如 IDENTIFIED BY '123'。

④ PASSWORD_OPTION：包括密码过期策略、密码重用、密码验证和密码错误跟踪等设置。

【例 9-1】为本地用户 TOM 创建账户。

```
CREATE USER 'TOM'@'localhost' IDENTIFIED BY '123';
```

查看创建结果，如图 9-3 所示。

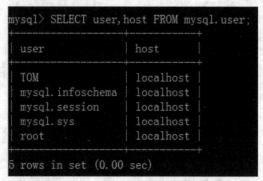

图 9-3　创建新用户 TOM 后的查询结果

可以看到用户表中已经出现了新用户 TOM，在创建新用户后可以通过命令 QUIT 或 EXIT 退出当前 MySQL，使用新用户账号重新登录。

```
mysql -u TOM -p
```

**注意** 输入密码后可以正常登录，由于新用户没有被授予任何权限，所以无法正常使用，执行查询也会出现错误。

例如，使用新用户查询用户表。

```
SELECT user,host FROM mysql.user;
```

执行结果如图 9-4 所示。

```
mysql> SELECT user,host FROM mysql.user;
ERROR 1142 (42000): SELECT command denied to user 'TOM'@'localhost' for table 'user'
```

图 9-4　新用户的查询操作结果

新创建的用户默认只有连接数据库的权限（可以理解为没有任何权限），由于缺少权限，执行查询命令时会出现错误。权限授予和回收的管理将在任务 9.2 中讲解。后续命令执行可先将用户更换回 root 用户。

在创建用户、授予和设置密码等 SQL 语句中，账户命名的语法格式如下。

```
'用户名'@ '主机名'
```

仅由用户名组成的账户名等同于'用户名'@ '%'。例如，'me '等同于'me '@ '% '。

不同主机名（即 host 值）及其含义如表 9-1 所示。

表 9-1 host 值及其含义

| host 值 | 含义 |
| --- | --- |
| % | 匹配所有主机 |
| localhost | localhost 不会被解析成 IP 地址，直接通过 UNIXsocket 连接 |
| 127.0.0.1 | 会通过 TCP/IP 连接，并且只能在本机访问 |
| ::1 | ::1 就是兼容支持 IPv6 的，表示同 IPv4 的 127.0.0.1 |

如果用户名包含特殊字符（如空格或-），则需要添加引号（'），否则可以省略。

**注意** 用户名和 host 部分必须单独引用。例如，'me '@ 'localhost '与'me@localhost '不同，后者实际上相当于'me@localhost '@ '% '。

### 2. 删除用户

删除用户使用 DROP USER 语句，其语法格式如下。

```
DROP USER [IF EXISTS] user [, user] ...
```

DROP USER 语句用于删除一个或多个 MySQL 用户及其权限。同时从所有权限表中删除用户的权限行。要使用 DROP USER 语句，就必须具有添加用户权限或删除权限。默认情况下，如果尝试删除不存在的用户，则会发生错误。如果使用 IF EXISTS 子句，则只生成警告。如果语句执行成功，则会将其写入二进制日志；但如果语句执行失败，则不会写入。用户名的 host 部分如果省略，则默认为'%'。

**注意** 如果正在使用的用户被删除，则该语句在被删除用户的会话关闭之前不会生效。只有会话关闭后，才会删除该用户。

【例 9-2】删除在【例 9-1】中创建的用户 TOM。

```
DROP USER 'TOM'@'localhost';
```

也可以使用 DELETE 语句直接从表 user 删除用户。

```
DELETE FROM mysql.user WHERE user='TOM';
FLUSH PRIVILEGES;
```

执行结果如图 9-5 所示。

```
mysql> DELETE FROM mysql.user WHERE user='TOM';
Query OK, 1 row affected (0.00 sec)

mysql> FLUSH PRIVILEGES;
Query OK, 0 rows affected (0.00 sec)
```

图 9-5 删除用户结果

删除后使用命令 FLUSH PRIVILEGES 来使删除用户生效，FLUSH PRIVILEGES 命令的作用是将当前用户信息/权限设置从 mysql 库（MySQL 数据库的内置库）中提取到内存里。MySQL 用户数据和权限修改后，如果希望在不重启 MySQL 服务的情况下直接生效，就需要执行这个命令。

微课 9-2

修改密码和用户名

## 任务 9.1.2　修改密码、用户名

出于安全性等方面的考虑，密码和用户名在使用过程中可能会经常更换。

### 1. 修改用户密码

修改用户密码使用 ALERT USER 命令，其语法格式如下。

```
ALTER USER [IF EXISTS]
  USER [AUTH_OPTION] [, USER [AUTH_OPTION]] ...
  [PASSWORD_OPTION | LOCK_OPTION] ...
```

【例 9-3】先创建用户 kate，密码为 123，再修改其密码为 456。

```
CREATE USER 'kate'@'localhost' IDENTIFIED BY '123';
ALTER USER 'kate'@'localhost' IDENTIFIED BY '456';
```

修改用户密码也可以通过直接修改用户表实现。

MySQL 允许一个账户有双重密码：主密码和副密码。一个账户有两个密码的情况通常发生在要修改密码，但又不想导致正在运行的业务中断的情况下。设置双重密码可以保证两个密码在一段时间内都是有效的。设置方法也比较简单，举个简单的例子。

先创建一个用户 peter，密码设为 123。

```
CREATE USER 'peter'@'localhost' IDENTIFIED BY '123';
```

再创建一个密码为 456，同时保持当前密码。

```
ALTER USER 'peter'@'localhost' IDENTIFIED BY '456' RETAIN CURRENT PASSWORD;
```

参数 RETAIN CURRENT PASSWORD 会把当前密码作为副密码，并且会覆盖以前的副密码。这样既可以使用主密码连接，也可以通过副密码连接。

退出当前 root 用户，使用用户 peter 登录，发现对于该用户，两个密码都可以正常使用，如图 9-6 所示。

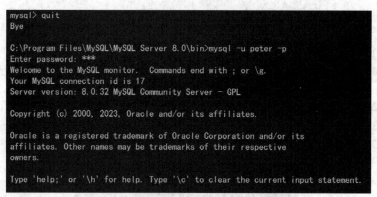

图 9-6　使用用户 peter 登录 MySQL

如果要抛弃旧密码，则可以执行如下语句。

```
ALTER USER 'peter'@'localhost' DISCARD OLD PASSWORD;
```

执行结果如图 9-7 所示。

此时使用旧密码"123"就无法成功登录了。如果修改用户密码时没有指定 RETAIN CURRENT PASSWORD，并且之前存在副密码，那么副密码将保持不变。

```
mysql> ALTER USER 'peter'@'localhost' DISCARD OLD PASSWORD;
Query OK, 0 rows affected (0.00 sec)

mysql> quit
Bye

C:\Program Files\MySQL\MySQL Server 8.0\bin>mysql -u peter -p
Enter password: ***
ERROR 1045 (28000): Access denied for user 'peter'@'localhost' (using password: YES)
```

图 9-7　抛弃旧密码后再登录出错

#### 2. 修改用户名

修改用户名可以通过修改用户表的方法实现，但是一般情况下建议创建新用户。

【例 9-4】将用户名 peter 修改为 tony。

```
UPDATE USER SET user='tony' WHERE user='peter';
FLUSH PRIVILEGES;
```

执行结果如图 9-8 所示。

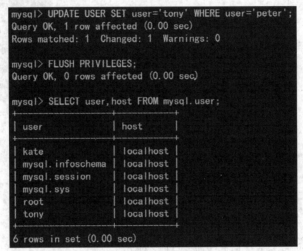

```
mysql> UPDATE USER SET user='tony' WHERE user='peter';
Query OK, 1 row affected (0.00 sec)
Rows matched: 1  Changed: 1  Warnings: 0

mysql> FLUSH PRIVILEGES;
Query OK, 0 rows affected (0.00 sec)

mysql> SELECT user,host FROM mysql.user;
+--------------------+-----------+
| user               | host      |
+--------------------+-----------+
| kate               | localhost |
| mysql.infoschema   | localhost |
| mysql.session      | localhost |
| mysql.sys          | localhost |
| root               | localhost |
| tony               | localhost |
+--------------------+-----------+
6 rows in set (0.00 sec)
```

图 9-8　修改用户名结果

## 任务 9.2　管理用户权限

权限管理是指对登录到数据库的用户进行权限验证。所有用户的权限都存在于 MySQL 权限表中，数据库管理员需要对权限表进行管理。合理的权限设置能够保证数据库系统的安全，不合理的权限设置可能会给数据库系统带来意想不到的危害。

### 任务 9.2.1　MySQL 的权限

MySQL 8.0 以上版本把创建用户和授权分开执行。mysql 系统数据库包括几个权限表，其中包含有关用户及其所拥有的权限的信息。要操作权限表的内容，最好不要直接修改表内容，这可能会带来一些安全风险，建议使用诸如 CREATE USER、GRANT 和 REVOKE 等用户管理语句间接修改，以设置用户并控制每个账户可用的权限。

**201**

权限系统的作用是授予来自某个主机的某个用户可以执行查询、插入、修改、删除等数据库操作的权限。授权后的权限都会存放在 MySQL 的内部数据库中（数据库名为 mysql），并且数据库启动之后会把权限信息复制到内存中。

使用以下命令显示数据库 mysql 中的所有表。

```
USE mysql
SHOW TABLES;
```

执行结果如图 9-9 所示。

包含授权信息的表的说明如下。

① user：用户、全局权限和其他非权限列。

② global_grants：动态全局权限分配给用户的信息。

③ db：数据库级权限。

④ tables_priv：表级权限。

⑤ columns_priv：列级权限。

⑥ procs_priv：存储过程和函数权限。

⑦ proxies_priv：代理用户特权。

⑧ default_roles：默认用户角色。

⑨ password_history：有关密码更改的信息。

图 9-9　显示数据库 mysql 中的所有表

> **素养小贴士**　通过设置权限，用户可以拥有不同的权限。合理设置不同用户的权限能够尽可能地保证数据库的安全。数据库的安全涉及国家、企业和个人的安危，我们应树立对数据库进行安全管理的意识，在日常生活工作中注意对保密数据的安全管理。

表 user 中的主要权限字段及其含义如表 9-2 所示。

表 9-2　表 user 中的主要权限字段及其含义

| 权限字段 | 权限含义 |
| --- | --- |
| Select_priv | 从表中查看数据 |
| Insert_priv | 在表中插入数据 |
| Update_priv | 修改表中数据 |
| Delete_priv | 删除行数据 |
| Create_priv | 创建新的数据库和表 |
| Drop_priv | 删除数据库、表、视图 |
| Reload_priv | 执行 flush 命令 |
| Shutdown_priv | 关闭数据库实例 |
| File_priv | 在 MySQL 可以访问的目录中进行读写文件操作 |

续表

| 权限字段 | 权限含义 |
|---|---|
| Grant_priv | 授予或者收回给予其他用户的权限 |
| References_priv | 创建外键 |
| Index_priv | 创建和删除索引 |
| Alter_priv | 修改表结构 |
| Show_db_priv | 查看所有数据库名 |
| Super_priv | 执行一系列数据库管理命令 |
| Create_tmp_table_priv | 创建临时表 |
| Execute_priv | 执行存储过程和函数 |
| Create_view_priv | 创建视图 |
| Show_view_priv | 查看视图创建的语句 |
| Create_routine_priv | 创建存储过程、函数 |
| Alter_routine_priv | 修改或者删除存储过程、函数 |
| Create_user_priv | 创建用户 |
| Event_priv | 查询、创建、修改、删除 MySQL 事件 |
| Trigger_priv | 创建、删除、执行、显示触发器 |
| Create_tablespace_priv | 创建、修改、删除表空间和日志组 |

## 任务 9.2.2　授予权限

微课 9-3

授予权限

为某个用户授予权限，可以使用 GRANT 命令完成。要使用 GRANT 命令，当前用户必须具有 GRANT OPTION 权限，并且用户必须具有正在授予的权限。GRANT 命令的语法格式如下。

```
GRANT
  PRIV_TYPE [(COLUMN_LIST)]
  [, PRIV_TYPE [(COLUMN_LIST)]] ...
  ON [OBJECT_TYPE] PRIV_LEVEL
  TO USER_OR_ROLE [, USER_OR_ROLE] ...
  [WITH GRANT OPTION]
```

其中，各参数的含义如下。

① PRIV_TYPE 表示要授予的权限类型，如 GRANT ALL。

② COLUMN_LIST 表示权限作用的数据列。

③ ON 关键字后接被授予访问权限的数据库或表，如 ON db1.*。

④ TO 关键字后接用户名或角色，如 peter@localhost。

对于所有用户和角色，GRANT 要么成功，要么回滚，如果发生任何错误，则不起作用。只有成功时，才会将语句写入二进制日志。

【例 9-5】授予用户 tony 查询、插入、更新、删除数据库 ssms 中所有数据表的权限。

```
GRANT SELECT ON ssms.* TO 'tony'@'localhost';
GRANT INSERT ON ssms.* TO 'tony'@'localhost';
GRANT UPDATE ON ssms.* TO 'tony'@'localhost';
GRANT DELETE ON ssms.* TO 'tony'@'localhost';
```

也可以使用一条 MySQL 命令来代替上述命令。

```
GRANT SELECT,INSERT,UPDATE,DELETE ON xscj.* TO 'tony'@'localhost';
```

【例 9-6】授予用户 tony 其他权限。

```
GRANT ALL PRIVILEGES ON *.* TO 'tony'@'localhost';          #授予所有权限
GRANT SELECT ON *.* TO 'tony'@'localhost';                  #查询所有数据库表的权限
GRANT ALL ON *.* TO 'tony'@'localhost';                     #管理所有数据库的权限
GRANT SELECT ON testdb.* TO 'tony'@'localhost';             #单个数据库的查询权限
GRANT SELECT ON ssms.student TO 'tony'@'localhost';         #单个数据表的查询权限
GRANT SELECT(S_ID, Name) ON ssms.student TO 'tony'@'localhost'; #数据列的查询权限
```

**注意** 修改完权限以后，一定要使用 FLUSH PRIVILEGES 命令刷新。

微课 9-4

查看用户权限

### 任务 9.2.3　查看权限

使用 SHOW GRANTS 命令显示授予用户的权限。

【例 9-7】查看用户 tony 的权限。

```
SHOW GRANTS FOR 'tony'@'localhost';
```

可以使用以下命令查询表 user 中与 tony 用户相关的数据。

```
SELECT * FROM mysql.user WHERE user='tony'\G;
```

微课 9-5

回收权限

### 任务 9.2.4　回收权限

回收权限也就是取消用户的权限，使用 REVOKE 命令可以让管理员将某个用户的部分或全部权限撤销，以更好地保护数据库的安全。

REVOKE 的语法格式如下。

```
REVOKE
  PRIV_TYPE [(COLUMN_LIST)]
  [, PRIV_TYPE [(COLUMN_LIST)]] ...
  ON [OBJECT_TYPE] PRIV_LEVEL
  FROM USER_OR_ROLE [, USER_OR_ROLE] ...
```

REVOKE 命令的参数含义和 GRANT 命令基本相同。

【例 9-8】给 kate 用户授予部分和全部权限，然后回收权限。

```
GRANT SELECT ON *.* TO 'kate'@'localhost';
GRANT ALL PRIVILEGES ON *.* TO 'kate'@'localhost';
REVOKE ALL PRIVILEGES ON *.* FROM 'kate'@'localhost';
```

在执行上述命令时，可以使用以下命令随时查看权限情况。

```
SELECT * FROM mysql.user WHERE user='kate'\G;
```

用户权限查看结果如图 9-10 所示。

```
mysql> SELECT * FROM mysql.user WHERE user='kate'\G;
*************************** 1. row ***************************
                    Host: localhost
                    User: kate
             Select_priv: N
             Insert_priv: N
             Update_priv: N
             Delete_priv: N
             Create_priv: N
               Drop_priv: N
             Reload_priv: N
           Shutdown_priv: N
            Process_priv: N
               File_priv: N
              Grant_priv: N
         References_priv: N
              Index_priv: N
              Alter_priv: N
            Show_db_priv: N
              Super_priv: N
   Create_tmp_table_priv: N
         Lock_tables_priv: N
            Execute_priv: N
          Repl_slave_priv: N
         Repl_client_priv: N
         Create_view_priv: N
           Show_view_priv: N
      Create_routine_priv: N
       Alter_routine_priv: N
         Create_user_priv: N
               Event_priv: N
             Trigger_priv: N
  Create_tablespace_priv: N
                ssl_type:
              ssl_cipher:
             x509_issuer:
            x509_subject:
           max_questions: 0
             max_updates: 0
          max_connections: 0
     max_user_connections: 0
                  plugin: mysql_native_password
       authentication_string: *531E182E2F72080AB0740FE2F2D689DBE0146E04
         password_expired: N
    password_last_changed: 2022-05-24 09:36:19
        password_lifetime: NULL
           account_locked: N
1 row in set (0.00 sec)

ERROR:
No query specified
```

图 9-10　用户权限查看结果

# 【知识拓展】

## 忘记 Root 用户密码该如何解决?

退出 mysqld 服务后,在命令行界面中执行以下命令。

```
mysqld --console --skip-grant-tables --shared-memory
```

执行结果如图 9-11 所示。

```
G:\mysql8\bin>mysqld --console --skip-grant-tables --shared-memory
2020-02-11T10:15:15.587937Z 0 [System] [MY-010116] [Server] G:\mysql8\bin\mysqld.exe (mysqld 8.0.16) starting a
s process 600
2020-02-11T10:15:17.785251Z 0 [System] [MY-010229] [Server] Starting crash recovery...
2020-02-11T10:15:17.802799Z 0 [System] [MY-010232] [Server] Crash recovery finished.
2020-02-11T10:15:19.049557Z 0 [Warning] [MY-010068] [Server] CA certificate ca.pem is self signed.
2020-02-11T10:15:19.128507Z 0 [System] [MY-010931] [Server] G:\mysql8\bin\mysqld.exe: ready for connections. Ve
rsion: '8.0.16'  socket: ''  port: 0  MySQL Community Server - GPL.
2020-02-11T10:15:19.208796Z 0 [Warning] [MY-011311] [Server] Plugin mysqlx reported: 'All I/O interfaces are di
sabled. X Protocol won't be accessible'
```

图 9-11　关闭用户验证

接着，另外打开一个命令行界面，以无密码方式登录 MySQL，命令如下。

```
mysql -u root
```

最后，修改 root 用户密码为"123"，命令如下。

```
FLUSH PRIVILEGES;
ALTER USER 'root'@'localhost' IDENTIFIED BY '123';
```

执行结果如图 9-12 所示。

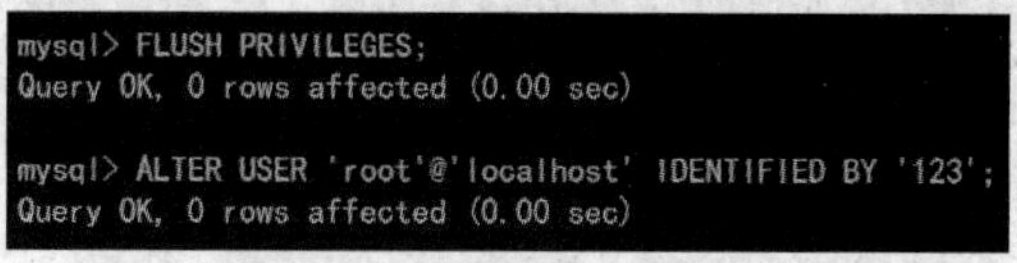

```
mysql> FLUSH PRIVILEGES;
Query OK, 0 rows affected (0.00 sec)

mysql> ALTER USER 'root'@'localhost' IDENTIFIED BY '123';
Query OK, 0 rows affected (0.00 sec)
```

图 9-12　修改 Root 用户密码

关闭打开的两个命令行界面，在新的命令行界面中使用命令 mysqld --console 重新启动 mysqld 服务，再开启一个命令行界面，使用 root 用户的新密码登录 MySQL。

## 【小结】

本项目介绍了数据库中用户管理和权限管理的相关内容。用户管理和权限管理是保证数据库安全的重要手段。希望读者能够认真学习本项目内容，在实际使用时能根据不同用户的需求进行相应权限的授予。

## 【任务训练 9】　管理用户及用户权限

### 1. 实验目的

- 掌握用户的创建和删除。
- 掌握权限的授予和回收。

### 2. 实验内容

- 创建新用户 rose，密码设为"123"。
- 授予用户 rose 权限。
- 回收用户 rose 的删除权限。
- 删除用户 rose。

### 3. 实验步骤

（1）创建用户

以管理员 root 身份登录 MySQL。

```
mysql -u root -p
```

输入密码，按"Enter"键后登录，使用 CREATE USER 语句创建新用户 rose。

```
CREATE USER 'rose'@'localhost' IDENTIFIED BY '123';
```

（2）授予用户权限

使用 GRANT 语句给用户 rose 授予权限。

```
GRANT ALL PRIVILEGES ON *.* TO 'rose'@'localhost';
```

授予权限后使用以下命令查看用户 rose 的权限。

```
SELECT * FROM mysql.user WHERE user='rose'\G;
```

（3）回收用户 rose 的删除权限

使用 REVOKE 语句回收用户权限。

```
REVOKE delete ON *.* FROM 'rose'@'localhost';
```

（4）删除用户 rose

使用 DROP USER 语句删除用户 rose。

```
DROP USER 'rose'@'localhost';
```

删除语句中需要包含用户名和主机名来确定唯一用户，删除用户后可以执行如下语句查看删除后的用户列表。

```
SELECT user,host FROM mysql.user;
```

## 【思考与练习】

### 一、填空题

1. MySQL 的默认用户是_____。

2. MySQL 账户名由_____和_____组成。

3. 要为某个用户授予权限，可以使用_____命令完成。

4. 回收用户权限可以使用_____命令。

5. 授予用户权限时，ON 关键字后使用_____表示所有数据库的所有表。

### 二、练习题

1. 使用 root 用户创建名为"mytest"的用户，密码设为"test"。

2. 修改用户 mytest 的密码为"123"。

3. 为用户 mytest 授予 CREATE 和 DROP 的权限。

# 项目10
## 事务与存储过程

【能力目标】

- 掌握事务的相关概念。
- 掌握事务的使用方法。
- 掌握存储过程的使用。
- 熟悉程序流程控制基本语句。

【素养目标】

培养缜密的思维方式和较强的分析能力。

【学习导航】

本项目介绍数据库系统开发过程中的实施阶段。本项目所讲内容在数据库系统开发中的位置如图 10-1 所示。

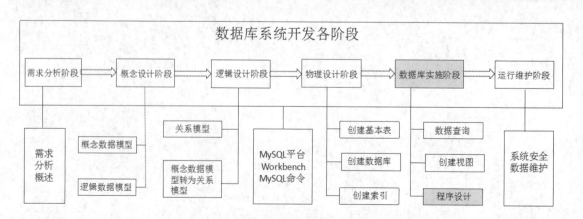

图 10-1　项目 10 所讲内容在数据库系统开发中的位置

# 任务 10.1　管理事务

在 MySQL 中，事务是多个具有相关性的操作的集合，例如，转账之类的数据操作需要多个操作全部成功才能成功执行。而存储过程可以定义为 SQL 语句的集合，可避免开发人员重复编写相关执行命令。本项目将具体介绍事务和存储过程的相关知识。

## 任务 10.1.1　了解事务的概念

微课 10-1

事务的概念

在数据库操作过程中，出现问题导致操作执行失败的风险很高，为了避免操作执行失败导致的一系列问题，可以使用事务来完成数据操作。

**1. 事务的基本概念**

事务可以理解为由多条 SQL 语句组成，用以完成一个业务功能的共同体。事务可以保证数据的一致性，事务处理是将多个操作或者命令一起执行，所有操作或命令全部执行成功才意味着该事务的成功，任何一个操作或命令失败都意味着该事务失败。只有多个操作全部成功，事务才能成功结束，并且会进行提交（COMMIT）；如果任何一个操作失败，则强制回滚（ROLLBACK）到初始状态。

> **素养小贴士**　在设置事务之前，需要认真思考确保操作对象数据一致性的有效预防和保护措施，培养缜密的思维方式和较强的分析能力。

对于事务，我们需要了解如下基本知识。

① 在 MySQL 中只有使用了 InnoDB 数据库引擎的数据库或数据表才支持事务，使用事务时可以设置自动提交功能是否开启。当引擎为 MyISAM 时，因为其不支持事务处理，所以命令一旦执行就会自动提交。读者可以使用 ALTER TABLE NAME ENGINE= InnoDB 将引擎修改为 InnoDB 引擎。

② 事务处理可以用来维护数据库的完整性，保证成批的 SQL 语句要么全部执行，要么全部不执行。

③ 事务可以用来管理 INSERT、UPDATE、DELETE 语句。DROP、ALTER 语句不能通过事务处理，会直接提交。

**2. 事务分类**

事务一般分为两种：隐式事务和显式事务。在 MySQL 中，事务默认是自动提交的，所以说每条 DML 语句（INSERT、UPDATE、DELETE）实际上都是一次执行事务的过程。

① 隐式事务：没有开启和结束的标志，默认执行完 SQL 语句就自动提交。例如，我们经常使用的 INSERT、UPDATE、DELETE 语句就属于隐式事务。

② 显式事务：需要显式地开启、关闭，然后执行一系列操作，最后如果全部操作都成功执行，则提交事务；如果操作有异常，则回滚事务中的所有操作。

### 3. 事务的四大基本特性

如果一个数据库支持事务的操作，那么该数据库必须具备以下四大特性，即 ACID。

（1）原子性（Atomicity）

事务包含的所有操作要么全部成功，要么全部失败回滚，因此事务的操作如果成功，就必须完全应用到数据库中，如果操作失败，则不能对数据库产生任何影响。

也就是说，事务是一个不可分割的整体，就像化学中的原子，它是物质构成的最基本单位。

（2）一致性（Consistency）

事务开始前和结束后，数据库的完整性约束没有被破坏。

拿转账来说，假设用户 A 和用户 B 两者的钱加起来一共是 5000 元，那么不管 A 和 B 之间如何转账、转几次账，事务结束后两个用户的钱加起来应该还是 5000 元，这就是事务的一致性。

（3）隔离性（Isolation）

同一时间，只允许一个事务请求同一数据，不同的事务之间彼此没有任何干扰。

也就是说，对于任意两个并发的事务 T（1）和 T（2），在事务 T（1）看来，T（2）要么在 T（1）开始之前就已经结束，要么在 T（1）结束之后才开始，这样每个事务都感觉不到有其他事务在并发地执行。

（4）持久性（Durability）

持久性是指一个事务一旦被提交了，对数据库中数据的改变就是永久性的，即便是在数据库系统遇到故障的情况下也不会丢失提交事务的操作。

### 4. 事务的并发问题

当多个线程都开启事务操作数据库中的数据时，数据库系统需要进行隔离操作，以保证各个线程获取数据的准确性。如果不考虑事务中的并发，则可能会产生如下几种问题。

（1）脏读

脏读又称无效数据的读出，是指在数据库访问过程中，事务（A）将某一值修改，然后事务（B）读取该值，此后事务（A）因为某种原因撤销对该值的修改，导致事务（B）所读取到的数据是无效的。

（2）不可重复读取

不可重复读取是指在某事务处理过程中对数据进行读取时，由于该事务的更新操作导致多次读取的数据发生了改变。

事务（A）多次读取同一数据，事务（B）在事务（A）多次读取的过程中，对数据做了更新并提交，导致事务（A）多次读取同一数据时结果不一致。

（3）幻读

幻读又称幻象读取，是指在某事务处理数据过程中，由于该事务的插入或删除操作导致在多次读取过程中读取到不存在或者消失的数据。

系统管理员（A）将数据库中所有学生的成绩从具体分数改为 A、B、C、D、E 5 个等级，但是系统管理员（B）在这个时候插入了一条具体分数的数据，当系统管理员（A）修改结束后发现还有一条数据没有改过来，就好像发生了幻觉一样，这就叫幻读。

## 任务 10.1.2　提交事务

事务执行结束，需要将所有的操作历史记录和底层硬盘数据同步，即提交事务。

### 1. 事务提交状态查询

在 MySQL 的默认设置下，事务都是自动提交的，即执行 SQL 语句后马上执行 COMMIT 操作。因此要显式地开启一个事务必须使用命令 BEGIN 或 START TRANSACTION。由于在所有存储程序（存储过程和函数、触发器和事件）中使用了 BEGIN…END 结构，所以以 START TRANSACTION 命令显式地开启事务。执行命令 SET AUTOCOMMIT=0，以禁止使用当前会话的自动提交。

查询当前自动提交功能的状态可以使用如下命令。

```
SELECT @@autocommit;
```

也可以使用以下命令。

```
SHOW VARIABLES LIKE 'autocommit';
```

执行结果如图 10-2 所示。

```
mysql> SELECT @@autocommit;
+--------------+
| @@autocommit |
+--------------+
|            1 |
+--------------+
1 row in set (0.00 sec)

mysql> SHOW VARIABLES LIKE 'autocommit';
+---------------+-------+
| Variable_name | Value |
+---------------+-------+
| autocommit    | ON    |
+---------------+-------+
1 row in set, 1 warning (0.00 sec)
```

图 10-2　自动提交状态查询

要设置自动提交功能可以使用以下命令。

```
SET Autocommit = {0|1};
```

### 2. 使用 COMMIT 命令提交事务

关闭事务的自动提交后，需通过 COMMIT 命令进行事务的提交，命令使用示例如下。

```
SHOW VARIABLES LIKE 'autocommit';
SET autocommit = 0;
START TRANSACTION;
UPDATE account SET money = money + 100 WHERE name = 'A';
UPDATE account SET money = money - 100 WHERE name = 'B';
COMMIT;
```

当搜索引擎设置为 InnoDB 时，可以设置自动提交功能是否开启。当自动提交功能开启时，命令执行后会提交（COMMIT）；而自动提交功能关闭时，必须执行 COMMIT 命令才能提交，也可以使用 ROLLBACK 命令进行回滚。

 **注意**　如果事务被挂起没有提交，则有很多操作命令在后续执行时会自动提交被挂起的事务，即隐式地结束当前会话中活动的任何事务，就像在之前执行了提交一样。

微课 10-3

回滚事务

## 任务 10.1.3　回滚事务

进行事务回滚操作后，在开启事务之后的一系列操作都会被清空，也就是说进行事务回滚后，数据库中的数据不会发生任何变化。

回滚事务使用 ROLLBACK 命令实现。此处以表 10-1 所示数据为例讲解 ROLLBACK 命令。

表 10-1　表 mytest.test 数据

| id | name | money |
|---|---|---|
| 1 | tom | 1000 |
| 2 | peter | 1000 |

（1）首先查看自动提交状态，命令如下。

```
SELECT @@autocommit;
```

执行结果如图 10-3 所示。

可以看到@@autocommit 的值为 1，表示自动提交功能开启，这里将自动提交功能关闭。

```
SET autocommit=0;
```

（2）创建一个实验数据库 mytest，在数据库中创建数据表 test，在表中插入 2 条记录，相关代码如下。

```
CREATE DATABASE mytest;
USE mytest
CREATE TABLE test
(
name CHAR(8) NOT NULL,
money INT(10) NOT NULL
);
INSERT INTO test VALUES('tom',1000);
INSERT INTO test VALUES('peter',1000);
```

（3）执行数据修改事务。

```
START TRANSACTION;
UPDATE test SET money=money-100 WHERE name='tom';
UPDATE test SET money=money+100 WHERE name='peter';
```

查看目前临时执行结果，命令如下。

```
SELECT * FROM test;
```

临时执行结果如图 10-4 所示。

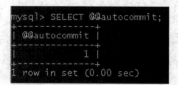

图 10-3　显示当前自动提交状态　　　　图 10-4　事务操作的临时结果

（4）使用 ROLLBACK 命令回滚事务。

```
ROLLBACK;
```

执行回滚命令后再次查看表数据，发现表数据并没有发生变化。

## 任务 10.1.4　了解事务的隔离级别

为了避免事务并发中出现的问题，在标准 SQL 规范中定义了事务隔离级别，不同的隔离级别对事务的处理方式不同。

事务隔离是数据库处理的基础之一。隔离是事务四大基本特性缩写 ACID 中的 I。隔离级别是指当多个事务同时进行更改和执行查询时，微调性能与可靠性、一致性和结果再现性之间的平衡的设置。

数据库事务的隔离级别有 4 种，由低到高分别为 READ UNCOMMITTED 、READ COMMITTED 、REPEATABLE READ 、SERIALIZABLE，而且在事务的并发操作中可能会出现脏读、不可重复读、幻读。4 级隔离级别说明如下。

① READ UNCOMMITTED：所有事务都可以看到其他未提交事务的执行结果，即另一个未提交事务的数据。

② READ COMMITTED：一个事务要等另一个事务提交后才能读取数据。因为同一事务的其他实例在该实例处理期间可能会有新的 COMMIT，所以同一 SELECT 可能返回不同结果。

③ REPEATABLE READ：这是 MySQL 默认的事务隔离级别，就是在开始读取数据（事务开启）时，不再允许修改操作。它确保同一事务的多个实例在并发读取数据时会看到同样的数据行，但可能导致幻读。

④ SERIALIZABLE：最高的事务隔离级别，在该级别下，事务串行化顺序执行，可以避免脏读、不可重复读与幻读。但是这种事务隔离级别可能导致大量的超时现象和锁竞争，效率低下，比较消耗数据库性能。

不同隔离级别在并发时可能出现的问题如表 10-2 所示。

表 10-2　不同隔离级别在并发时可能出现的问题

| 隔离级别 | 脏读 | 不可重复读 | 幻读 |
|---|---|---|---|
| READ UNCOMMITTED | 可能 | 可能 | 可能 |
| READ COMMITTED | 不可能 | 可能 | 可能 |
| REPEATABLE READ | 不可能 | 不可能 | 可能 |
| SERIALIZABLE | 不可能 | 不可能 | 不可能 |

**注意**　① 事务隔离级别为 READ COMMITTED 时，写数据只会锁住相应的行。
② 事务隔离级别为 REPEATABLE READ 时，如果检索条件有索引（包括主键索引），则默认加锁方式是 next-key 锁；如果检索条件没有索引，更新数据时会锁住整张表。一个间隙被事务加了锁，其他事务是不能在这个间隙插入数据的，这样可以防止幻读。
③ 事务隔离级别为 SERIALIZABLE 时，读、写数据都会锁住整张表。
④ 隔离级别越高，越能保证数据的完整性和一致性，但是对并发性能的影响也越大。

查看当前的事务隔离级别，命令如下。

```
SELECT @@transaction_isolation;
```

也可以使用如下命令。

```
SHOW VARIABLES LIKE 'transaction_isolation';
```

执行结果如图 10-5 所示。

```
mysql> SELECT @@transaction_isolation;
+-------------------------+
| @@transaction_isolation |
+-------------------------+
| REPEATABLE-READ         |
+-------------------------+
1 row in set (0.00 sec)

mysql> SHOW VARIABLES LIKE 'transaction_isolation';
+-----------------------+-----------------+
| Variable_name         | Value           |
+-----------------------+-----------------+
| transaction_isolation | REPEATABLE-READ |
+-----------------------+-----------------+
1 row in set, 1 warning (0.00 sec)
```

图 10-5　查看当前事务级别

如果需要更改当前的事务隔离级别，则可以使用 SET TRANSACTION 语句更改单个会话或所有后续连接的隔离级别，其语法格式如下。

```
SET [GLOBAL | SESSION] TRANSACTION
 TRANSACTION_CHARACTERISTIC [, TRANSACTION_CHARACTERISTIC] ...
```

其中：

```
TRANSACTION_CHARACTERISTIC: {
   ISOLATION LEVEL Level
}
Level: {
    REPEATABLE READ
  | READ COMMITTED
  | READ UNCOMMITTED
  | SERIALIZABLE
}
```

**注意**　不允许在同一 SET TRANSACTION 语句中指定多个隔离级别子句。在事务开始后也不能更改事务隔离级别，否则会出错。

在事务开始后更改事务级别的代码如下。

```
START TRANSACTION;
SET TRANSACTION ISOLATION LEVEL SERIALIZABLE;
```

执行结果如图 10-6 所示。

```
mysql> START TRANSACTION;
Query OK, 0 rows affected (0.00 sec)

mysql> SET TRANSACTION ISOLATION LEVEL SERIALIZABLE;
ERROR 1568 (25001): Transaction characteristics can't be changed while a transac
tion is in progress
```

图 10-6　事务开始后更改事务级别的执行结果

在语句中使用关键字 GLOBAL，表示此语句应用于之后的所有 SESSION，而当前已经存在的 SESSION 不受影响，也就是此语句将应用于当前 SESSION 内之后的所有事务。如果没有使用 GLOBAL，那么此语句将应用于当前 SESSION 内的下一个还未开始的事务。

使用示例如下。

```
SET GLOBAL TRANSACTION ISOLATION LEVEL REPEATABLE READ;
```

要查看更改后的事务隔离级别，可以重新登录后查看。

## 任务 10.2　存储过程

存储过程（Stored Procedure）是一种在数据库中存储复杂程序，以便外部程序调用的数据库对象。存储过程包含完成特定功能的 SQL 语句集，经编译创建并保存在数据库中。用户可指定存储过程的名字并给定相应参数来调用执行。存储过程理论上很简单，就是数据库 SQL 理论层面代码的封装与重用。存储过程是在 MySQL 服务器上存储和执行的，可减少客户端和服务器的数据传输。本任务将讲解存储过程的创建和使用方法。

微课 10-4
创建存储过程

### 任务 10.2.1　创建存储过程

在 MySQL 中创建存储过程的语法格式如下。

```
CREATE
  [DEFINER = USER]
  PROCEDURE SP_NAME ([PROC_PARAMETER[,...]])
  [CHARACTERISTIC ...] ROUTINE_BODY
```

其中，各参数的含义如下。

① DEFINER：默认为当前用户，执行时 MySQL 会检查 DEFINER 定义的用户的权限。

② SP_NAME：自定义存储过程名，默认情况下，存储过程与默认数据库关联。若要显式地与指定数据库关联，则可在创建时将其名称指定为 db_name.sp_name。

③ PROC_PARAMETER：[ IN | OUT | INOUT ] PARAM_NAME TYPE。默认情况下参数是 IN。IN 参数表示将值传入过程，过程可能会修改该值。OUT 参数将一个值从过程传出给调用方，它的初始值在过程中为空。INOUT 参数由调用者初始化，可以由过程修改传出。

④ ROUTINE_BODY：过程体，由有效的 SQL 语句组成。过程体可以是一条简单的语句，如 SELECT 或 INSERT，也可以是一段使用 BEGIN...END 编写的复合语句。复合语句可以包含声明、循环和其他控制结构语句。

⑤ CHARACTERISTIC：存储过程的一些特性。

【例 10-1】创建存储过程，并使用存储过程统计数据库 ssms 的表 student 中的学生人数。

```
USE ssms;
DELIMITER $$
CREATE PROCEDURE stu_num(OUT n1 int)
  BEGIN
    SELECT count(*) INTO n1 FROM student;
  END$$
DELIMITER ;
```

```
CALL stu_num(@a);
SELECT @a;
```

执行结果如图 10-7 所示。

> **注意** 在存储过程的定义中，如果包含多条语句需要使用 BEGIN…END 结构，则只有单行语句才可以省略。在存储过程中使用多行语句及分号时，必须使用 DELIMITER 临时重新定义分隔符，以便能够正常完成定义过程。分隔符可以由单个或多个字符组成。应该避免使用反斜杠（\）字符，因为这是 MySQL 的转义字符。

【例 10-2】创建存储过程，并使用存储过程统计数据库 ssms 表 student 中总学分大于 45 的学生人数。

```
DELIMITER $$
CREATE PROCEDURE stu_num_tc(IN  tc1 int,OUT n1 int)
BEGIN
    SELECT count(*) FROM student WHERE Total_Credit>tc1;
  END$$
DELIMITER ;

CALL stu_num_tc(45,@a);
```

执行结果如图 10-8 所示。

图 10-7  使用存储过程统计学生人数　　　　　　图 10-8  使用存储过程统计总学分大于 45 的学生人数

微课 10-5

使用变量

## 任务 10.2.2　使用变量

在存储过程中可以定义和使用变量，这些变量为局部变量，只在 BEGIN…END 代码块中有效，执行完该代码块，变量就消失了。可以使用 DECLARE 语句定义局部变量，用 DEFAULT 语句指明默认值。定义变量的语法格式如下。

```
DECLARE VAR_NAME [, VAR_NAME] ... TYPE [DEFAULT value]
```

其中 VAR_NAME 为所定义的变量名称，TYPE 为变量类型，DEFAULT 子句指明变量的默认值为 VALUE，如果省略 DEFAULT 子句，则变量初始值为 NULL。

【例 10-3】定义变量 a 和 b，并赋予默认值为 0。

```
DECLARE a,b int DEFAULT 0;
```

变量的赋值可以使用 SET 或 SELECT…INTO 语句来完成。

【**例 10-4**】将学生人数赋给变量 stu_num。

```
DECLARE stu_num int DEFAULT 0
SET stu_num = 21;
```

或者

```
SELECT count(*) INTO stu_num FROM student;
```

 **注意** DECLARE 命令不能单独使用，需要放入存储过程中才能正常使用。

## 任务 10.2.3 定义条件和处理程序

微课 10-6

定义条件和处理
程序

定义条件和处理程序是事先定义程序在执行时可能遇到的问题及对问题的处理方式，这种方法可以避免程序异常停止，增强程序处理问题的能力。

### 1. 定义条件

在 MySQL 中，定义条件的语法格式如下。

```
DECLARE CONDITION_NAME CONDITION FOR CONDITION_VALUE
```

其中，各参数的含义如下。

① CONDITION_NAME：条件的名称。

② CONDITION_VALUE：条件的类型，其格式如下。

```
SQLSTATE [VALUE] SQLSTATE_VALUE | MYSQL_ERROR_CODE
```

SQLSTATE_VALUE 参数和 MYSQL_ERROR_CODE 参数都可以表示 MySQL 的错误。常见的 ERROR 1146（42s02）错误如下。

```
error 1146 (42s02): table 'ssms.st_table' doesn't exist
```

SQLSTATE_VALUE 值是 42s02，MYSQL_ERROR_CODE 值是 1146，具体内容是数据库 ssms 中不存在数据表 st_table。

为错误"ERROR 1146 （42s02）"定义条件"no_such_table"可以使用以下命令。

```
DECLARE no_such_table condition FOR 1146;
```

或者

```
DECLARE no_such_table condition FOR sqlstate '42s02';
```

### 2. 定义处理程序

定义处理程序的语法格式如下。

```
DECLARE HANDLER_ACTION HANDLER
  FOR CONDITION_VALUE [, CONDITION_VALUE] ...
  STATEMENT
```

其中，各参数的含义如下。

① HANDLER_ACTION：可以取 CONTINUE 或 EXIT，其中 CONTINUE 表示继续执行当前程序，EXIT 表示执行终止。

② CONDITION_VALUE：表示激活处理程序的条件。其值可以为 MYSQL_ERROR_CODE、SQLSTATE_VALUE、CONDITION_NAME、SQLWARNING、NOT FOUND、SQLEXCEPTION，不同激活条件值的含义如表 10-3 所示。

表 10-3　不同激活条件值的含义

| 激活条件值 | 含义 |
| --- | --- |
| MYSQL_ERROR_CODE | 错误代码数字 |
| SQLSTATE_VALUE | 包含 5 个字符的 SQLSTATE 值 |
| CONDITION_NAME | DECLARE 定义的条件名称 |
| SQLWARNING | 以 "01" 开头的 SQLSTATE 值 |
| NOT FOUND | 以 "02" 开头的 SQLSTATE 值 |
| SQLEXCEPTION | 不以 "00" "01" 或 "02" 开头的 SQLSTATE 值 |

③ STATEMENT：表示一些存储过程或执行语句。

几种具体使用示例如下。

```
DECLEAR CONTINUE HANDLER FOR sqlstate '42s02' SET @str='can not find';
DECLEAR CONTINUE HANDLER FOR 1146 SET @str='can not find';
DECLARE no_such_table condition FOR 1146;
DECLEAR CONTINUE HANDLER FOR no_such_table SET @str='can not find';
DECLEAR EXIT HANDLER FOR sqlwarning SET @str='error';
```

【例 10-5】为调用的表不存在时定义一个处理程序。

```
DELIMITER $$
CREATE PROCEDURE stu_num_condition(OUT n1 int)
  BEGIN
    DECLARE no_such_table condition FOR 1146;
    DECLARE EXIT HANDLER FOR no_such_table SET @str='table name error';
    SELECT count(*) INTO n1 FROM sss;
  END$$
DELIMITER ;


CALL stu_num_condition(@a);
SELECT @str;
```

执行结果如图 10-9 所示。

```
mysql> DELIMITER $$
mysql> CREATE PROCEDURE stu_num_condition(OUT n1 int)
    ->   BEGIN
    ->     DECLARE no_such_table condition FOR 1146;
    ->     DECLARE EXIT HANDLER FOR no_such_table SET @str='table name error';
    ->     SELECT count(*) INTO n1 FROM sss;
    ->   END$$
Query OK, 0 rows affected (0.00 sec)

mysql> DELIMITER ;
mysql>
mysql> CALL stu_num_condition(@a);
Query OK, 0 rows affected (0.00 sec)

mysql> SELECT @str;
+-----------------+
| @str            |
+-----------------+
| table name error |
+-----------------+
1 row in set (0.00 sec)
```

图 10-9　表不存在处理结果

微课 10-7

光标（游标）的
使用

## 任务 10.2.4　光标的使用过程

MySQL 支持存储过程中的光标（游标），其语法与嵌入式 SQL 相同。光标为只读，不可更新，只能在一个方向上遍历，不能跳行。光标声明必须出现在处理程序之前及变量和条件声明之后。光标的使用过程包括声明光标、打开光标、使用光标和关闭光标。

### 1. 声明光标

声明光标的语法格式如下。

```
DECLARE CURSOR_NAME CURSOR FOR SELECT_STATEMENT
```

声明一个名为 cur_student 的光标的语句如下。

```
DECLARE cur_student CURSOR FOR SELECT name,major FROM student;
```

### 2. 打开光标

使用关键字 OPEN 打开光标，语法格式如下。

```
OPEN CURSOR_NAME
```

打开 cur_student 光标的语句如下。

```
OPEN cur_student;
```

### 3. 使用光标

使用关键字 FETCH 来使用光标，其语法格式如下。

```
FETCH [[NEXT] FROM] CURSOR_NAME INTO VAR_NAME [, VAR_NAME] ...
```

FETCH 语句获取与指定光标（已打开）关联的 SELECT 语句的下一行，如果数据行存在，则将获取的字段值存储在变量中。SELECT 语句检索的列数必须与 FETCH 语句中指定的输出变量数匹配。如果没有更多的行可用，则会出现 SQLSTATE 值为"02000"的"无数据"错误。

将光标 cur_student 查询的一条数据存入变量 a 和 b。

```
FETCH cur_student INTO a,b;
```

### 4. 关闭光标

使用关键字 CLOSE 关闭光标，语法格式如下。

```
CLOSE CURSOR_NAME
```

关闭 cur_student 光标使用如下语句。

```
CLOSE cur_student;
```

此语句用于关闭以前打开的光标，如果光标未打开，则会发生错误。如果未显式关闭，则光标将在声明它的 BEGIN...END 语句块结束时关闭。

【例 10-6】使用光标统计数据表 course 中所有课程的总学时。

```
DELIMITER $$
CREATE PROCEDURE credits()
BEGIN
   DECLARE total int DEFAULT 0;
   DECLARE credits CURSOR FOR SELECT sum(Credit) FROM course;
   OPEN credits;
   FETCH credits INTO total;
   CLOSE credits;
   SELECT total;
END $$
DELIMITER ;
CALL credits();
```

执行结果如图 10-10 所示。

```
mysql> DELIMITER $$
mysql> CREATE PROCEDURE credits()
   -> BEGIN
   ->     DECLARE total int DEFAULT 0;
   ->     DECLARE credits CURSOR FOR SELECT sum(Credit) FROM course;
   ->     OPEN credits;
   ->     FETCH credits INTO total;
   ->     CLOSE credits;
   ->     SELECT total;
   -> END $$
ERROR 1304 (42000): PROCEDURE credits already exists
mysql> DELIMITER ;
mysql> CALL credits();
+-------+
| total |
+-------+
|    36 |
+-------+
1 row in set (0.00 sec)

Query OK, 0 rows affected (0.00 sec)
```

图 10-10　总学时统计情况

## 任务 10.2.5　使用流程控制

存储过程可以使用流程控制语句来控制程序的执行。MySQL 中的流程控制语句有 IF 语句、CASE 语句、LOOP 语句、REPEAT 语句、WHILE 语句、LEAVE 语句和 ITERATE 语句。

### 1. IF 语句

IF 语句用来进行条件判断，其语法格式如下。

```
IF SEARCH_CONDITION THEN STATEMENT_LIST
  [ELSEIF SEARCH_CONDITION THEN STATEMENT_LIST] ...
  [ELSE STATEMENT_LIST]
END IF
```

IF 语句可以有 THEN、ELSE 和 ELSEIF 子句，并以 END IF 结尾。如果给定的条件为 TRUE，则执行相应的 THEN 或 ELSEIF 子句，否则执行 ELSE 子句。每个语句列表由一条或多条 SQL 语句组成，不允许使用空语句列表。在 IF...END 语句块中，IF 语句块与存储程序中使用的所有其他流控制块一样，必须以分号结尾。

【例 10-7】判断数字正、负和零，分别返回 1、-1 和 0。

```
DELIMITER $$
CREATE PROCEDURE pm(n INT)
  BEGIN
  DECLARE s int;
  IF n > 0 THEN SET s = 1;
  ELSEIF n = 0 THEN SET s =0;
  ELSE SET s = -1;
  END IF;
  SELECT s;
  END $$
DELIMITER ;
CALL pm(-6);
```

执行结果如图 10-11 所示。

### 2. CASE 语句

CASE 语句也是用来进行条件判断的，其语法结构如下。

微课 10-8

流程语句 CASE

微课 10-9

```
CASE CASE_VALUE
 WHEN WHEN_VALUE THEN STATEMENT_LIST
 [WHEN WHEN_VALUE THEN STATEMENT_LIST] ...
 [ELSE STATEMENT_LIST]
END CASE
```

CASE_VALUE 是一个表达式，此值将与每个 WHEN 子句中的 WHEN_VALUE 表达式进行比较，直到与其中一个相等为止。当找到相等的 WHEN_VALUE 时，将执行相应的 THEN 子句中的 STATEMENT_LIST。如果没有找到相等的，则执行 ELSE 子句中的 STATEMENT_LIST（如果有的话）。

CASE 语句还有另外一种语法结构。

```
CASE
 WHEN SEARCH_CONDITION THEN STATEMENT_LIST
 [WHEN SEARCH_CONDITION THEN STATEMENT_LIST] ...
 [ELSE STATEMENT_LIST]
END CASE
```

计算每个 WHEN 子句 SEARCH_CONDITION 表达式的值，直到其中一个表达式为 TRUE，此时将执行其相应的 THEN 子句中的 STATEMENT_LIST，否则执行 ELSE 子句中的 STATEMENT_LIST（如果有的话）。

【例 10-8】创建存储过程，使用存储过程按照参数值不同输出其结果字符串。

```
DELIMITER $$
CREATE PROCEDURE pm1(in n int)
 BEGIN
  CASE n
    WHEN 0 THEN SELECT 'zero';
    WHEN 1 THEN SELECT 'one';
    ELSE SELECT 'no';
  END CASE;
 END $$
DELIMITER ;
CALL pm1(0);
```

执行结果如图 10-12 所示。

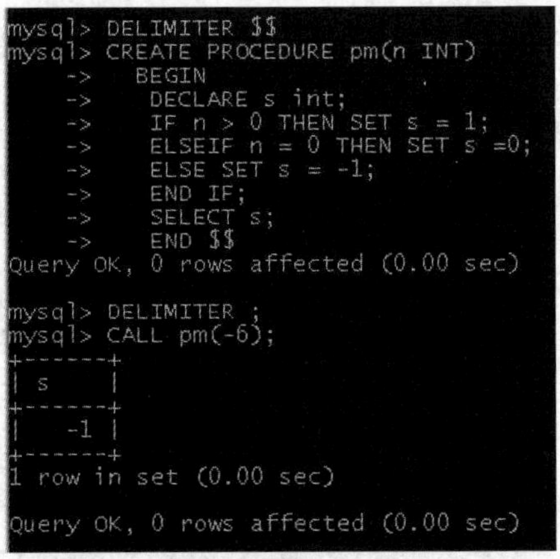

图 10-11　使用 IF 语句判断正负结果 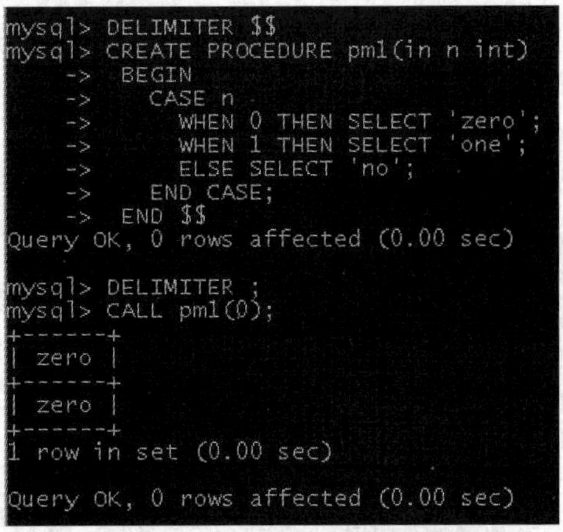　　图 10-12　使用 CASE 语句并输出结果

**221**

中间 CASE 语句部分可修改为如下代码。

```
CASE
WHEN n=0 THEN SELECT 'zero';
WHEN n=1 THEN SELECT 'one';
  ELSE SELECT 'no';
END CASE;
```

### 3. LOOP 语句

微课 10-10
流程语句循环

LOOP 语句可以实现一个简单的循环构造，允许重复执行语句列表，语句列表由一条或多条语句组成，每条语句以分号（；）分隔符结尾。循环中的语句将重复，直到循环终止。通常使用 LEAVE 语句来退出循环，否则会导致死循环。LOOP 语句的语法格式如下。

```
[BEGIN_LABEL:] LOOP
  STATEMENT_LIST
END LOOP [END_LABEL]
```

【例 10-9】使用 LOOP 语句求 100 以内整数的和。

```
DELIMITER $$
CREATE PROCEDURE sum100()
  BEGIN
  DECLARE sum int DEFAULT 0;
  DECLARE n int DEFAULT 0;
    LABEL1:LOOP
      SET n = n + 1;
      IF n >100 THEN
        LEAVE LABEL1;
      END IF;
      SET sum = sum + n;
    END LOOP LABEL1;
    SELECT sum;
  END $$
DELIMITER ;
CALL sum100;
```

执行结果如图 10-13 所示。

### 4. REPEAT 语句

REPEAT 语句为条件循环语句，执行循环直到条件表达式为 TRUE。因此，REPEAT 语句至少会进入一次循环。

REPEAT 语句的语法格式如下。

```
[BEGIN_LABEL:] REPEAT
  STATEMENT_LIST
UNTIL SEARCH_CONDITION
END REPEAT [END_LABEL]
```

【例 10-10】变量的初始值为 1，使用 REPEAT 语句循环乘 2 直到积大于 100。

```
DELIMITER $$
CREATE PROCEDURE dorepeat()
  BEGIN
    SET @x = 1;
    REPEAT
      SET @x = @x *2;
```

```
      UNTIL @x > 100
    END REPEAT;
  END $$
DELIMITER ;
CALL dorepeat();
SELECT @x;
```

执行结果如图 10-14 所示。

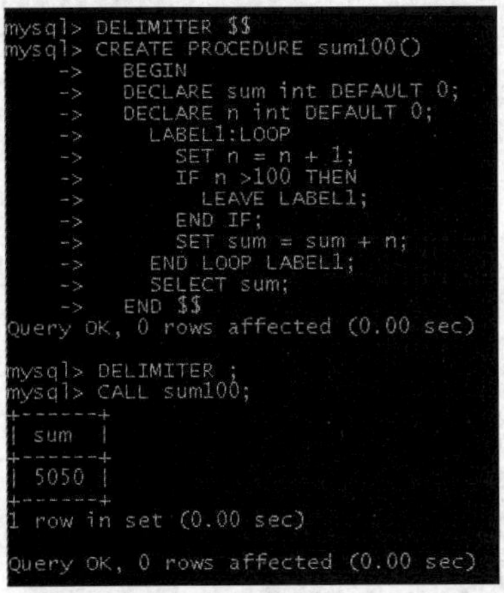

图 10-13  使用 loop 语句求 100 以内整数的和

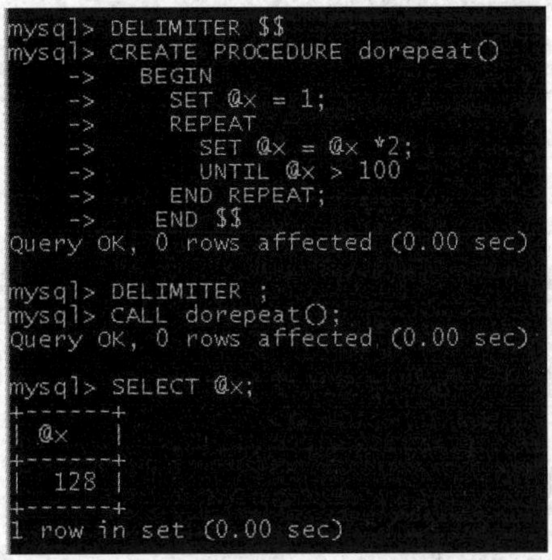

图 10-14  使用 REPEAT 循环求解结果

### 5. WHILE 语句

WHILE 语句是有条件的循环语句，其语法格式如下。

```
[BEGIN_LABEL:] WHILE SEARCH_CONDITION DO
  STATEMENT_LIST
END WHILE [END_LABEL]
```

WHILE 循环判断的条件在前，只要循环条件表达式的值为 TRUE，WHILE 语句中的语句列表 STATEMENT_LIST 就会重复执行。

### 6. LEAVE 语句

LEAVE 语句用于跳出当前存储过程，不执行存储过程中剩余的代码。

其基本语法格式如下。

```
LEAVE LABEL
```

### 7. ITERATE 语句

ITERATE 语句在循环语句中使用，用于跳出本次循环，进入下一次循环。

其基本语法格式如下。

```
ITERATE LABEL
```

LEAVE 语句和 ITERATE 语句都用于跳出循环，LEAVE 语句是跳出整个循环，执行循环之后的程序；而 ITERATE 语句则是仅跳出本次循环，然后进入下一次循环。

微课 10-11

使用存储过程

## 任务 10.3  使用存储过程

存储过程是存储在 MySQL 服务器端的 SQL 语句集合，对于已经存在的存

储过程，可以调用存储过程来执行相关的 SQL 语句，可以查看存储过程的相关信息，可以根据需要修改存储过程。对于无用的存储过程，可以执行删除操作，本任务将讲解相关使用方法。

## 任务 10.3.1　调用存储过程

在 MySQL 中使用 CALL 语句调用存储过程，其语法格式如下。

```
CALL SP_NAME([PARAMETER[,...]])
CALL SP_NAME[()]
```

通过语法格式可以看出，可以调用不带参数的存储过程。其中，SP_NAME 为存储过程名，PARAMETER 为存储过程的参数。

【例 10-11】存储过程的调用示例。

```
DELIMITER $$
CREATE PROCEDURE p (OUT ver_p varchar(25), INOUT incr_p int)
  BEGIN
    SELECT version() INTO ver_p;
    SET incr_p = incr_p + 1;
  END $$
DELIMITER ;

SET @n=10;
CALL p(@version, @n);
SELECT @version, @n;
```

执行结果如图 10-15 所示。

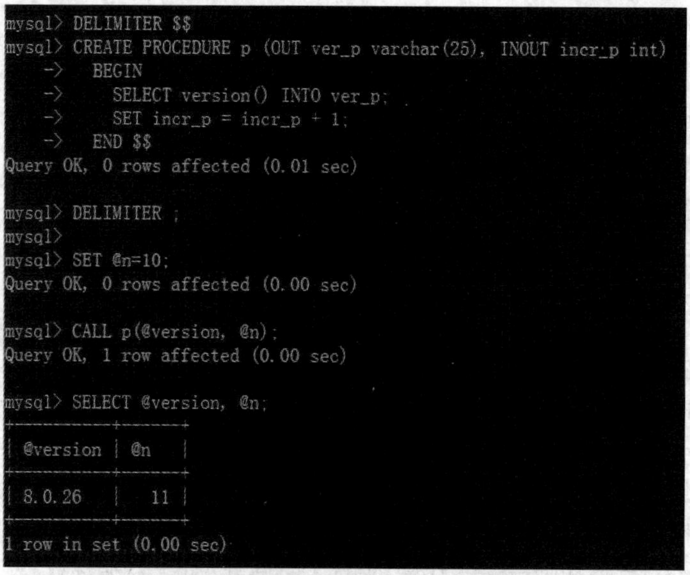

图 10-15　存储过程调用示例执行结果

## 任务 10.3.2　查看存储过程

存储过程创建之后，可以根据需要查看存储过程的创建语句和存储过程状态。

### 1. 查看存储过程的创建语句

要查看存储过程的创建语句，可以使用 SHOW 命令，其语法格式如下。

```
SHOW CREATE PROCEDURE PROC_NAME
```

【例 10-12】查看存储过程 p 的创建信息。

```
SHOW CREATE PROCEDURE p\G;
```

执行结果如图 10-16 所示。

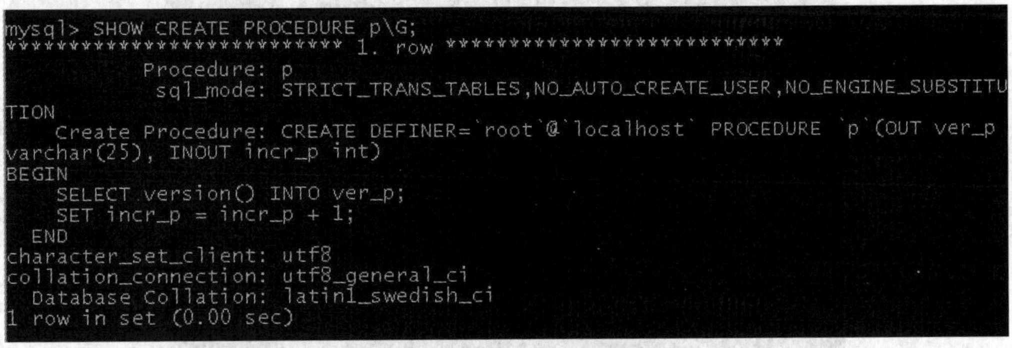

```
mysql> SHOW CREATE PROCEDURE p\G;
*************************** 1. row ***************************
           Procedure: p
            sql_mode: STRICT_TRANS_TABLES,NO_AUTO_CREATE_USER,NO_ENGINE_SUBSTITU
TION
    Create Procedure: CREATE DEFINER=`root`@`localhost` PROCEDURE `p`(OUT ver_p
varchar(25), INOUT incr_p int)
BEGIN
    SELECT version() INTO ver_p;
    SET incr_p = incr_p + 1;
  END
character_set_client: utf8
collation_connection: utf8_general_ci
  Database Collation: latin1_swedish_ci
1 row in set (0.00 sec)
```

图 10-16　存储过程 p 的创建信息

### 2. 查看存储过程状态

要查看存储过程的状态，同样可以使用 SHOW 命令，其语法格式如下。

```
SHOW PROCEDURE STATUS [LIKE 'PATTERN' | WHERE EXPR]
```

【例 10-13】查看存储过程 p 的状态。

```
SHOW PROCEDURE STATUS LIKE 'p'\G;
```

执行结果如图 10-17 所示。

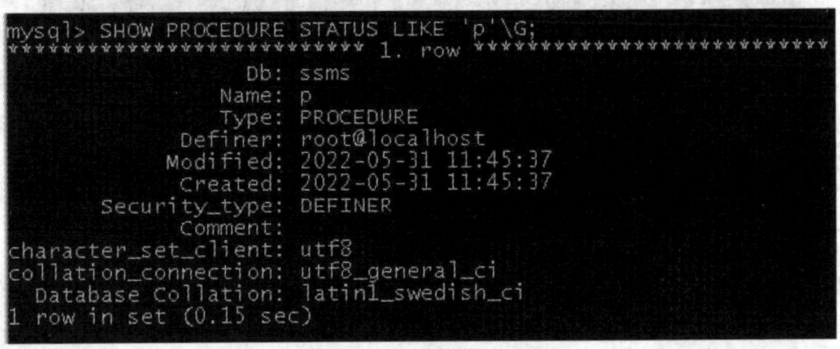

```
mysql> SHOW PROCEDURE STATUS LIKE 'p'\G;
*************************** 1. row ***************************
                  Db: ssms
                Name: p
                Type: PROCEDURE
             Definer: root@localhost
            Modified: 2022-05-31 11:45:37
             Created: 2022-05-31 11:45:37
       Security_type: DEFINER
             Comment:
character_set_client: utf8
collation_connection: utf8_general_ci
  Database Collation: latin1_swedish_ci
1 row in set (0.15 sec)
```

图 10-17　存储过程 p 的状态

该命令返回了存储过程的相关特征信息，包括数据库、名称、类型、创建者、创建日期、修改日期，以及字符集信息。

如果使用 WHERE 子句，则可设定条件来查看满足条件的过程。

【例 10-14】查看数据库 ssms 中所有存储过程的信息。

```
SHOW PROCEDURE STATUS WHERE db='ssms'\G
```

结果包含数据库 ssms 中所有存储过程的信息，如图 10-18 所示。

图 10-18　查看数据库 ssms 中所有存储过程的信息

## 任务 10.3.3　修改存储过程

修改存储过程使用 ALTER PROCEDURE 语句，其语法格式如下。

```
ALTER PROCEDURE PROC_NAME [CHARACTERISTIC ...]
```

其中 CHARACTERISTIC 的语法格式如下。

```
COMMENT 'STRING'
| LANGUAGE SQL
| { CONTAINS SQL | NO SQL | READS SQL DATA | MODIFIES SQL DATA }
| SQL SECURITY { DEFINER | INVOKER }
```

可以看出，ALTER PROCEDURE 语句只可用于更改存储过程的相关特性。在该语句中可以指定多个更改，但是不能使用此语句更改存储过程的参数或主体；若要进行程序本身的更改，则只能通过删除并重新创建过程来实现。

【例 10-15】修改存储过程 p，将描述信息 COMMENT 修改为 "my procedure"。

```
ALTER PROCEDURE p COMMENT 'my procedure';
SHOW PROCEDURE STATUS LIKE 'p' \G;
```

执行结果如图 10-19 所示。

```
mysql> SHOW PROCEDURE STATUS LIKE 'p' \G;
*************************** 1. row ***************************
                  Db: ssms
                Name: p
                Type: PROCEDURE
             Definer: root@localhost
            Modified: 2022-05-31 11:53:20
             Created: 2022-05-31 11:45:37
       Security_type: DEFINER
             Comment: my procedure
character_set_client: utf8
collation_connection: utf8_general_ci
  Database Collation: latin1_swedish_ci
1 row in set (0.00 sec)

ERROR:
No query specified
```

图 10-19　修改描述信息 COMMENT 后的结果

### 任务 10.3.4　删除存储过程

删除存储过程可以通过 DROP 语句实现，其语法结构如下。

```
DROP PROCEDURE [IF EXISTS] SP_NAME
```

此语句用于删除存储过程或函数。要执行此操作，用户必须具有相关的 DROP 权限。IF EXISTS
子句指明如果存储过程不存在，则不产生错误，
只生成一个警告。使用 SHOW WARNINGS
命令可以显示对应的警告信息。

【例 10-16】删除存储过程 p。

```
DROP PROCEDURE p;
DROP PROCEDURE IF EXISTS p;
SHOW WARNINGS;
```

执行结果如图 10-20 所示。

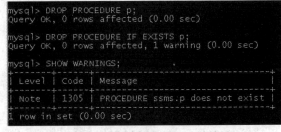

图 10-20　删除存储过程 p 后的结果

## 【知识拓展】

#### 1.　如何进行函数的创建和使用？

函数与存储过程的定义、使用方法类似，函数与存储过程最大的区别就是函数调用有返回值，
调用存储过程用 CALL 语句，而调用函数直接引用函数名和参数即可。IN、OUT、INOUT 3 个参
数前的关键词只适用于存储过程。

定义函数的语法格式如下。

```
CREATE
  [DEFINER = USER]
FUNCTION SP_NAME ([FUNC_PARAMETER[,...]])
  RETURNS TYPE
  [CHARACTERISTIC ...] ROUTINE_BODY
```

其中，各参数的含义如下。

SP_NAME 表示函数的名称，RETURNS 子句中的 TYPE 表示函数返回值的类型。程序体中
使用 RETURN 子句指明返回值。其他参数和存储过程相同，在此不再重复说明。

【例 10-17】定义函数 hello()，输出连接后的字符串。

```
CREATE FUNCTION hello (s CHAR(20))
RETURNS char(50) DETERMINISTIC
   RETURN concat('Hello, ',s,'!');

SELECT hello('world');
```

执行结果如图 10-21 所示。

图 10-21　函数 hello()的使用结果

 **注意**　如果有多行语句，则同样使用 DELIMITER 来改变行定界符，在程序体中使用 BEGIN…END 完成多行语句的编写。

### 2. 如何查看函数信息？

查看函数信息的方法和存储过程的类似，其语法格式如下。

```
SHOW CREATE FUNCTION FUNC_NAME
```

### 3. 如何删除自定义函数？

删除自定义函数的语法格式如下。

```
DROP  FUNCTION [IF EXISTS] FUNC_NAME
```

## 【小结】

本项目首先介绍了事务的相关概念、事务的提交和回滚，接着讲解了存储过程的创建和使用。这些操作对数据库的管理有着非常重要的作用。

## 【任务训练 10】使用事务与存储过程处理学生成绩管理系统数据库中的数据

### 1. 实验目的
* 掌握事务的基本使用方法。
* 掌握存储过程的创建和使用。

### 2. 实验内容
* 使用事务修改选课表成绩，并提交或回滚。
* 创建存储过程，完成根据给定学号、课程号查询成绩的存储过程的编写。

### 3. 实验步骤

（1）创建事务修改选课表成绩并回滚

① 修改自动提交状态。

```
SET autocommit=0;
```

② 显示开启事务过程。

```
START TRANSACTION;
```

③ 完善事务语句并查看结果。

```
UPDATE elective SET Grade=0;
SELECT * FROM elective;
```

执行结果如图 10-22 所示。

④ 从图 10-22 可以看到 Grade 字段的值已经全部变为 0，回滚事务并查看结果。

```
ROLLBACK;
SELECT * FROM elective;
```

执行结果如图 10-23 所示。

```
mysql> SET autocommit=0;
Query OK, 0 rows affected (0.00 sec)

mysql> START TRANSACTION;
Query OK, 0 rows affected (0.00 sec)

mysql> UPDATE elective SET Grade=0;
Query OK, 42 rows affected (0.02 sec)
Rows matched: 42  Changed: 42  Warnings: 0

mysql> SELECT * FROM elective;
+--------+------+-------+
| S_ID   | C_ID | Grade |
+--------+------+-------+
| 201101 | 101  |     0 |
| 201101 | 102  |     0 |
| 201101 | 206  |     0 |
| 201102 | 102  |     0 |
| 201102 | 206  |     0 |
| 201103 | 101  |     0 |
| 201103 | 102  |     0 |
| 201103 | 206  |     0 |
| 201104 | 101  |     0 |
| 201104 | 102  |     0 |
| 201104 | 206  |     0 |
| 201106 | 101  |     0 |
| 201106 | 102  |     0 |
| 201106 | 206  |     0 |
| 201107 | 101  |     0 |
| 201107 | 102  |     0 |
| 201107 | 206  |     0 |
| 201108 | 101  |     0 |
| 201108 | 102  |     0 |
| 201108 | 206  |     0 |
| 201109 | 101  |     0 |
| 201109 | 102  |     0 |
| 201109 | 206  |     0 |
| 201110 | 101  |     0 |
| 201110 | 102  |     0 |
| 201110 | 206  |     0 |
| 201111 | 101  |     0 |
| 201111 | 102  |     0 |
| 201111 | 206  |     0 |
| 201113 | 101  |     0 |
| 201113 | 102  |     0 |
| 201113 | 206  |     0 |
| 201201 | 101  |     0 |
| 201202 | 101  |     0 |
| 201203 | 101  |     0 |
| 201204 | 101  |     0 |
| 201210 | 101  |     0 |
| 201216 | 101  |     0 |
| 201218 | 101  |     0 |
| 201220 | 101  |     0 |
| 201221 | 101  |     0 |
| 201241 | 101  |     0 |
+--------+------+-------+
42 rows in set (0.00 sec)
```

图 10-22　使用事务修改成绩为 0 后的结果

```
mysql> ROLLBACK;
Query OK, 0 rows affected (0.03 sec)

mysql> SELECT * FROM elective;
+--------+------+-------+
| S_ID   | C_ID | Grade |
+--------+------+-------+
| 201101 | 101  |    80 |
| 201101 | 102  |    78 |
| 201101 | 206  |    76 |
| 201102 | 102  |    78 |
| 201102 | 206  |    78 |
| 201103 | 101  |    62 |
| 201103 | 102  |    70 |
| 201103 | 206  |    81 |
| 201104 | 101  |    90 |
| 201104 | 102  |    84 |
| 201104 | 206  |    65 |
| 201106 | 101  |    65 |
| 201106 | 102  |    71 |
| 201106 | 206  |    80 |
| 201107 | 101  |    78 |
| 201107 | 102  |    80 |
| 201107 | 206  |    68 |
| 201108 | 101  |    85 |
| 201108 | 102  |    64 |
| 201108 | 206  |    87 |
| 201109 | 101  |    66 |
| 201109 | 102  |    83 |
| 201109 | 206  |    70 |
| 201110 | 101  |    95 |
| 201110 | 102  |    90 |
| 201110 | 206  |    89 |
| 201111 | 101  |    91 |
| 201111 | 102  |    70 |
| 201111 | 206  |    76 |
| 201113 | 101  |    63 |
| 201113 | 102  |    79 |
| 201113 | 206  |    60 |
| 201201 | 101  |    80 |
| 201202 | 101  |    65 |
| 201203 | 101  |    87 |
| 201204 | 101  |    91 |
| 201210 | 101  |    76 |
| 201216 | 101  |    81 |
| 201218 | 101  |    70 |
| 201220 | 101  |    82 |
| 201221 | 101  |    76 |
| 201241 | 101  |    90 |
+--------+------+-------+
42 rows in set (0.00 sec)
```

图 10-23　回滚后的成绩查询结果

从图 10-23 可以看到 Grade 的值又变回了原来的数据，即事务被回滚。

（2）创建存储过程，并完成根据给定学号、课程号查询成绩的存储过程的编写

创建存储过程 get_grade，调用存储过程查看学号为 201241 的学生课程 101 的成绩。

```
DELIMITER $$
CREATE PROCEDURE get_grade(IN sid varchar(6),IN cid varchar(4))
  BEGIN
    SELECT Grade  FROM elective WHERE S_ID=sid AND C_ID=cid;
  END $$

DELIMITER ;
CALL get_grade('201241','101');
```

执行结果如图 10-24 所示。

图 10-24　根据学号、课程号查询成绩的存储过程的执行结果

## 【思考与练习】

### 一、填空题

1. 在 MySQL 中，只有使用了_____数据库引擎的数据库或表才支持事务。

2. MySQL 默认的事务隔离级别是_____。

3. MySQL 事务的四大基本特性 ACID 是指_____、_____、_____和_____。

4. 在非自动提交模式下，必须使用_____来提交更改，或者用_____来回滚更改。

5. 显式地开启一个事务必须使用命令_____或_____。

6. 在存储过程中如果有多条语句，则需要使用_____重新定义分隔符 。

### 二、思考题

1. 一个存储过程中能否调用其他存储过程？

2. 存储过程和函数的区别是什么？